SCP

中国腐蚀与防护学会
著作出版基金

材料延寿与可持续发展

房屋建筑耐久性及保障技术

↗《材料延寿与可持续发展》丛书总编委会　组织编写

王东林　何　鸣　李　原　徐雪萍　编　著

U0313611

化学工业出版社
·北京·

房屋建筑长寿命对社会经济实现可持续发展有着重要的意义。无论是工业建筑、民用建筑还是农村建筑都必须把耐久性、安全性和可靠性放在重要位置，实施建筑全寿命周期诊断评价控制。

本书总结了作者 10 多年的研究工作及其成果，并对国内外近年来在房屋建筑耐久性及保障技术的相关研究状况进行了分析，力求从建筑的设计、建筑材料、建筑结构、建筑施工管理、建筑结构腐蚀损伤、建筑维护加固技术等各个环节全面阐述实现房屋建筑安全耐久的各项控制技术。

本书可供建筑设计、建筑材料、材料腐蚀与防护领域的技术人员、研发人员阅读，也可供有关院校师生参考。

图书在版编目（CIP）数据

房屋建筑耐久性及保障技术/王东林等编著. —北京：化学工业出版社，2017.12
（材料延寿与可持续发展）
ISBN 978-7-122-30839-9

Ⅰ．①房…　Ⅱ．①王…　Ⅲ．①房屋建筑学-耐用性-研究
Ⅳ．①TU22

中国版本图书馆 CIP 数据核字（2017）第 258104 号

责任编辑：刘丽宏　段志兵　王清颢　　　　　文字编辑：汲永臻
责任校对：王素芹　　　　　　　　　　　　　装帧设计：王晓宇

出版发行：化学工业出版社（北京市东城区青年湖南街 13 号　邮政编码 100011）
印　　　刷：三河市延风印装有限公司
装　　　订：三河市宇新装订厂
710mm×1000mm　1/16　印张 13¾　字数 258 千字　2018 年 1 月北京第 1 版第 1 次印刷

购书咨询：010-64518888（传真：010-64519686）　售后服务：010-64518899
网　　　址：http://www.cip.com.cn
凡购买本书，如有缺损质量问题，本社销售中心负责调换。

定　价：68.00 元　　　　　　　　　　　　　　版权所有　违者必究

《材料延寿与可持续发展》丛书顾问委员会

主 任 委 员：师昌绪

副主任委员：严东生　王淀佐　干　勇　肖纪美

委　　　员（按姓氏拼音排序）：

安桂华　白忠泉　才鸿年　才　让　陈光章　陈蕴博
戴圣龙　俸培宗　干　勇　高万振　葛昌纯　侯保荣
柯　伟　李晓红　李正邦　刘翔声　师昌绪　屠海令
王淀佐　王国栋　王亚军　吴荫顺　肖纪美　徐滨士
严东生　颜鸣皋　钟志华　周　廉

《材料延寿与可持续发展》丛书总编辑委员会

名誉主任（名誉总主编）：
干　勇

主　　任（总主编）：
李金桂　张启富

副 主 任（副总主编）：
许淳淳　高克玮　顾宝珊　张　炼　朱文德　李晓刚

编　　委（按姓氏拼音排序）：

白新德　蔡健平　陈建敏　程瑞珍　窦照英　杜存山
杜　楠　干　勇　高克玮　高万振　高玉魁　葛红花
顾宝珊　韩恩厚　韩雅芳　何玉怀　胡少伟　胡业锋
纪晓春　李金桂　李晓刚　李兴无　林　翠　刘世参
卢凤贤　路民旭　吕龙云　马鸣图　沈卫平　孙　辉
陶春虎　王　钧　王一建　武兵书　熊金平　许淳淳
许立坤　许维钧　杨卯生　杨文忠　袁训华　张　津
张　炼　张启富　张晓云　赵　晴　周国庆　周师岳
周伟斌　朱文德

办 公 室：袁训华　张雪华

《材料延寿与可持续发展》丛书指导单位

中国工程院
中国科学技术协会

《材料延寿与可持续发展》丛书合作单位

中国腐蚀与防护学会
中国钢研科技集团有限公司
中国航发北京航空材料研究院
化学工业出版社

▌总序言 ▌

在远古人类处于采猎时代，依赖自然，听天由命；公元前一万年开始，人类经历了漫长的石器时代，五千多年前进入青铜器时代，三千多年前进入铁器时代，出现了农业文明，他们砍伐森林、种植稻麦、驯养猪狗，改造自然，进入农牧经济时代。18 世纪，发明蒸汽机车、轮船、汽车、飞机，先进的人类追求奢侈的生活、贪婪地挖掘地球、疯狂地掠夺资源、严重地污染环境，美其名曰人类征服自然，而实际是破坏自然，从地区性的伤害发展到全球性的灾难，人类发现在无休止、不理智、不文明地追求享受的同时在给自己挖掘坟墓。

人类终于惊醒了，1987 年世界环境及发展委员会发表的《布特兰报告书》确定人类应该保护环境、善待自然，提出了"可持续发展战略"，表达了人类应该清醒地、理智地、文明地处理好人与自然关系的大问题，指出"既满足当代人的需求，又不对后代人满足其需求的能力构成危害的发展"，称之为可持续发展。其核心思想是"人类应协调人口、资源、环境与发展之间的相互关系，在不损害他人和后代利益的前提下追求发展"。

这实际上是涉及到我们人类所赖以生存的地球如何既满足人类不断发展的需求，又不被破坏、不被毁灭这样的大问题；涉及到人口的不断增长、生活水平的不断提高、资源的不断消耗、环境的不断恶化；涉及矿产资源的不断耗竭、不可再生能源资源的不断耗费、水力资源的污染、土地资源的破坏、空气质量的不断恶化等重大问题。

在"可持续发展"战略中，材料是关键，材料是人类赖以生存和发展的物质基础，是人类社会进步的标志和里程碑，是社会不断进步的先导、是可持续发展的支柱。如果不断发现新矿藏，不断研究出新材料，不断延长材料的使用寿命，不断实施材料的再制造、再循环、再利用，那么这根支柱是牢靠的、坚强的，是能够维护人类可持续发展的！

在我国，已经积累了许许多多预防和控制材料提前失效（其因素主要是腐蚀、摩擦磨损磨蚀、疲劳与腐蚀疲劳）的理论、原则、技术和措施，需要汇总和提供应用，《材料延寿与可持续发展》丛书以多个专题力求解决这一课题项目。有一部分专题阐述了材料失效原理和过程，另一部分涉及工程领域，结合我国已积累的材料失效的案例和经验，更深入系统地阐述预防和控制材料提前失效的理论、原则、技术和措施。丛书总编辑委员会前后花费五年的时间，将分散在全国各个研究院所、工厂、院校的研究成果经过精心分析研究、汇聚成一套系列丛书，这是一项研究成果、是一套高级科普丛书、是一套继续教育实用教材。希望对我国各个工业部门的设计、制造、使用、维护、维修和管理人员会有所启示、有所参考、有所贡献；希望对提高全民素质有所裨益、对国家各级公务员有所参考。

我国正处于高速发展阶段，制造业由大变强，材料的合理选择和使用，以达到装备的高精度、长寿命、低成本的目的，这一趋势应该受到广泛的关注。

中国科学院院士　师昌绪
中国工程院院士

┃ 总前言 ┃

　　材料是人类赖以生存和发展的物质基础，是人类社会进步的标志和里程碑，是社会不断进步的先导，是国家实现可持续发展的支柱。然而，地球上的矿藏是有限的，而且需要投入大量的能源，进行复杂的提炼、处理，产生大量污染，才能生产成为人类有用的材料，所以，材料是宝贵的，需要科学利用和认真保护。

　　半个多世纪特别是改革开放三十多年来，我国材料的研究、开发、应用有了快速的发展，水泥、钢铁、有色金属、稀土材料、织物等许多材料的产量多年居世界第一。我国已经成为世界上材料的生产、销售和消费大国。"中国材料"伴随着"中国制造"的产品，遍布全球；伴随着"中国建造"的工程项目，遍布全国乃至世界上很多国家。材料支撑我国国民经济连续 30 多年 GDP 年均 10％左右的高速发展，使我国成为全球第二大经济体。但是，我国还不是材料强国，还存在诸多问题需要改进。例如，在制造环境、运行环境和自然环境的作用下，出现过早腐蚀、老化、磨损、断裂（疲劳），材料及其制品在使用可靠性、安全性、经济性和耐久性（简称"四性"）方面都还有大量的工作要做。

　　"材料延寿"是指对材料及其制品在服役环境作用下出现腐蚀、老化、磨损和断裂而导致的过早失效进行预防与控制，以尽可能地提高其"四性"，也就是提高水平，提高质量，延长寿命。目标是节约资源、能源，减少对环境的污染，支持国家可持续发展。

　　材料及制品的"四性"实质上是材料及制品水平高低和质量好坏的最终表征和判断标准。追求"四性"，就是追求全寿命周期使用的高水平、高质量，追求"质量第一"，追求"质量立国"，追求"材料强国"、"制造强国"、"民富、国强、美丽国家"。

　　我国在"材料延寿与可持续发展"方面，做过大量的研究，取得了显著的成绩，积累了丰富的实践经验，凝练出了一系列在材料全寿命周期中提高"四性"的重要理论、原则、技术和措施，可以总结，服务于社会。

　　"材料延寿与可持续发展"丛书的目的就在于：总结过去，总结已有的系统控制材料提前损伤、破坏和失效的因素，即腐蚀、老化、磨损和断裂（主要是疲劳与腐蚀疲劳）的理论、原则、技术和措施，使各行业产品设计师，制造、使用和管理工程师有所启示、有所参考、有所作为、有所贡献，以尽可能地提高产品的"四性"，延长使用寿命。丛书的目的还在于：面对未来、研究未来，推进材料的优质化、高性能化、高强化、长寿命化，多品质、多规格化、标准化，传统材料的综合优化，材料的不断创新，并为国家长远发展，提出成套成熟可靠的理论、原则、政策和建议，推进国家"节约资源、节能减排"、"可持续发展"和"保卫地球、科学、和谐"发展战略的实施，加速创建我国"材料强国"、"制造强国"。

在中国科协和中国工程院的领导与支持下，一批材料科学工作者不懈努力，不断地编写和出版系列图书。衷心希望通过我们的努力，既能对设计师，制造、使用和管理工程师"材料延寿与可持续发展"的创新有所帮助，又能为国家成功实施"可持续发展"、"材料强国"、"制造强国"的发展战略有所贡献。

中国工程院院士
中国工程院副院长

前言

　　房屋建筑是人类居住、开展公共活动及从事生产制作的空间。随着社会的发展，人类对房屋建筑结构及其功能的要求愈来愈高。房屋建筑的设计使用寿命一般为50年以上，房屋建筑长寿命对社会经济实现可持续发展有着重要的意义。本书总结了中冶建筑研究总院建筑腐蚀耐久性研发团队10多年的研究工作经验，并对国内外近年来在房屋建筑耐久性及保障技术方面的相关研究进行了分析和阐述。

　　基于对房屋建筑耐久性及保障技术的认识，无论是工业建筑、民用建筑还是农村建筑，都必须把耐久性、安全性和可靠性放在重要位置，实施建筑全寿命周期诊断评价控制。从建筑的设计、建筑材料、建筑结构、建筑施工管理、建筑结构腐蚀损伤、建筑维护加固技术等各个环节进行控制，才能实现房屋建筑的安全耐久性。本书从实际工程应用的角度出发，通过调查分析大量的工程案例，阐述了国内房屋建筑存在的耐久性问题。重点对房屋建筑腐蚀损伤及保障诊断技术进行了研究分析，建立房屋建筑腐蚀损伤诊断及评估方法。围绕耐久性影响因素，通过诊断多项性能指标，力图解决房屋建筑耐久性中的主要问题，同时对房屋建筑长寿命的研究发展进行了积极探索。

　　本书在整理编写过程中还得到腐蚀耐久性检测部门同仁的大力支持，在此特表示感谢。由于作者水平有限，书中难免存在不足之处，欢迎批评指正。

编著者

目录

第1章 绪论

1.1 房屋建筑耐久性概念 ……………………………………………………… 1

  1.1.1 房屋建筑分类 …………………………………………………………… 1

  1.1.2 房屋建筑耐久性概念 …………………………………………………… 2

  1.1.3 房屋建筑耐久性级别 …………………………………………………… 3

1.2 房屋建筑耐久性对社会和经济发展的意义 …………………………………… 3

  1.2.1 房屋建筑耐久性关系到人民生活 …………………………………… 3

  1.2.2 房屋建筑耐久性影响企业发展 ……………………………………… 4

  1.2.3 保障房屋建筑耐久性有利于经济和社会的持续健康发展 ……… 4

  1.2.4 研究房屋建筑耐久性技术促进工程结构和材料科学发展 …… 5

1.3 房屋建筑耐久性技术发展 ……………………………………………………… 6

  1.3.1 房屋建筑材料耐久性技术现状及发展趋势 ……………………… 6

  1.3.2 既有房屋建筑耐久性技术现状及发展趋势 ……………………… 9

参考文献 …………………………………………………………………………… 12

第2章 房屋建筑结构材质特点

2.1 木结构 …………………………………………………………………………… 14

  2.1.1 实木 ……………………………………………………………………… 14

  2.1.2 结构用集成材 ………………………………………………………… 19

  2.1.3 单板层积材 …………………………………………………………… 20

  2.1.4 定向刨花板 …………………………………………………………… 21

2.2 砖混结构材料 …………………………………………………………………… 22

  2.2.1 砖 ………………………………………………………………………… 22

  2.2.2 砌块 ……………………………………………………………………… 23

2.3 框架结构材料 …………………………………………………………………… 25

  2.3.1 水泥 ……………………………………………………………………… 25

  2.3.2 骨料 ……………………………………………………………………… 27

  2.3.3 矿物掺合料 …………………………………………………………… 28

  2.3.4 外加剂 …………………………………………………………………… 28

2.3.5　建筑砂浆 ·· 29

2.3.6　混凝土 ··· 32

2.3.7　钢筋 ·· 36

2.4　钢结构材料 ·· 38

2.4.1　钢结构特点 ·· 38

2.4.2　钢结构材料要求 ·· 39

2.5　钢-混凝土混合结构材料 ·· 40

2.5.1　钢骨混凝土结构 ·· 40

2.5.2　钢管混凝土结构 ·· 41

参考文献 ··· 42

第3章　房屋建筑耐久性的影响因素

3.1　房屋建筑耐久性系统影响因素 ······································ 43

3.1.1　房屋建筑耐久性内因和外因的相互作用 ························ 43

3.1.2　房屋建筑耐久性宏观和微观的正确把握 ························ 47

3.1.3　房屋建筑耐久性结构和材料的系统关联 ························ 49

3.2　房屋建筑中的混凝土结构耐久性影响技术分析 ······················ 51

3.2.1　房屋建筑耐久性设计技术分析 ·································· 51

3.2.2　与混凝土材料有关的耐久性特征 ································ 53

3.2.3　与混凝土结构有关的耐久性特征 ································ 53

3.2.4　与混凝土施工有关的耐久性特征 ································ 54

参考文献 ··· 55

第4章　房屋建筑腐蚀损伤及诊断技术

4.1　影响房屋建筑耐久性的腐蚀环境 ···································· 56

4.1.1　一般概念 ·· 56

4.1.2　环境腐蚀分类 ·· 56

4.2　自然腐蚀环境特征 ·· 57

4.2.1　大气腐蚀环境 ·· 57

4.2.2　土壤和水的腐蚀 ·· 62

4.3　工业介质划分腐蚀性 ·· 64

4.4　杂散电流腐蚀 ·· 67

4.5　环境腐蚀性评价 ·· 68

4.5.1　大气腐蚀评价 ·· 68

　　4.5.2　土壤和水腐蚀性评价 ·· 68

　　4.5.3　杂散电流腐蚀评价 ·· 69

　4.6　腐蚀损伤诊断原理 ··· 70

　　4.6.1　电化学腐蚀诊断机理 ·· 70

　　4.6.2　钢筋腐蚀的电化学过程 ··· 76

　4.7　混凝土中钢筋腐蚀实验室电化学综合诊断 ····················· 78

　　4.7.1　实验室钢筋腐蚀综合诊断 ·· 78

　　4.7.2　电化学综合评定法 ·· 83

　　4.7.3　实验室电化学综合诊断方法的评估应用 ····················· 86

　4.8　现场钢筋混凝土结构无损诊断评估 ································· 89

　　4.8.1　钢筋锈蚀综合诊断 ·· 89

　　4.8.2　混凝土中钢筋腐蚀无损现场诊断 ································ 90

　　4.8.3　现场诊断实例 ·· 91

　4.9　地下钢筋混凝土结构杂散电流腐蚀损伤诊断 ··················· 92

　　4.9.1　钢筋混凝土结构杂散电流腐蚀的电化学诊断 ··············· 92

　　4.9.2　杂散电流腐蚀非破坏性评估诊断 ································ 95

　4.10　混凝土的裂缝诊断 ··· 98

　　4.10.1　混凝土结构垂直浅缝诊断 ·· 99

　　4.10.2　混凝土结构倾斜浅缝诊断 ·· 99

　　4.10.3　超声波测量混凝土裂缝深度诊断 ······························ 100

　　4.10.4　混凝土构件内部的孔洞和不密实区的诊断 ·················· 101

　4.11　钢结构缺陷和损伤诊断 ··· 101

　　4.11.1　钢结构的缺损与分析 ·· 101

　　4.11.2　钢结构的诊断 ·· 103

　　4.11.3　焊接连接的诊断技术 ·· 104

　　4.11.4　螺栓连接诊断技术 ·· 113

　　4.11.5　构件变形诊断 ·· 116

　4.12　构件缺陷、损伤的诊断 ··· 116

　　4.12.1　钢结构现场损伤的诊断方法 ····································· 117

　　4.12.2　现场结构构件变形诊断 ··· 117

　4.13　钢结构涂装的诊断 ··· 119

　4.14　钢结构表面涂膜腐蚀诊断评估 ······································ 120

参考文献 ··· 126

第5章 既有房屋建筑腐蚀耐久性可靠度评定

5.1 概述 …………………………………………………………………… 128

5.1.1 基本概念 ……………………………………………………… 128

5.1.2 既有房屋建筑结构可靠性鉴定的目的 …………………… 128

5.1.3 可靠性鉴定思路 …………………………………………… 129

5.2 房屋结构可靠度的判定 ……………………………………………… 130

5.2.1 结构可靠度的判定方法 …………………………………… 130

5.2.2 可靠度计算的基本概念 …………………………………… 131

5.2.3 结构可靠度的一般计算方法 ……………………………… 132

参考文献 ………………………………………………………………… 133

第6章 提高和保障房屋建筑耐久性措施

6.1 材料、设计、管理及技术在提高和保障房屋建筑耐久性的作用 …… 134

6.1.1 提高结构材料的耐久性 …………………………………… 134

6.1.2 重视耐久性设计，加强施工质量管理 …………………… 135

6.1.3 积极推动房屋建筑耐久性的技术发展 …………………… 136

6.2 制度建设是提高房屋建筑耐久性的有力保障 ……………………… 137

6.2.1 建立使用阶段的结构安全检测制度 ……………………… 137

6.2.2 完善技术标准及其管理模式 ……………………………… 138

6.3 既有房屋建筑工程保障修复材料及使用 …………………………… 138

6.4 既有建筑工程保障修复工法 ………………………………………… 148

6.4.1 粘贴钢板加固法 …………………………………………… 148

6.4.2 增大截面加固法 …………………………………………… 149

6.4.3 置换混凝土加固法 ………………………………………… 149

6.4.4 绕丝加固法 ………………………………………………… 150

6.4.5 钢筋混凝土屋架修复法 …………………………………… 150

6.4.6 聚合物砂浆修复法 ………………………………………… 151

6.4.7 混凝土及砌体裂缝修复法 ………………………………… 152

6.4.8 植筋法 ……………………………………………………… 154

6.4.9 化学灌浆补强法 …………………………………………… 154

6.4.10 混凝土钢筋腐蚀修复方法 ……………………………… 155

6.4.11 电化学渗透保护法 ……………………………………… 156

6.4.12 碱骨料反应的控制方法 ………………………………… 156

　　6.4.13　冻融损伤修复 ·························· 157

　6.5　既有钢结构修复方法 ·························· 157

参考文献 ································· 158

第7章　既有房屋建筑耐久性评估与保障工程实例

　7.1　房屋建筑腐蚀调查 ·························· 159

　7.2　学校校舍房屋安全耐久性调查典型案例 ·················· 160

　7.3　民用建筑老旧楼房屋耐久性调查典型案例 ················· 163

　7.4　住宅阳台腐蚀调查典型案例——北京市某小区住宅楼 ············ 166

　7.5　建筑钢结构腐蚀耐久性调查典型案例 ··················· 168

　7.6　工业建筑钢结构腐蚀调查案例 ····················· 170

　　7.6.1　某机场机库 ·························· 170

　　7.6.2　某钢厂钢结构厂房腐蚀调查 ··················· 179

　7.7　地下建筑结构杂散电流腐蚀调查实例 ··················· 181

　7.8　工业建筑钢筋混凝土结构腐蚀调查及维修案例 ··············· 184

　　7.8.1　某汽车厂房大体积混凝土基础耐久性调查 ·············· 184

　　7.8.2　某企业混凝土结构厂房腐蚀调查 ················· 190

　7.9　古建筑耐久性调查案例 ·························· 200

参考文献

第1章
绪　论

1.1　房屋建筑耐久性概念

1.1.1　房屋建筑分类

　　房屋是指按一定时间存在而设计、建成的建筑物，占用土地空间，通常有屋顶，多半完全用墙包围住，作为住宅、仓库、工厂或其他有功用的建筑物。

　　房屋建筑一般按使用性质分为两类。

　　(1) 民用建筑　民用建筑指供人们居住和进行公共活动的建筑的总称，是不论单位性质、投资规模和投资来源的居住建筑和公共建筑。包括：住宅及其配套设施、宾（旅）馆、招待所；学校教学楼及其附属设施；医疗用房及其附属设施；办公楼、科研楼、综合楼的非生产用房部分；商店；文化馆、影剧场（院）、体育场（馆）、图书馆、展览馆、文体活动中心；车站候车室、码头候船室、机场候机楼；商业仓库、民用车库；其他法律法规规定的建筑等。

　　(2) 工业建筑　工业建筑指从事各类工业生产及直接为生产服务的房屋，一般称为厂房。工业建筑生产工艺复杂多样，在设计、使用要求、室内采光、屋面排水及建筑构造等方面，具有如下特点。

　　① 厂房的建筑设计是在工艺设计人员提出的工艺设计图的基础上进行的，建筑设计应首先适应生产工艺要求。

　　② 厂房中的生产设备多，体量大，各部分生产联系密切，并有多种起重运输设备通行，厂房内部应有较大的通畅空间。

　　③ 厂房宽度一般较大，或为多跨厂房，为满足室内通风的需要，屋顶上往往设有天窗。

　　④ 厂房屋面防水、排水构造复杂，尤其是多跨厂房。

　　⑤ 单层厂房中，由于跨度大，屋顶及吊车荷载较重，多采用钢筋混凝土排架结构承重；在多层厂房中，由于荷载较大，广泛采用钢筋混凝土骨架结构承重；特别高大的厂房或地震烈度高的地区厂房宜采用钢骨架承重。

　　⑥ 厂房多采用预制构件装配而成，各种设备和管线安装施工复杂。

1.1.2 房屋建筑耐久性概念

一般讲，耐久性是材料抵抗自身和自然环境双重因素长期破坏作用的能力，即保证其经久耐用的能力。耐久性越好，材料的使用寿命越长。作为房屋来讲，耐久性不仅体现在建筑材料的耐久性上，更重要的是体现在建筑结构耐久性上。因此我们这样定义房屋建筑的耐久性：房屋建筑在正常维护的条件下，结构能在预计使用的年限内满足各项功能要求，以及建筑材料在使用过程中经受来自使用方面的破坏因素及来自环境方面的破坏因素的作用仍能保持其原有性能的能力。例如，房屋不因为混凝土的老化或钢筋的腐蚀等影响结构的使用寿命。材料被用于建筑物后，要长期受到来自使用方面的破坏因素及来自环境方面的破坏因素的作用。如在使用中，摩擦、载荷、废气、废液等破坏因素的作用；在环境中，阳光紫外线照射、空气和雨水侵蚀、气温变化、干湿交换、冻融循环、虫菌寄生等破坏因素的作用。这些破坏因素的作用又可归结为机械作用、物理作用、化学作用和生物作用。它们或单独、或交互、或同时综合地作用于材料，使材料逐渐变质、损毁而失去使用功能。由于房屋所处的自然条件和使用与维修状况的不同，损坏与病害的发展是不同的，因而房屋的结构耐久性和使用寿命也不同。与工业建筑相比，民用建筑的使用环境相对较好，一般可维持 50 年以上，这只是平均值，实际上房屋的承重结构、维护结构、各种设备部件的寿命是不同的，例如：钢筋混凝土构件可达 50 年，但室外阳台、雨篷等露天构件的使用寿命通常仅有30～40 年；木地板 30 年，而木楼梯则仅 15 年；油毡屋面、内外墙油漆均不足10 年；各种建筑设备部件的使用寿命在 10～30 年之间。通常住宅的耐久性能包括主体结构耐久性、防水性能、设备设施防腐性能等。

目前我国建筑设计规范要求一般民用建筑设计使用寿命为 50 年，重要建筑为 100 年。实践证明，在正常使用的前提下，一般混凝土结构或砖石结构的建筑，其结构本身还是很耐久的，国内外这样的百年建筑甚至更长寿命的建筑比比皆是。我国目前拆掉的大部分建筑并不是因为结构不安全，除规划变更引起的拆除外，大多是因为建筑本身的功能和设备设施落后了，不能满足使用的要求。设备设施不易更换，有些更换时甚至要破坏建筑结构。由于目前我国住宅的部品部件、设备设施还不配套，不能做到和建筑结构同寿命，我们应该尽量选择耐久性能强的部品和系统，因此在《住宅性能评定技术标准》中推荐一些一次性投资不大，但可大大提升住宅性能的指标，略高于我国现行建筑设计规范的要求。例如住宅的屋面防水工程，要求所有屋面防水的使用年限不低于 15 年，相当于 2 级防水。

提高建筑的耐久性和可维护性也是延长建筑寿命的必要对策。据估计，如果能把建筑结构强度提高 20%，建筑寿命可以提高一倍以上，钢筋混凝土结构的保护层厚度每增加 1cm，约可提高结构寿命 10 年。设备管线的寿命通常只有 15

年，而建筑的寿命可达 50～100 年，要多次更换管线，如果把管线埋在钢筋混凝土墙、柱或楼板里面，则要更换管线就必然损坏结构，缩短建筑寿命，因此，采用 SI 结构体系，把管线放在钢筋混凝土结构外面，实行明管明线设计，在不改变主体结构的前提下，进行设备管线更换、装修更新、建筑维护和空间布局调整，从而延长建筑寿命。现在一般大楼把太阳能集热器、水箱、广告架等直接安置在屋顶防水层上，常常因改装时破坏屋顶防水层而造成漏水。因此，把设备放在支架上，使设备和防水层分开，也是提高耐久性的必要措施。

1.1.3 房屋建筑耐久性级别

一般分为五级。

一级：耐久年限为 100 年以上，适用于具有历史性、纪念性、代表性的重要建筑物。

二级：耐久年限为 50 年以上，适用于重要的公共建筑物。

三级：耐久年限为 40～50 年，适用于比较重要的公共建筑和居住建筑。

四级：耐久年限为 15～40 年，适用于普通的建筑物。

五级：耐久年限为 15 年以下，适用于简易建筑和使用年限在 15 年以下的临时建筑。

1.2 房屋建筑耐久性对社会和经济发展的意义

1.2.1 房屋建筑耐久性关系到人民生活

衣食住行是老百姓的基本生活要素。对于中国的老百姓来讲，花其毕生储蓄买得一套住房就希望能够经久耐用，甚至能把房子作为遗产让儿女继承。但如果没有多长时间，刚买的房子就产生了各种各样的问题，例如结构设计问题，使得房屋沉陷，墙体裂纹；建材不合格问题，使得墙体脱落，跑冒漏水；施工质量问题，偷工减料，使得房屋经不起应有的承重等。这些问题不仅影响了人们的现时居住，而且对其他生活和工作都带来负面影响。大家要把很多精力用于处理这些问题上。更重要的是，如果这些隐患不能及时发现，还会出现房屋倒塌等安全事故，危及生命。

我们还应看到，改革开放以来，随着城镇住房制度改革的不断深化和城市化进程的加快，我国住宅建设一直保持着高速增长，城镇居民居住水平、居住质量和居住环境得到了明显改善，取得了举世瞩目的成就。但是，由于我国住宅生产方式粗放，产业化程度不高，加之规划、设计、建造、维护管理以及大量无序的拆迁等方面的原因，导致住宅平均寿命只有 30 年左右。这个 30 年不仅低于设计使用寿命，更是大大低于发达国家的住宅使用寿命。西方发达国家，建筑物的平均使用寿命大多超过 50 年，例如美国平均 74 年，英国平均超过 130 年。由此可以看出，衡量一个国家的人民生活状态和社会发展水平，建筑耐久性也是一个需要特别关注的方面。这里还要说一下学校教学楼建筑，从 2013 年起，我们针对北京中小学建筑进行了耐久性和安全性检测评估，发现现在北京的中小学建筑大都是 20 世纪 80 年代和 90 年代建起的建筑。由于环境的恶化，这些建筑的寿命已经缩短，到了需要加固的时期。孩子教育关系到千家万户，孩子所处学校的硬件设施好与坏也是家长十分关心的，就这点来看，房屋建筑耐久性对于人民生活也是非常有影响的。

1.2.2 房屋建筑耐久性影响企业发展

工厂厂房一般都处在对建筑结构和建筑材料腐蚀更为严重的环境中，因此对其耐久性也有着特殊要求。厂房的耐久性关键是建筑的耐腐蚀性。工厂车间的局部环境往往甚于外部环境，如气体、液体浓度更强烈，渗透性强且直接，更易造成厂房的严重腐蚀，这样直接的后果就是工厂不能正常生产，需要停工加以处理，从而耽误产品交付期，影响企业信誉，甚至还要赔付，加大企业成本。此外，处理腐蚀问题，还需要时间和投入，也是一笔额外成本，这些都要压缩企业利润空间，甚至出现负利润。更重要的是建筑腐蚀带来的安全问题，导致厂房倒塌，威胁工人生命，从这个意义上来说，重视建筑耐久性是非常必要的。

1.2.3 保障房屋建筑耐久性有利于经济和社会的持续健康发展

重视房屋建筑耐久性是可持续发展的需要。

例如房屋建筑混凝土所需的水泥、砂、石等原材料的生产均需大量消耗国土资源并破坏植被与河床，水泥生产排放的二氧化碳已占人类活动排放总量的 $1/5\sim1/6$，而我国排放的二氧化碳量已居世界第二。我国现在每年生产 5 亿多吨水泥，与之相伴的是年耗 20 多亿立方米的砂石，长此以往实难以为继。延长建筑结构使用寿命意味着节约材料，而耐久的混凝土一般又应是水泥用量较低和矿物掺合料（工业废料）用量较高的混凝土，所以耐久的混凝土正适应环境保护的需要。我国人口众多，过去为及时解决居住需要和促进工业生产，建造过不少质量不高的民用房屋和工业厂房。结构设计虽然采用可靠度理论计算，实质上仅能满足安全可靠指标的要求，而对耐久性要求考虑不足，且由于忽视维修保养，现有建筑物老化现象相当严重。在我国的工业与民用建筑中，钢筋混凝土结构占有相当的比例，由于混凝土碳化和钢筋腐蚀引起的结构破坏问题非常严重。截至 20 世纪末，有近 23.4 亿平方米建筑物进入老龄期，处于提前退役的局面。20 世纪 50 年代不少在混凝土中采用掺入氯化钙快速施工的建筑，损坏更为严重。近几年房屋开发中反映出的质量问题也很突出，不少新建好的商品房，未使用几年就需要修复，给国家造成极大浪费。近年来的工程调查表明，钢筋腐蚀已成为导致我国钢筋混凝土结构耐久性失效的主要原因之一。如青岛市一座大楼 3 年内因楼盖钢筋严重锈蚀导致结构失效，16 层楼盖全部拆除；北京某旅馆使用 2 年，钢筋混凝土柱的纵向钢筋与箍筋均已锈蚀，箍筋截面损失率高达 25％，最严重处箍筋断裂、保护层剥落。

发达国家总结建设经验，提出了"建筑全寿命周期成本观念"，就是将建筑的初始成本与运行维护成本综合考虑的优化问题。欧美发达国家 20 多年前就已开始在住宅建设中融入这一观念。初始成本是一次性的投入，而运行维护成本是长期的。有时初始投入宁可多些，使正常的维护运行成本降低，从算总账来看，还是合算的。显然，低运行维护成本的建筑具有综合的成本优势。随着我国住房相关政策的不断完善，我国居民在购房时将会越来越看重住宅的运行维护费用。以延长住宅使用寿命，降低资源、能源消耗和减轻环境负荷为基本出发点，在住宅的规划、设计、建造、使用、维护和拆除全寿命周期中，实施节能、节地、节水、节材和环境保护等措施，建设长寿命周期住宅。要制定住宅全寿命周期的资源环境评估体系，包括对住宅拆除后的材料利用的评估，全方位加强省地节能环保型住宅的建设。住宅要贯彻低碳、节能减排。包括材料拆除之后哪些能够使用，我们现在的建筑一拆除百分之百都是垃圾。日本、美国、住宅拆除以后，大致有 50％以上的材料可以回收加工再利用，对于轻钢结构的住宅回收利用率更高。

实际上，一个长寿化建筑是社会实现可持续发展的重要标识，具体对一个城市来说也有着特殊意义，其对城市的历史和文化积淀，将会成为这座城市的标志性建筑；而对于开发商来说，为大众建设长久优良价值的建筑物，必将获得购房者的青睐，也会赢得更多更好的市场；对于居住者而言，可以实现自己拥有的房产具有更加长久的价值，不仅自己能够居住，还可以把这个财富留给下一代，所以说长寿住宅，会为社会、城市、开发商和居住者取得四方共赢的局面。

1.2.4 研究房屋建筑耐久性技术促进工程结构和材料科学发展

房屋建筑耐久性技术与建筑结构和建筑材料密切相关。特别是混凝土结构的耐久性一直是建筑耐久性的首要研究课题。通过开展对钢筋混凝土结构耐久性的研究，一方面能对已有的建筑结构物进行科学的耐久性评定和剩余寿命预测，以选择对其正确的处理方法；另一方面也可对新建工程项目进行耐久性设计与研究，揭示影响结构寿命的内部与外部因素，从而提高工程的设计水平和施工质量，确保混凝土结构生命全过程的正常工作。因此，它既有服务于服役结构的现实意义，又有指导待建结构进行耐久性设计的重要作用，同时，对于丰富和发展钢筋混凝土结构可靠度研究也具有一定的理论价值。

混凝土是工程中用量最多的建筑材料，也是最主要的结构材料，钢筋混凝土结构已成为世界上应用最为广泛的结构形式。我国每年消耗在混凝土结构上的费用为 2000 亿元以上。在人们的传统观念中，总是认为钢筋混凝土结构是由最为耐久的混凝土材料浇筑而成，虽然钢筋易腐蚀，但有混凝土保护层，钢筋也不会发生锈蚀，因此，对钢筋混凝土结构的使用寿命期望值也是很高的，从而忽视了钢筋混凝土结构的耐久性问题，对钢筋混凝土结构耐久性的研究相对滞后，为此付出了巨大代价。

我国是一个发展中国家，正在从事着为世界所瞩目的大规模基本建设，而我国财力有限，能源短缺，资源并不丰富，因此战略上要高瞻远瞩，有效地利用资金，节约能源。既要科学地设计出安全、适用、耐久的新建工程项目，还要充分地、合理地、安全地延续利用现有房屋资源和工程设施。因此，加强混凝土结构耐久性研究，提高设计质量，延长结构使用寿命，是摆在我们面前的一个很重要的现实课题和任务。

中冶建筑研究总院在全国首先提出了钢筋混凝土中钢筋腐蚀检测方法和仪器，并在 1985 年针对国家重点工程，位于山东海边的亚洲最大金矿——三山岛金矿的建筑物，研制出钢筋阻锈剂，首次使用于大型工程。经 30 年使用后检查效果良好，为房屋建筑耐久性技术的发展作出了贡献。

不仅如此，随着钢结构建筑的规模化、产业化发展，钢结构耐久性也日益得到重视。围绕钢结构耐久性存在的问题，不断地有新的研究成果出现，从而有力地促进了工程结构和材料技术的新发展。

1.3 房屋建筑耐久性技术发展

1.3.1 房屋建筑材料耐久性技术现状及发展趋势

（1）房屋建筑材料耐久性技术发展现状　建筑材料技术发展是随着社会的发展、科学技术水平不断提高而不断丰富的，从其最基本的满足生活需要到当今的轻质高强、高耐久性、无毒环保、节能环保、抗震等诸多新的功能要求，使建筑材料从被动的以研究应用为主向开发新功能新用途材料方向转变。

① 高强混凝土　高强混凝土作为一种新型建筑材料，以其抗压强度高、抗变形能力强、密度大、孔隙率低的优越性，在高层建筑结构、大跨度桥梁结构以及某些特种结构中得到广泛的应用。高强混凝土最大的特点是抗压强度高，一般为普通强度混凝土的 4～6 倍，故可减小构件的截面，因此最适宜用于高层建筑。

② 高性能混凝土　1990 年 5 月，美国国家标准与技术研究院（NIST）和美国混凝土协会（ACI）召开会议，首次提出了高性能混凝土（HPC）的概念，高性能混凝土具有高抗渗性（高耐久性的关键）、高体积稳定性（低干缩低徐变、低温度形变和高弹性模量）、适当的高抗压强度、良好的施工性（高流动性、高黏聚性、自密实性）。

③ 活性粉末混凝土　法国 Bouygues 公司最先在施工多个高性能混凝土结构的基础上，通过去除粗集料，采用低水胶比并掺入适量钢纤维，制备出了界面黏

结强度和其他性能优异的活性粉末混凝土（RPC）。它是一种具有高强度、高耐久性及良好韧性的新型水泥基复合材料，具有广阔的研究与应用前景。

④ 大掺量矿物掺合料混凝土　混凝土中含有超过通常施工所用掺量的辅助胶凝材料即为大掺量矿物掺合料混凝土，并且总体性能仍然完全符合建筑施工的要求。其具有节约资源、环境友好的特性，也是绿色混凝土的发展方向之一。

⑤ 钢材　由于冶金技术的发展，钢材的强度较以前有很大的提高，经过热处理的高强低合金钢，其最低屈服强度为 $620\sim690MPa$，而普通的碳素钢屈服强度为 $195\sim275MPa$。我国是世界上的产钢大国，同时也是世界上消耗钢材最多的国家之一，许多特种钢材还依赖进口，生产高强度的钢材是提高我国钢结构水平的重要条件。

由于钢是易腐蚀的材料，美国及欧洲等发达国家采用合金技术创造的"耐候"钢，其耐大气腐蚀能力至少是碳素钢的 4 倍，刷涂层则抗腐蚀性更强，造价却比不锈钢低得多。这种钢材的颜色多为黑色或深棕色，在许多现代钢结构建筑中，这种"耐候"钢得到运用，而建筑师们也喜欢将它特殊的质感和颜色用于建筑的立面。近年来我国的一些钢铁企业也成功开发出了高性能的耐火钢和耐候钢，其高韧性不仅可提高其防灾安全，同时能延长使用寿命，非常适合条件苛刻的建筑结构，并在鸟巢等工程中应用。耐候钢板通过钢板中添加的合金来隔绝氧化层，从而提高耐候性，锈蚀过程将停滞在钢板表面部分。耐腐蚀性为一般钢材的 $4\sim6$ 倍。比普通碳素钢的耐久性高 4 倍。耐候钢为热轧材料，最小屈服强度 350MPa，具有良好的可焊性和可塑性，可与一般钢材或耐候钢焊接。

钢中加入磷、铜、铬、镍等微量元素后，使钢材表面形成致密和附着性很强的保护膜，阻碍锈蚀往里扩散和发展，大大提高了钢铁材料的耐大气腐蚀能力。

耐候钢可减薄使用、裸露使用或简化涂装，而使制品抗蚀延寿、省工降耗。耐候钢板的特点是钢板表面有一层自然锈蚀的锈红色，给建筑带来不同一般的外立面效果。而耐候钢具有抗腐蚀的保护作用，可以让场馆外立面无须涂保护漆。

⑥ 其他建材　虽然钢和混凝土目前依然是基本的建筑材料，然而新型建材发展迅猛。塑料作为当代建筑业应用最为广泛也是最重要的一种化学合成材料，其发展前景广阔。目前，塑料已被用作管材、零件、接头、防潮防水材料、保温隔热材料、门窗材料、卫生洁具等。塑料在许多地方可以取代钢、铜、木、铝合金和陶瓷等传统建筑材料，并可适应保温、隔热、隔声、耐高温、耐高压等新的需求，成为现代体育场馆及交通建筑大量运用的膜结构。如北京奥运会游泳馆水立方和上海世博会日本馆的外覆材料，就是塑料的一种。将化学合成材料用于抗力结构是一个崭新的领域，目前已用于造船业。在用于建筑结构之前需对其在极

端温度下的力学性能和变形性能做深入研究。大量采用合成材料是有其科学依据的，因为其较钢材更为廉价，更有利于保护生态环境。

同时，天然材料也广泛应用于建筑工程中。例如石材、木材和竹子等。我国的一些年轻建筑师看到竹子的生长快、加工易，提出建造"竹化城市"的设想，一些建筑师看到黄土高原的土质好，曾经做过利用现代技术的"生态黄土民居"设计，虽然这些设想还远不能成为现实，却寄托着中国建筑师渴望采用天然建材改变居住环境的愿望。由于木和竹具有再生性，从某种角度来看是一种取之不尽、用之不竭的再生物质资源，而土和石，由于区域的不同，也可以说是取用不尽的材料。

（2）房屋建筑材料耐久性技术的发展趋势

① 向新型功能材料、高性能结构材料和先进复合材料方向发展

a. 高端金属结构材料，是较传统金属结构材料具有更高的强度、韧性和耐高温、抗腐蚀等性能的金属材料。

b. 先进高分子材料。具有相对独特的物理化学性能、适宜在特殊领域或特定环境下应用的人工合成高分子新材料。

c. 新型无机非金属材料。在传统无机非金属材料基础上新出现的具有耐磨、耐腐蚀、光电等特殊性能的材料。

d. 高性能复合材料。由两种或两种以上异质、异型、异性材料（一种作为基体，其他作为增强体）复合而成的具有特殊功能和结构的新型材料。

② 纳米技术　在混凝土中加入少量的、至少在一个维度内为纳米尺度（<100nm）的材料，就可能实现某种性能的提升，达到普通材料无法实现的效果。纳米二氧化硅、纳米碳酸钙、纳米碳管和纤维在改变混凝土性能方面受到越来越多的关注。涂料中二氧化钛纳米粒子可以捕获和分解有机和无机污染物，并使外露的混凝土表面实现自清洁。纳米技术和纳米材料可以使钢筋抗腐蚀能力增强，总之，纳米技术能够使混凝土结构的使用周期中实现包括物质和能量消耗的最小化，同时减少建筑物对环境的负面影响，最终实现建筑物使用中的舒适性和友好性。尽管纳米材料和纳米技术在混凝土结构中有很好的前景，但目前新型材料对混凝土长期性能了解较少。随着公众对建筑物各方面安全性越来越多的关注，需要建立更安全的生产工艺，并在混凝土结构中使用更环保的纳米材料。对纳米技术应用于建筑工业中是否能够在真正意义上实现持续发展，还要进行长期的实验研究。

随着纳米技术和纳米材料的进一步发展，国外和国内目前的主要目标仍然是开发纳米新型高强度钢材和高强混凝土，同时探索将纳米碳纤维及其他纤维材料与混凝土聚合物等复合制造轻质高强结构材料。

③ 顺应现代社会基础设施的建设日趋大型化、综合化趋势要求　例如超高层建筑，大型水利设施、海底隧道等大型工程，耗资巨大、建设周期长、维修困

难，因此对其耐久性的要求越来越高。目前，主要的开发目标有高耐久性混凝土、钢骨混凝土、防锈钢筋、陶瓷质外壁胎面材料、合成树脂涂料、防虫蛀材料、耐低温材料，以及在地下、海洋、高温等苛刻环境下能长久保持性能的材料。

④ 适应特殊环境要求　如海洋建筑与陆地建筑的工作环境有很大差别，为了实现海洋空间的利用，建造海洋建筑，必须开发适合于海洋条件的建筑材料。海水中的盐分、氯离子、硫酸根等侵蚀作用，使材料很容易被腐蚀而破坏；海水波浪不断地往复作用，对建筑物构成冲击、磨耗和疲劳荷载作用；海洋建筑还要经常受到台风、海啸等严酷的气候条件的作用；建筑在海滩、近海等软弱地基上的建筑物，其沉降现象也很明显。在这些严酷苛刻的环境下工作的海洋建筑物所用的材料，要求具有很高的强度、耐冲击性、耐疲劳性、耐磨耗等力学性能，同时还要具有优良的耐腐蚀性能。为实现这些性能，要求开发以下新型材料，如涂膜金属板材、耐腐蚀金属、水泥基复合增强材料、地基强化材料等。

1.3.2　既有房屋建筑耐久性技术现状及发展趋势

(1) 既有房屋耐久性技术现状　我国的既有工程中有许多是"文革"前修建的，当时由于处于短缺型计划经济年代，工程的等级和标准都很低，已不能适应当前特别是今后现代化社会的需要，应逐步拆除。但现有工程中也有相当一部分是近年来为现代化建设而修建的。严重的问题在于这些新建的工程在耐久性的设计标准上依然和过去的一样低下，有不少在耐久性上留下或多或少的隐患。如在沿海城市和盐碱地区修建的工程未能充分考虑地下水和土中盐类侵蚀和大气中的盐雾作用；北方的桥梁和车库没有考虑今后可能遭受除冰盐的侵蚀作用。即使在新建的大型和特大型工程中也存在类似的问题。如城市地铁主体结构的混凝土强度等级有的仅 C20；南方跨海大桥在浪溅区的结构混凝土仍采用不耐氯盐侵蚀的 C30 级混凝土和仅为 3～4cm 的保护层厚度。结构设计中层出不穷的有关耐久性的缺陷，主要的根子在于设计规范的低标准及规范管理体制上的缺陷，以及人们对规范地位的错位认识，而施工质量管理松懈与环境条件的恶化（如我国酸雨面积已超过国土的 30%）无疑将进一步带来严重后果。目前已发现的桥梁等基础设施工程在建成后数年或十来年即出现老化破损的现象不过是初露端倪。

已建房屋耐久性技术与使用阶段的检测、维护和修理不能分割，对处于露天和恶劣环境下的基础设施工程来说尤其如此。为了保证结构安全性和耐久性，一些工程在建成后的使用过程中，应该进行定期检测和维护。我国有结构工程的设计规范与施工规范，但没有如何使用的规范。有些工程倒塌事故，例如最近四川宜宾的南门大桥发生桥面坍落事故，就是因为桥面结构与主拱之间的吊杆在连接处发生锈蚀，如果有定期的检测要求，这样的事故有可能避免。有些国家对于结构的损坏可能导致公众安全的建筑物如桥、隧道等公共工程，强制规定必须定期检测；即使是建筑物的玻璃幕墙和外墙面砖等建筑部件，因其坠落后容易伤及公众，也有强制定期检测的要求。我国由于施工管理水平较低和施工操作人员的素质相对较差，质量控制与质量保证制度不够健全，规范对结构安全与耐久性的设置水准又相对较低，已建的工程中往往存在较多隐患，所以更有必要从法制上确定土建工程的正常使用和定期检测的要求。对于土建结构工程的安全质量，虽然政府已作出了设计与施工的责任单位和个人需对其"终身负责"的规定，但是这种要求执行起来缺乏可操作性。要将结构安全质量事故减少到最低程度，还应以预防为主，通过例行检测及时发现问题。

现在国内有大量土建工程因步入老化期需要诊治，也有大量已建的违章工程需要评估，更有许多工程发生病害需要诊断和加固，各地已涌现了不少从事土建工程诊断、治理与加固的队伍，并有蓬勃发展成为一种新兴行业的趋势。出现问题和病害以后再来治理固然重要，但是我们应该更强调预防。对于在役土建工程的检测和评估，要建立相应的法规和标准，要有从业人员的注册和从业机构的资质认证制度，在管理体制上予以规范。

从国家对公共工程建设的投资和对工程设计的要求来看，需要有工程整个使用期限即全寿命费用支出的论证。只注意工程项目建设的一次投资支出，很少考虑工程建成后需要正常维护与修理的长期费用，不但可能损害工程使用寿命和正常使用功能，而且经济上算总账会很不合算。在发达国家，由于新建工程少，用于维修的费用往往更为主要，英国1978年的土建维修费上升到1965年的3.7倍，1980年的维修费占当年土建费用总支出的2/3。我国虽是发展中国家，现在正大兴土木，可是过去建成的大量工程已经或过早老化。国内40%公路桥梁的桥龄已大于25年，加上进入90年代以后交通量猛增，超载严重，以往的设计标准又低，路、桥的维修问题十分突出。由于养护维修费用得不到保证，造成工程安全隐患并在以后需要支出更多的大修费用。在土建工程的投资上，希望有关部门能加大投入已建工程维修的费用。

对建筑物进行评估和维修、加固和改造，是伴随着人类房屋建设而出现的。建筑结构检测鉴定行业从个别从业者率先进行鉴定加固和改造工作，到队伍越来越大，渐成规模；从无章可循，到各种标准对检测、鉴定、加固各个阶段越来越规范；从依赖专家经验的"传统经验法"，到专家经验与现场实测数据、复核鉴定相结合并原则性采用统计概率的"实用鉴定法"；从注重可靠性（安全性、正常使用性）鉴定，到可靠性、耐久性评价并重；加固技术从注重单个构件的加固，到注重结构整体加固效果。

作为鉴定加固的重要分支之一的建筑抗震加固也经历了三个阶段：

初级阶段（1976～1980年）：震后应急、临时、简单"捆绑式"加固技术。①震后应急修复和临时支护；②后加构造柱、圈梁；③后加圈梁和钢拉杆。

提高阶段（1980～1990年）：震前加固和震后补强，钢和混凝土的"硬"加固技术。①加大混凝土构件断面：梁、柱、夹板墙；②增设混凝土构件：剪力墙、构造柱、壁式框架；③增设钢构件——支撑。

综合阶段（1990年至今）：加固、改扩建及配套设施，新材料、新工艺、新设计，"软加固"技术。①粘钢、植筋；②碳、玻璃纤维布外贴；③钢绞线-聚合物砂浆面层；④体外预应力技术；⑤消能减震技术。

（2）既有房屋建筑耐久性技术发展趋势 智能化、机器人、遥感技术等电子技术的发展，使既有房屋建筑耐久性检测更加科学准确便捷，既有房屋建筑耐久性加固和修复材料及加工法更加趋向环保、安全、坚固、简便。

① 碳纤维结构修复技术 随着社会经济的发展，环境保护要求延长建筑物寿命，减少建筑废物；文化保护要求保护传承历史遗产，这些都为建筑物的结构修理和补强提出了要求，也为工程修复和补强行业提供了商机。混凝土结构修复、补强工作在这种形势下发展很快，新材料不断诞生，新施工方法不断出现。以碳纤维修复和补强建筑结构的施工方法正是适应这种要求开发的。我国是世界上人口大国，也是具有最为巨大的土木建筑市场的国家，碳纤维加固建筑结构工作将呈现不断增长的趋势。

② 纤维增强塑料加固技术 纤维增强塑料（FRP）近年来利用航天、航空工业取得的成就，使在民用建筑领域的开发和应用中受到了很大重视，人们对其进行了广泛的研究，取得了很大的进展。因其具有许多优点，为其作为混凝土结构加固和修补材料，得到了广泛应用，开辟了一条高效、方便、经济的加固修补混凝土结构的新途径。FRP具有强度高（2500～3550MPa）、性能好（抗蚀）、重量轻（密度$1.8g/cm^3$）、厚度薄（每层厚0.1～0.21mm）的优点，基本不增加结构尺寸、结构自重以及不影响结构外观，在结构的修补和加固中得到越来越广泛的应用，尤其具有以下技术优势：高强高效，施工简捷，施工周期短，施工机具少，操作简单，具有极佳的耐腐蚀性和耐久性，适用面广，施工质量容易保证，对结构的影响小。

③ 钢丝（筋）网水泥砂浆加固技术 钢丝（筋）网水泥砂浆是以钢丝网或钢筋网和加筋为增强材料，水泥砂浆为基材组成的薄层结构，钢丝（筋）网也可以用其他合适的金属材料代替。与混凝土相比，钢丝（筋）网水泥砂浆的主要特点是配筋分散性好和集料颗粒粒径小，因此，具有更好的抗裂、抗渗和韧性。

④ 预应力加固技术 在桥梁和建筑物加固领域中，体外预应力加固法已愈来愈受到人们的关注，它克服了采用其他方法加固材料中普遍存在的应力滞后的

弱点，保证了新旧材料和结构的整体性与协同工作。工程实践表明采用预应力法加固桥梁和建筑物不仅能提高其承载力，还可以减小挠度和裂缝宽度，提高结构的弹性恢复力，并且具有施工方便，不占用空间等特点。体外预应力技术无论在设计理论还是材料设备、施工工艺上都取得了一定的进展，应用范围从早期 PC 桥梁拓展到了建筑结构，从新建结构拓展到了结构的加固改造和临时性预应力结构或施工临时性钢索。除此之外，体外预应力的应用范围还不仅仅局限于混凝土结构。评价结构设计的基本原则之一就是看该结构形式是否能够充分发挥材料的力学特性，通过运用体外预应力索，任何具有合理压缩特性的材料都可以被连接起来，在适当的应用环境中是一种合理的结构形式。在工程实践中，体外预应力已从单纯地应用于混凝土结构拓展到了钢结构、木结构、砖石结构等，充分证明了其在结构体系方面的优势。

⑤ 消能加固技术　该方法是隔震技术在抗震加固领域中的应用，通过隔震层的设置将地震变形集中到隔震层上，以减小上部结构地震反应，从而保证建筑物内人员、设备的安全。目前已研究出的隔震方法有：橡胶垫隔震、滑移隔震、滚珠或滚轴隔震、摆动隔震、悬吊隔震、弹簧隔震等。目前较多的做法是将隔震层放在原结构基础上，即基础隔震。隔震加固法用于现有建筑抗震加固在美国、日本等国已有成功的工程实例，如美国对盐湖城大厦、洛杉矶政府大楼等几十栋建筑就是采用此法进行了加固。日本对一些办公楼、机场等大型公共建筑也是采用此方法进行了加固，效果十分明显。

⑥ "有机-无机复合"技术　将无机增强抗裂组分与有机减水保塑组分进行优化复合，得到高性能有机-无机复合抗裂材料，其中的无机增强抗裂材料可使混凝土在水化初期产生适量的微膨胀，补偿混凝土收缩，降低孔隙率，改善混凝土中孔结构分布，提高混凝土力学强度和阻裂抗渗能力；同时，有机减水保塑组分可提高混凝土工作性，严格控制坍落度损失，并长期阻孔，同时降低混凝土早期水化温升，有效防止早期温度收缩裂缝的出现。

参 考 文 献

[1]　陈燕菲. 房屋建筑学. 北京：化学工业出版社，2011.

[2]　邹得侬. 中国现代建筑二十讲. 北京：商务印书馆，2015.

[3]　萨西. 可持续性建筑的策略. 徐燊，译. 北京：中国建筑工业出版社，2011.

[4]　住房和城乡建设部科技与产业发展中心. 城市·建筑绿色低碳发展研究. 北京：中国建筑工业出版社，2015.

[5]　刘先觉，等. 生态建筑学. 北京：中国建筑工业出版社，2009.

[6]　陈志华. 外国建筑史（19 世纪末叶以前）：第四版. 北京：中国建筑工业出版社，2010.

[7]　杨维菊. 建筑构造设计（上、下册）. 北京：中国建筑工业出版社，2005.

[8] 潘谷西. 中国建筑史：第七版. 北京：中国建筑工业出版社，2015.

[9] 程旭洋. 建筑基础. 北京：中国劳动社会保障出版社，2011.

[10] 林宪德. 绿色建筑——生态、节能、减废、健康. 北京：中国建筑工业出版社，2011.

[11] 梁思成. 中国建筑史. 北京：生活·读书·新知三联书店，2011.

[12] 杨文科. 现代混凝土科学的问题与研究：第二版. 北京：清华大学出版社，2015.

[13] 管学茂，杨雷. 混凝土材料学. 北京：化学工业出版社，2011.

[14] 张光磊. 新型建筑材料：第 2 版. 北京：中国电力出版社，2013.

[15] 郑文忠. 既有建筑改造与加固. 北京：科学出版社，2014.

[16] 住房和城乡建设部住宅产业化促进中心. 既有居住建筑综合改造技术集成. 北京：中国建筑工业出版社，2011.

第2章
房屋建筑结构材质特点

2.1 木结构

2.1.1 实木

（1）木材的耐腐蚀性 天然木材在各种介质中的耐腐蚀性不但取决于木材的性质、密度和温度，而且与各个木材的生化及结构机能有关。B. M. 尼基琴在"木材与纤维素化学"一书中写道：针叶木材与阔叶类木材的细胞构造有明显不同，前者系无孔木材，后者系有孔木材。所以对介质的稳定性亦不同。木材性质是有疏密之别的。在腐蚀条件下宜选用针叶木材。

沈阳化工研究院曾对白松、红松、黄花松、桦木、柞木、杨木、水曲柳七种常用木材进行了一系列的耐腐蚀试验，结果认为：从木材在 30～31℃各种介质的腐蚀试验的顺纹抗压强度-时间曲线及重量损失-时间曲线均可看出针叶类木材的耐腐蚀性能比阔叶类高。阔叶林木材与强碱作用后，其半纤维素及木质素被溶解，木材变软，干后体积的收缩也比较大，对介质的稳定性很差。

木材在常温下可用于下列腐蚀介质中：硫酸，浓度<5%；盐酸，浓度<5%；醋酸，浓度<90%；磷酸，浓度<20%；氢氟酸，浓度<10%；氟硅酸，浓度<10%；碳酸钠，浓度<10%。

① 铜、锌、镍、钴等金属的硫酸盐，饱和溶液在硝酸及氢氧化钠作用下，不得采用木料。处于干湿交替条件下或宜产生结晶腐蚀时，不宜用木料。

② 氯气 木材具有耐氯气性。沈阳化工研究院的实验结果，相对于湿度75%左右时，木材在浓度 0.1mg/L 的氯气中实验 90d，针叶木材强度变化比阔叶木材小，仅降 1%～10%。所有木材外观无变化，木质坚硬，与其他气体比较起来，虽然氯气很高，但稳定性很好。

建筑工程中的食盐电解厂房的木屋架在氯气的作用下，除铁件腐蚀严重外，木材腐蚀并不明显。906 厂氯化焙烧厂房内操作台原为钢结构，在氯气作用下腐蚀严重，后来厂里用木结构替换了易受腐蚀的钢平台，效果很好。说明木材耐氯气性能良好。

③ 氯化氢　天然木材对氯化氢气体是稳定的，调查也可以证明。在新中国成立前就建起来的昆明冶炼厂、沈阳冶炼厂、重庆冶炼厂的铅电解厂房，大冶冶炼厂的氟化氢盐工段的木屋架和木基层，在含氟气体中使用了几十年，由于木屋架金属零件较少，所以使用良好。

④ 醋酸　几乎所有的资料都认为木材对醋酸是耐蚀的，而且有资料认为，木材在浓度为 98％的醋酸中的抗压强度及重量变化均比在 60％的醋酸中小。

⑤ 硫酸　木材对 5％以下的硫酸是耐蚀的，如常有酸气泄出，长期作用于木材，木材表面也会酸性化。浓度超过 10％的硫酸能很明显地将木材破坏。

⑥ 盐酸　在常温下，氯化氢含量在 10％以下的稀盐酸溶液对木材的作用很弱。相对湿度为 90％，浓度 0.15mg/L 以上的盐酸气中，所有木材均变得松软。外观呈黄色，强度降低。

⑦ 磷酸　在稀磷酸作用下，木材的腐蚀缓慢，经试验比较，各种木材在浓度为 20％磷酸中比在 10％硫酸或 5％盐酸中更稳定。

⑧ 氯化钠、氯化钙、氯化锌、氯化锂、氯化镁以及其他盐类的浓液实际上对木材不起作用。木材在氯化钠溶液中是稳定的。饱和氯化钠溶液对木材影响仍然很小。K. A. 波利亚科夫认为，绝大多数的无机盐不仅不会毁坏木材，而且能保护木材。

⑨ 亚硫酸盐及硫酸钠（芒硝）　不会引起木材组成的化学变化。

⑩ 硫酸铵　很多资料都认为，木材在硫酸铵溶液中是极为稳定的。调查中，用于硫酸铵工段的木操作台除了由于潮湿而引起木材膨胀外，没有明显腐蚀。大连硫酸铵散装仓库的木结构屋架，长期地受硫酸铵的作用。屋架已使用四十余年，部分木材有轻微腐蚀现象。

⑪ 醇类　甲醇、乙醇及其他醇类对木材均不起作用。

⑫ 发烟硫酸、浓硫酸、硝酸、碘酸、溴酸、氯磺酸、浓盐酸、铬酸对木材的腐蚀最大，就是在低温下也能破坏木材。强氧化酸都不能用木材。硝酸对木材的半纤维素产生硝化作用。在化工厂浓硝酸设备附近的木结构，可以看到木材被硝化成疏松的木丝。即使在氯化氮气长期作用下木材也会硝化。四川化工厂稀硫酸工段的木屋架和木望板在使用投产后可以看到明显的腐蚀现象。

⑬ 氢氧化钠　氢氧化钠即使在浓度很低的情况下也能破坏木材，因为氢氧化钠不仅溶解了半纤维素，而且能溶解其中的木质素。沈阳化工研究院的实验结果表明，木材在氢氧化钠 5％的稀释溶液中仅 30d，白松强度已降低 50％以上，桦木强度降低 70％以上。

⑭ 碳酸钠　针叶类木材在温度 30℃、10％碳酸钠溶液中强度降低比较少。阔叶木材在 0℃、10％碳酸溶液中不耐蚀。

⑮ 氨水　在氨和氨水试验中，木材的稳定性随着氨浓度的增加而下降，在10％以上的氨水作用下，木材是不稳定的。

（2）木结构的腐蚀　材料的耐腐蚀指标有些是在某种介质中浸泡若干天，有的是常温浸泡、加温干燥，做多少个循环，表明它能耐干湿交替了。在建筑工程中则不然。建筑工程的常用材料，大多数是多孔材料，会因结晶腐蚀而破坏。因为高温加速干燥可以强化结晶，一个循环相当于多少年。譬如某单位采用的干湿交替实验法，将试件在腐蚀性介质中浸透之后，取出置于烘箱中（100℃或以上，有到200℃的）烘干，即所谓强化结晶。众所周知，盐类结晶，多是在低温下水分子最大，反之，高温时水分子小或无。以硫酸镍为例，七水硫酸镍只在温度为15～25℃时形成，六水硫酸镍则是在30～40℃间形成，而四水硫酸镍则为50～70℃（均为水溶液，当为硫酸溶液时，则有所变化）。可以说盐类的结晶温度越高，结晶水越少，在高温条件下，还可能脱出结晶水。七水硫酸镍经微微灼烧即变为无水硫酸镍。硫酸铜则为100℃时开始失水（结晶水），随着温度上升，逐步变化为三水、二水、一水硫酸铜至220℃时则完全失水，变为无水硫酸铜。蓝莹莹宝石般的硫酸铜晶体，这时变为白色粉末。再如硫酸镁在200℃时失去全部结晶水。人们最喜欢用来作干湿交替腐蚀试验的硫酸钠，则在100℃时，即可失去全部结晶水。所以，许多试验方法，不仅不能强化，反而比正常条件还要多得多。甚至于说某种材料磨成粉放在酸中去沸腾1h，而建筑材料往往不作为粉状材料工作，而是块状材料。有时需要它的安定性。

从木材腐蚀指数来看，它既耐稀硫酸，又耐浓硫酸。我们的一些冶炼厂中，例如铜电解净液工程，中和槽上的厂房木屋架，因蒸汽加热电解槽液，而厂房木屋架距槽面又很近，那里的木材已朽变成深酱油色，呈纤维状，用手可抓被腐蚀后残留的木纤维下来。再如某厂锌电解流槽廊上方的木屋架，木材也成深色纤维。这大半是由于酸和盐通过机械作用，被带到木材上，而木材有时吸水，有时脱水，酸和盐都有被浓缩的可能。从短期看，碳化和盐渍结晶是轻微的，而日积月累，就必然出现严重状况。

在生活实践中，有些木槽盛硫酸盐（锌盐OH值5.2～5.4），槽外受膨胀分层起鼓，剥离后有大量白色结晶（硫酸锌）。处于氟或氟化氢等腐蚀介质环境的木结构，腐蚀比较轻微，例如昆明冶炼厂及重庆103厂铅电解车间的木屋架、木基层腐蚀，特别是结构受力后变形和木材受腐蚀后又往往使结点产生松动现象，使这些缝隙扩大，更易积聚有腐蚀性的冷凝液。金属件的锈蚀则比木材更快。应尽量减少节点、接头和金属配件，接头应用木夹板、双排螺栓连接，不要用钢销结合。接面、金属配件及螺栓孔等均应在拼装前涂耐腐蚀涂料使构件的所有表面都能得到保护。拼装后节点、接头缝隙用耐腐蚀胶泥堵塞。其密封程度越有效，隐患越小。

当木屋架的受拉腹杆必须采用钢拉杆时，其直径应按计算再加2mm，并采用双螺栓拉紧，使拉杆有一定安全储备。为保证所有金属零件受腐蚀后断面不致急剧削弱，所有金属零件的最小厚度和直径应考虑分别加厚，如拉杆及螺栓直径不小于 16mm；扒钉直径不小于 10mm；受力垫板不小于 8mm。斜杆件和上弦杆件由于冷凝水聚积，应该加强防腐。所以这些地方，应加强防护。位于南方某些炎热地带，冬天气候暖和，有的工厂在木屋架短节点留一个大洞，通向室外，使此处通风良好，以改善木房架端接点的环境。

木结构浸石蜡，是简单易行的方法，它可以大大提高耐腐蚀能力和耐久性。其做法为常压浸入，把构件放在石蜡中煮就行了，最好煮制成品，浸入后不再加工。用冷热流槽法，将石蜡融化，热槽温度 115～125℃，冷槽为 55～60℃，先在热槽中浸渍 1～8h。按木材材质计算，疏松的木材浸渍时间较短，坚实的木材浸渍的时间较长；按木材浸入石蜡的深度或按浸渍的效率（增重百分率）计算时：只要求浅层浸渍的，浸渍时间可以较短，必须深层浸渍的，特别是要求比较高浸渍率的大面积构件，浸渍时间较长。将干燥木材（最好用成品构件）浸没于温度已接近 25℃ 的熔融石蜡槽中，此时槽温急降；木材剧烈脱去残余水分，而泄出大量汽泡或气泡（加热浸槽应有足够溶剂），这时应立即升温至规定温度范围，并开始计算浸渍时间。浸渍到预定时间（事先通过预浸渍确定），当要求较高的浸渍率时，可一直浸渍到木材不往石蜡溶液中泄汽泡或气泡为止，取出浸渍件，再立即浸没于石蜡温度为 56～60℃ 的冷槽中。此时，槽温上升。待其温度自然降至 56～58℃ 时，可认为浸渍完毕，立即出槽即为成品。置放待用。置放前应使构件在空气中作短暂停留（寒冷季节可免此步骤），使木材表面石蜡完全凝固后，放置于无烈日暴晒的场所。如木材表面黏附有过厚的石蜡，可以用刮刀铲去过厚部分；也可以重新置入热槽 1s 或再稍微多一点时间，按构件表面所需石蜡厚度确定，但时间不能过长，一面在使木材表面石蜡全部熔去。木材表面的一层蜡具有良好的保护作用，不宜完全清除。因此也最宜全构件浸渍完毕后，木材表面不再加工。

浸渍工具：要注意木制品的木材含水率。当木材含水率过大，而浸渍时间不当时，易产生翘曲变形或开裂。

浸渍工艺：浸渍（冷、热）槽、灶具，固定浸渍工具（保证木材全部浸没于石蜡液中）及夹持工具，搬运工（或出入槽用提升）具，均可因地制宜，就地取材，因陋就简，土法上马，但必须注意防火。

（3）实木结构连接　木结构按连接方式和截面形状分为齿连接的原木或方木结构，裂环、齿板或钉连接的板材结构和胶合木结构。

① 齿连接的原木或方木结构　以手工操作为主的工地制造的结构，加工简便，发展最早，应用也最广。在中国应用最多的也是这种结构形式。

原木或带髓心的方木在干燥过程中，多发生顺纹开裂。当裂缝与桁架受拉下弦连接处受剪面重合时，将降低木结构的安全度，甚至导致破坏。故在采用原木或方木结构时，应采取可靠措施，尽量减少裂缝对结构的不利影响。

原木和方木截面较大，干燥费时，所以制作时只能采用截面内外平均含水率不大于 25% 的半干材。半干材在安装后逐渐干燥到与空气中的相对湿度平衡时，将产生横纹干缩，并在节点处产生的横纹或斜纹承压变形偏大，再由于齿连接手工操作的偏差，致使原木或方木结构的变形较大。

原木或方木桁架的下弦除了受开裂的影响之外，还常因所供应的木材质量偏低，难以选得符合受拉构件材质标准的木材。为了保证原木或方木结构的安全可靠，在中国大量推广应用钢材作下弦和拉杆的钢木桁架，以保证结构的安全可靠，并在一定程度上提高了结构的刚度，减小了变形。

② 裂环、齿板或钉连接的板材结构　由厚度在 10cm 以内的木板组成的结构。木板厚度小，能在短期内干燥，结构的变形较小，且木板又无完整的年轮，在干燥过程中切向和径向收缩率不一致所引起的翘曲可用加压的方法控制；干燥不均匀引起的内应力很小，即使产生裂缝，因开裂程度轻微，不影响结构的安全。

a. 裂环连接的板材结构。裂环能传递较大的内力，既能用于节点连接，又能用于接头的连接；裂环能标准化生产，环槽可用机具开凿，可使木结构的制作进入工业化生产。

裂环通过环槽承压和连接靠木材受剪传力，其安全度受脆性破坏的木材抗剪强度控制。裂环安装后处于隐蔽状态，不易检查，因此被齿板逐渐取代。

b. 齿板连接的板材结构。冲压而成的齿板用油压机直接压入木材，制造简便，与裂环连接相比，具有较高的紧密性，减小了结构的变形，且便于检查。齿板通过众多的齿分散承压传力，有很好的韧性，比裂环连接可靠。国外多将齿板应用于桁架节点和接头的连接。

c. 钉连接的板材结构。其多在工地制造，由于加工方便，可以制成弧形桁架等合理的结构形式，在前苏联应用较多。中国曾用于体育馆、仓库等跨度较大的屋盖结构。由于钉连接的后期变形较大，应用受到一定的限制。

③ 胶合木结构　包括层板胶合结构和胶合板结构。由于胶合木结构能较好地利用木材的优点和克服其缺点，使木材在结构中的应用更为合理，所以在一些技术发达的国家得到较大的发展，而成为木结构的主要形式。其多用于大跨度的房屋。美国曾相继建成直径为 153m、162m 及 208m 的胶合木圆顶。

此外，将木材旋切成 3～10mm 厚的单板，木纹相互平行层叠热压胶合成 30～50mm 厚的板材称为密层胶合木，可用以制成各种构件或结构。密层胶合木的问世使胶合木结构的应用达到新的高度。如建于 1976 年跨度为 122m 的密层胶合木筒拱，用于美国爱德华州立大学足球场的屋盖，上、下翼缘采用由 16 层单板胶合厚度为 45mm 的密层胶合木。

④ 螺栓球节点连接的木结构　螺栓球节点连接的木结构是 2010 年提出的新型木结构，其特点在于将木结构同钢结构杂交，利用木材为主材，钢结构螺栓球节点为连接，通过铰接的形式形成空间铰接杆件体系，从而将木结构的应用领域从传统房屋拓展到大跨度空间结构。

2.1.2　结构用集成材

集成材又名指接板、指接材或集成板。实木集成材是指将窄、短的木条采用胶黏剂接长（部分板材工艺是齿型连接），然后再横向拼宽、上下两面砂光而成的板材。实木集成材工艺基本同实木宽拼板相同，但是材料规格更小，又有很多长度方向的拼接，就是将经过深加工处理过的实木小块像"手指头"一样拼接而成的板材，由于木板间采用锯齿状接口，类似两手手指交叉对接，故称指接板。由于原木条之间是交叉结合的，这样的结合构造本身有一定的结合力，又因不用再上下粘表面板，故其使用的胶极其微量。

集成材的长宽为 2440mm×1220mm，厚度有 9mm、12mm、15mm、17mm、18mm、25mm 几种规格。

常用材质：杉木、松木、香樟木、樟子松、白松、赤松、榆木、硬杂木、枫杨。

（1）集成材特点

① 集成材由实体木材的短小料制造成要求的规格尺寸和形状，做到小材大用，劣材优用。

② 集成材用料在胶合前剔除节子、腐朽等木材缺陷，这样可制造出缺陷少的材料。配板时，即使仍有木材缺陷也可将木材缺陷分散。

③ 集成材保留了天然木材的材质感，外表美观。

④ 集成材的原料经过充分干燥，即使大截面、长尺寸材，其各部分的含水率仍均一，与实体木材相比，开裂、变形小。

⑤ 在抗拉和抗压等物理力学性能方面和材料质量均匀化方面优于实体木材，并且可按层板的强弱配置，提高其强度性能，其强度性能为实体木材的1.5 倍。

⑥ 按需要，集成材可以制造成通直形状、弯曲形状。按相应强度的要求，可以制造成沿长度方向截面渐变结构，也可以制造成工字形、空心方形等截面集成材。

⑦ 制造成弯曲形状的集成材，作为木结构构件来说，是理想的材料。

⑧ 胶合前，可以预先将板材进行药物处理，即使大尺寸的材料，其内部也能有足够的药剂，使材料具有优良的防腐性、防火性和防虫性。

⑨ 由于用途不同，要求集成材具有足够的胶合性能和耐久性，为此，集成材加工需具备良好的技术、设备及良好的质量管理和产品检验。

⑩ 与实体木材相比，集成材出材率低，产品的成本高。

（2）集成材分类

① 根据承载情况分为：结构用集成材和非结构用集成材。

② 根据产品形状分为：通直集成材、弯曲集成材、方形截面集成材、矩形截面集成材及变形截面集成材。

③ 根据用途分为：结构用集成材、非结构用集成材、贴面非结构用集成材、贴面结构用集成材。

④ 根据层板接合方式分为：指接集成材和平接集成材。

⑤ 根据集成材层板等级分为：同等级构成集成材、异等级构成集成材。

⑥ 根据集成材层板等级或树种配置分为：对称结构（平衡组合结构）集成材、非对称结构（非平衡组合结构）集成材。

⑦ 根据受力特点分为：水平型集成材和垂直型集成材及轴向荷载型集成材。

2.1.3 单板层积材

单板层积材，简称 LVL，是 laminated veneer lumber 的英文简称，是以原木为原料旋切或者刨切制成单板，经干燥、涂胶后，按顺纹或大部分顺纹组坯，再经热压胶合而成的板材。它具有实木锯材没有的结构特点：强度高、韧性大、稳定性好、规格精确，比实木锯材在强度、韧性方面提高了 3 倍，而且出口免熏蒸。

LVL 板材与实木锯材比较的优势：

（1）LVL 板材可将原木的疤节、裂痕等缺陷分散、错开，从而大大降低了对强度的影响，使其质量稳定、强度均匀、材料变异性小，是替代实木最理想的结构材。

（2）尺寸可随意调整，不受原木形状和缺陷的影响，LVL 板材最长可达 8m，最厚可达 300mm，可根据自己的用材状况，选择尺寸规格，随意裁截，原材料利用率高达 100%。

（3）LVL 的加工和木材一样，可锯切、刨切、凿眼、开榫、钉钉等。

（4）LVL 具有防虫、防腐、防火、防水等性能，主要是在制作过程中进行了相应的预处理或采用特殊的胶黏剂。

（5）LVL 具有极强的抗震性能和减震性能以及能抵抗周期性应力产生的疲劳破坏的能力。

（6）产品绿色环保、无污染，在制作过程中使用优质的环保胶黏剂；甲醛释放量远远低于国家标准，达到发达国家标准。

（7）LVL 其他特性：根据实践结果，人们认为单板层积材虽然某些性能不如成材，但单板层积材使其原木本身的缺陷（节子、裂缝、腐朽等）均匀分布在单板层积材（LVL）中，平均性能优于原木锯割成材。单板层积材有良好的抗蠕变性能；抗火灾性能优于钢材；单板层积材（LVL）经加速老化试验发生的破坏比成材胶合时胶层破坏小。

2.1.4　定向刨花板

定向刨花板是刨花板的新品种之一。刨花铺装成形时，定向刨花板的上下两个表层将拌胶刨花按其纤维方向纵行排列，而芯层刨花横向排列，组成三层结构板坯，进而热压制成定向刨花板。这种刨花板的形状要求长宽比较大，而厚度比普通刨花板的刨花略厚。定向铺装的方法有机械定向和静电定向。前者适用于大刨花定向铺装，后者适用于细小刨花定向铺装。定向刨花板的定向铺装使得其在某一方向具有较高强度的特点，常代替胶合板。

（1）定向刨花板的特点　定向刨花板不只强度高，且力学性能具有方向性。根据用途，通过控制各层刨花的比例和角度出产各种强度要求的定向刨花板。定向刨花板重组了木质纹理结构，完全消除了木材应力的影响。不易变形、膨胀系数小、握钉性能好、绿色环保、抗冲击和抗弯强度好。定向刨花板的制造用的是高温高压施胶，且施胶量远低于大芯板和多层板。定向刨花板在制造过程中由于胶量低和高温作用，胶内的游离甲醛能充分蒸腾。所以定向刨花板保证了制品板的环保和含水率的安稳。定向刨花板的交错铺装完全解决了密度板、多层板和普通刨花板周围面握钉开裂的问题。

（2）定向刨花板的主要用途

① 定向刨花板是出口机械产品包装的首选材料。可广泛用于包装、装潢家具制造和建筑模板以及房子建筑等。可完全代替在家具制造中的侧板和承重隔板等。在装修中的门框、窗框、门芯板、橱柜、地板及地板基材等。也可直接用于墙面和房顶饰面装点。是细木工板和普通多层板的代替产品。

② 定向刨花板地板、墙面及屋顶；工字梁；结构阻隔板；包装箱；货品托板及存储箱；商品货架；工业用桌面；阔叶材地板芯；挡空气板及护栏；装点用壁板；现场混凝土成形；集装箱地板；保龄球球道等。

③ 定向刨花板加工后代替细木工板、三合板、五合板、模板、防火板、装点板、隔板。

④ 定向刨花板实木地板与龙骨间的衬板，做木质别墅用，或制成复合木地板的基材。

⑤ 定向刨花板家具厨具的结构板。

⑥ 定向刨花板房子建筑用衬板、室内嵌板、隔热板、吸声板、天花板、墙板。

⑦ 定向刨花板营建用挡土板、水沟模板、垫板等等。

⑧ 将表层贴面定向刨花板（贴单面）后，可用于家具制造用的素板、抽屉底板、箱、盒、橱柜隔板、楼层板、床板等。

2.2 砖混结构材料

2.2.1 砖

砌墙砖按生产工艺不同分成烧结砖和非烧结砖。烧结砖在我国已经有两千多年的历史，当今仍是一种应用很广泛的墙体材料。非烧结砖又可分为压制砖、蒸养砖和蒸压砖等。

按所用原材料分为黏土砖、页岩砖、煤矸石砖、粉煤灰砖、灰砂砖和炉渣砖等。

按有无孔洞可分为普通砖、多孔砖、空心砖。

烧结砖：凡以黏土、页岩、煤矸石或粉煤灰为原料，经成形和高温焙烧而制得的用于砌筑承重和非承重墙体的砖统称为烧结砖。

根据原料不同分为烧结黏土砖、烧结粉煤灰砖、烧结页岩砖等。

(1) 烧结普通砖　烧结普通砖是由黏土、页岩、煤矸石或粉煤灰为主要原料，经过焙烧而成的实心或孔洞率不大于规定值且外形尺寸符合规定的砖。烧结普通砖分烧结黏土砖、烧结页岩砖、烧结煤矸石砖、烧结粉煤灰砖等。

烧结普通砖是传统的墙体材料，具有较高的强度和耐久性，又因其多孔而具有保温绝热、隔声吸声等优点，因此适宜做建筑围护结构，被大量应用于砌筑建筑物的内墙、外墙、柱、拱、烟囱、沟道及其他构筑物，也可在砌体中置适当的钢筋或钢丝以代替混凝土构造柱和过梁。

烧结普通砖既有一定的强度，又有较好的隔热、隔声性能，冬季室内墙面不会出现结露现象，而且价格低廉。虽然不断出现各种新的墙体材料，但烧结砖在今后一段时间内，仍会作为一种主要材料用于砌筑工程中。

烧结普通砖有自重大、体积小、生产能耗高、施工效率低等缺点，用烧结多孔砖和烧结空心砖代替烧结普通砖，可使建筑物自重减轻 30% 左右，节约黏土20%～30%，节省燃料 10%～20%，墙体施工功效提高 40%，并改善砖的隔热隔声性能。通常在相同的热工性能要求下，用空心砖砌筑的墙体厚度比用实心砖砌筑的墙体减薄半砖左右，所以推广使用多孔砖和空心砖是加快我国墙体材料改革，促进墙体材料工业技术进步的重要措施之一。

(2) 烧结多孔砖　烧结多孔砖是以黏土、页岩或煤矸石为主要原料烧制而成的孔洞率超过 25%，孔尺寸小而多，且为竖向孔的主要用于结构承重的多孔砖。

烧结多孔砖主要用于六层以下建筑物的承重墙体。M 型砖符合建筑模数，使设计规范化、系列化，提高施工速度，节约砂浆；P 型砖便于与普通砖配套使用。

(3) 烧结空心砖　烧结空心砖是以黏土、页岩或煤矸石为主要原料烧制而成的孔洞率大于 35%，孔尺寸大而少，且为水平孔的主要用于非承重部位的空心砖。

烧结空心砖自重较轻，强度较低，多用于非承重墙，如多层建筑的内隔墙或框架结构的填充墙等。

2.2.2　砌块

砌块是利用混凝土、工业废料（炉渣、粉煤灰等）或地方材料制成的人造块材，外形尺寸比砖大，具有设备简单，砌筑速度快的优点，符合建筑工业化发展中墙体改革的要求。砌块是砌筑用的人造块材，是一种新型墙体材料，外形多为直角六面体，也有各种异形体砌块。砌块系列中主要规格的长度、宽度或高度有 1 项或 1 项以上分别超过 365mm、240mm 或 115mm，但砌块高度一般不大于长度或宽度的 6 倍，长度不超过高度的 3 倍。

砌块按尺寸和质量的大小不同分为小型砌块、中型砌块和大型砌块。砌块系列中主规格的高度大于 115mm 而小于 380mm 的称作小型砌块；高度为 380～980mm 的称为中型砌块；高度大于 980mm 的称为大型砌块。使用中以中小型砌块居多。

砌块按外观形状可以分为实心砌块和空心砌块。空心率小于 25% 或无孔洞的砌块为实心砌块；空心率大于或等于 25% 的砌块为空心砌块。

空心砌块有单排方孔、单排圆孔和多排扁孔三种形式，其中多排扁孔对保温较有利。按砌块在组砌中的位置与作用可以分为主砌块和各种辅助砌块。

根据材料不同，常用的砌块有普通混凝土与装饰混凝土小型空心砌块、轻集料混凝土小型空心砌块、粉煤灰小型空心砌块、蒸压加气混凝土砌块、免蒸加气混凝土砌块（又称环保轻质混凝土砌块）和石膏砌块。吸水率较大的砌块不能用于长期浸水、经常受干湿交替或冻融循环的建筑部位。

（1）加气混凝土砌块

① 定义　加气混凝土砌块是一种轻质多孔、保温隔热、防火性能良好、可钉、可锯、可刨和具有一定抗震能力的新型建筑材料。

② 特点

a. 重量轻。加气混凝土砌块一般质量为 500～700kg。只相当于黏土砖和灰砂砖的 1/4～1/3，普通混凝土的 1/5，是混凝土中较轻的一种，适用于高层建筑的填充墙和低层建筑的承重墙。使用这种材料，可以使整个建筑的自重比普通砖混结构建筑的自重降低 40% 以上。由于建筑自重减轻，地震破坏力小，所以大大提高了建筑物的抗震能力。

b. 保温隔热。加气混凝土的热导率一般为 0.11～0.18kcal/(m·h·℃)，仅为黏土砖和灰砂砖的 1/4～1/5 [黏土砖的热导率为 0.4～0.58kcal/(m·h·℃)；灰砂砖的热导率为 0.528kcal/(m·h·℃)]，为普通混凝土的 1/6 左右。实践证明：20cm 厚的加气混凝土墙体的保温效果就相当于 49cm 厚的黏土砖墙体的保温效果，隔热性能也大大优于 24cm 砖墙体。这样就大大减薄了墙体的厚度，相应地便扩大了建筑物的有效使用面积，节约了建筑材料厚度，提高了施工效率，降低了工程造价，减轻了建筑物自重。

c. 强度高。经实验，加气混凝土砌块抗压强度大于 25kgf/cm²，相当于 125 号黏土砖和灰砂砖的抗压强度。

d. 抗震性能好。在震级为 7.8 级的唐山丰南等地的地震中，据震后考察，加气混凝土建筑只新出现了几条裂缝，而砖混结构建筑几乎全部倒塌，使这两栋相距不远，结构相同而材料不同的建筑形成了鲜明的对照。分析认为，这就是因为加气混凝土容重轻，整体性能好，地震时惯性力小，所以具有一定的抗震能力。这对于我们这个多地震国家来讲将是有很大的益处。

e. 加工性能好。加气混凝土具有很好的加工性能。能锯、能刨、能钉、能铣、能钻，并且能在制造过程中加钢筋，给施工带来了很大的方便与灵活性。

f. 耐高温性。加气混凝土在温度为 600℃ 以下时，其抗压强度稍有增长，当温度在 600℃ 左右时，其抗压强度接近常温时的抗压强度，所以作为建筑材料的加气混凝土的防火性能达到国家一级防火标准。

g. 隔声性能好。从加气混凝土的气孔结构可知，由于加气混凝土的内部结构像面包一样，均匀地分布着大量的封闭气孔，因此具有一般建筑材料所不具有的吸声性能。

h. 机械化施工。就现在的情况来看，预制加气混凝土拼装大板可节省成品堆放场地；节约砌筑人工；减少了湿作业；加快了现场施工进度，提高了施工效率。

i. 适应性强。可根据当地不同原材料、不同条件来量身定造。原材料可选择河砂、粉煤灰、矿砂等多种，因地制宜，并且可以废物利用，有利环保，真正地变废为宝。

（2）石膏砌块　以建筑石膏为主要原材料，经加水搅拌、浇注成形和干燥制成的轻质建筑石膏制品。它具有隔声防火、施工便捷等多项优点，是一种低碳环保、健康、符合时代发展要求的新型墙体材料。

① 环保　环保是指石膏砌块在原料、生产、施工、使用、废弃物回收上均不污染环境。

② 加工性好　脱硫石膏砌块可锯、可刨、可钉挂的特性，使用户做室内装饰造型时极其方便。

③ 墙体加工便捷　可以轻易地开槽走管线、安线盒，只要按正确的施工方法施工，走管线的部位仍然具有很好的强度。如墙体被破坏，修补时也十分方便快捷。

2.3　框架结构材料

2.3.1　水泥

　　水泥为粉状水硬性无机胶凝材料。加水搅拌后成浆体，能在空气中硬化或者在水中更好地硬化，并能把砂、石等材料牢固地胶结在一起。cement 一词由拉丁文 caementum 发展而来，是碎石及片石的意思。早期石灰与火山灰的混合物与现代的石灰火山灰水泥很相似，用它胶结碎石制成的混凝土，硬化后不但强度较高，而且还能抵抗淡水或含盐水的侵蚀。长期以来，它作为一种重要的胶凝材料，广泛应用于土木建筑、水利、国防等工程。

　　(1) 水泥按用途及性能分

　　① 通用水泥　通用水泥指一般土木建筑工程通常采用的水泥。通用水泥主要是指：GB 175—2007 规定的六大类水泥，即硅酸盐水泥、普通硅酸盐水泥、矿渣硅酸盐水泥、火山灰质硅酸盐水泥、粉煤灰硅酸盐水泥和复合硅酸盐水泥。

　　② 专用水泥　专用水泥指有专门用途的水泥。如 G 级油井水泥，道路硅酸盐水泥。

　　③ 特性水泥　特性水泥指某种性能比较突出的水泥。如快硬硅酸盐水泥、低热矿渣硅酸盐水泥、膨胀硫铝酸盐水泥、磷铝酸盐水泥和磷酸盐水泥。

　　(2) 水泥类型的定义

　　① 硅酸盐水泥　由硅酸盐水泥熟料、0～5％石灰石或粒化高炉矿渣、适量石膏磨细制成的水硬性胶凝材料，称为硅酸盐水泥，分 P.Ⅰ和 P.Ⅱ，即国外通称的波特兰水泥。

　　② 普通硅酸盐水泥　由硅酸盐水泥熟料、6％～20％混合材料、适量石膏磨细制成的水硬性胶凝材料，称为普通硅酸盐水泥（简称普通水泥），代号：P·O。

　　③ 矿渣硅酸盐水泥　由硅酸盐水泥熟料、20％～70％粒化高炉矿渣和适量石膏磨细制成的水硬性胶凝材料，称为矿渣硅酸盐水泥，代号：P·S。

　　④ 火山灰质硅酸盐水泥　由硅酸盐水泥熟料、20％～40％火山灰质混合材料和适量石膏磨细制成的水硬性胶凝材料，称为火山灰质硅酸盐水泥，代号：P·P。

　　⑤ 粉煤灰硅酸盐水泥　由硅酸盐水泥熟料、20％～40％粉煤灰和适量石膏磨细制成的水硬性胶凝材料，称为粉煤灰硅酸盐水泥，代号：P·F。

　　⑥ 复合硅酸盐水泥　由硅酸盐水泥熟料、20％～50％两种或两种以上规定的混合材料和适量石膏磨细制成的水硬性胶凝材料，称为复合硅酸盐水泥（简称复合水泥），代号 P·C。

　　⑦ 中热硅酸盐水泥　以适当成分的硅酸盐水泥熟料、加入适量石膏磨细制

成的具有中等水化热的水硬性胶凝材料。

⑧ 低热矿渣硅酸盐水泥 以适当成分的硅酸盐水泥熟料、加入适量石膏磨细制成的具有低水化热的水硬性胶凝材料。

⑨ 快硬硅酸盐水泥 由硅酸盐水泥熟料加入适量石膏，磨细制成早强度高的以 3d 抗压强度表示标号的水泥。

⑩ 抗硫酸盐硅酸盐水泥 由硅酸盐水泥熟料，加入适量石膏磨细制成的抗硫酸盐腐蚀性能良好的水泥。

⑪ 白色硅酸盐水泥 由氧化铁含量少的硅酸盐水泥熟料加入适量石膏，磨细制成的白色水泥。

⑫ 道路硅酸盐水泥 由道路硅酸盐水泥熟料、0～10％活性混合材料和适量石膏磨细制成的水硬性胶凝材料，称为道路硅酸盐水泥，简称道路水泥。

⑬ 砌筑水泥 由活性混合材料，加入适量硅酸盐水泥熟料和石膏，磨细制成主要用于砌筑砂浆的低标号水泥。

⑭ 油井水泥 由适当矿物组成的硅酸盐水泥熟料、适量石膏和混合材料等磨细制成的适用于一定井温条件下油、气井固井工程用的水泥。

⑮ 石膏矿渣水泥 以粒化高炉矿渣为主要组分材料，加入适量石膏、硅酸盐水泥熟料或石灰磨细制成的水泥。

⑯ 新型复合水泥 一种新型纤维混凝土材料 ECC，它具有比普通混凝土更高的抗拉、耐磨、韧性、耐酸碱、致密性、抗击打等一系列优质的特性，耐冲击力和次数是普通混凝土的 3 倍以上，裂缝控制能力使其能自我修复。更具神奇色彩的是，它有类似金属材料的拉伸强化性能，极限拉伸应变可达 5％～6％，接近钢材的塑性，因此被俗称为"可弯曲水泥"。

⑰ 铝酸盐水泥 以铝酸钙为主的铝酸盐水泥熟料，磨细制成的水硬性胶凝材料称为铝酸盐水泥，代号 CA。其性质是快硬、早强、高温下后期强度不变；水化热高，放热快；耐热性强；耐腐蚀性强。

⑱ 硫铝酸盐水泥 以适当成分的生料，经煅烧所得的以无水硫铝酸钙和硅酸二钙为主要矿物成分的水泥熟料掺加不同量的石灰石、适量石膏共同磨细制成，具有水硬性的胶凝材料。硫铝酸盐水泥分为快硬硫铝酸盐水泥、低碱度硫铝酸盐水泥、自应力硫铝酸盐水泥。

⑲ 彩色硅酸盐水泥 在白色水泥生料中加入少量金属氧化物作为着色剂，直接烧成彩色熟料，然后再磨细制成彩色水泥。若制造红色、黑色或棕色水泥时，可在普通水泥中加耐碱矿物颜料，不一定用白色水泥。

⑳ 明矾石膨胀水泥 以硅酸盐水泥熟料为主，掺合铝质熟料、石膏和粒化高炉矿渣（或粉煤灰），按适当比例磨细制成的具有膨胀性能的水硬性胶凝材料，称为明矾石膨胀水泥。

2.3.2　骨料

骨料，即在混凝土中起骨架或填充作用的粒状松散材料。骨料作为混凝土中的主要原料，在建筑物中起骨架和支撑作用。在拌料时，水泥经水搅拌时，成稀糊状，如果不加骨料的话，它将无法成形，将导致无法使用，所以说骨料是建筑中十分重要的原料。

粒径大于 4.75mm 的骨料称为粗骨料，俗称石。常用的有碎石及卵石两种。碎石是天然岩石或岩石经机械破碎、筛分制成的，粒径大于 4.75mm 的岩石颗粒。卵石是由自然风化、水流搬运和分选、堆积而成的、粒径大于 4.75mm 的岩石颗粒。

粒径 4.75mm 以下的骨料称为细骨料，俗称砂。砂按产源分为天然砂、人工砂两类。天然砂是由自然风化、水流搬运和分选、堆积形成的、粒径小于 4.75mm 的岩石颗粒，但不包括软质岩、风化岩石的颗粒。天然砂包括河砂、湖砂、山砂和淡化海砂。人工砂是经除土处理的机制砂、混合砂的统称。

再生骨料，即由废弃混凝土制备的骨料称为再生混凝土骨料，简称再生骨料。仅仅通过简单破碎和筛分工艺制备的再生骨料颗粒棱角多、表面粗糙、组分中还含有硬化水泥砂浆，再加上混凝土块在破碎过程中因损伤累积在内部造成大量微裂纹，导致再生骨料自身的孔隙率大、吸水率大、堆积密度小、空隙率大、压碎指标高。这种再生骨料制备的再生混凝土水量较大、硬化后的强度低、弹性模量低，而且抗渗性、抗冻性、抗碳化能力、收缩、徐变和抗氯离子渗透性等耐久性能均低于普通混凝土。为了提高再生混凝土的性能，须对简单破碎获得的低品质再生骨料进行强化处理，即通过改善骨料粒形和除去再生骨料表面所附着的硬化水泥石，提高骨料的性能。强化后的再生骨料不仅性能显著提高，而且不同强度等级废混凝土制备的再生骨料性能差异也较小，有利于再生骨料的质量控制，便于再生混凝土的推广应用。

中华人民共和国国家标准《混凝土和砂浆用再生细骨料》（GB/T 25176—2001）中对"混凝土和砂浆用建筑垃圾再生细骨料"定义为：由建（构）筑废物中的混凝土、砂浆、石、砖瓦等加工而成，用于配制混凝土和砂浆的粒径不大于 4.75mm 的颗粒。建筑垃圾再生粗骨料、建筑垃圾再生细骨料不仅用于配制混凝土和砂浆，还可用于生产建筑垃圾再生骨料砖、建筑垃圾再生骨料砌块等，所以，建筑垃圾再生粗骨料、建筑垃圾再生细骨料定义只规定来源和粒径，且废弃混凝土除了废弃普通混凝土，还可以是废弃陶粒混凝土、废弃加气混凝土等。事实上，建筑垃圾再生粗骨料、建筑垃圾再生细骨料的来源也不仅局限于定义中列出的几种建筑垃圾，还可能来源于废弃墙板、废弃砌块等。有些建筑垃圾生产的建筑垃圾再生骨料可能不适于配制混凝土或砂浆，但是可以用来生产建筑垃圾再生骨料砖、建筑垃圾再生骨料砌块等，这样就可以大大提高建筑垃圾的再生利用率，有利于节能减排。在我国，建筑垃圾再生骨料主要用于取代天然骨料来配制普通混凝土或普通砂浆，或者作为原材料用于生产非烧结砌块或非烧结砖。采用建筑垃圾再生骨料部分取代或全部取代天然骨料配制混凝土和砂浆已经在很多工程中得以成功应用，有些商品混凝土搅拌站已经专设储存库将建筑垃圾再生骨料作为一种原材料；利用建筑垃圾再生骨料生产非烧结砌块和非烧结砖能够消化更多的建筑垃圾，是目前我国建筑垃圾资源化利用的重要途径。

2.3.3　矿物掺合料

矿物掺合料，指以氧化硅、氧化铝为主要成分，在混凝土中可以代替部分水泥、改善混凝土性能，且掺量不小于 5% 的具有火山灰活性的粉体材料。

矿物掺合料是混凝土的主要组成材料，它起着根本改变传统混凝土性能的作用。在高性能混凝土中加入较大量的磨细矿物掺合料，可以起到降低温升，改善工作性，增进后期强度，改善混凝土内部结构，提高耐久性，节约资源等作用。其中某些矿物细掺合料还能起到抑制碱-骨料反应的作用。可以将这种磨细矿物掺合料作为胶凝材料的一部分。高性能混凝土中的水胶比是指水与水泥加矿物细掺合料之比。

矿物掺合料不同于传统的水泥混合材，虽然两者同为粉煤灰、矿渣等工业废渣及沸石粉、石灰粉等天然矿粉，但两者的细度有所不同，由于组成高性能混凝土的矿物细掺合料细度更细，颗粒级配更合理，具有更高的表面活性能，能充分发挥细掺合料的粉体效应，其掺量也远远高过水泥混合材。不同的矿物掺合料对改善混凝土的物理、力学性能与耐久性具有不同的效果，应根据混凝土的设计要求与结构的工作环境加以选择。使用矿物细掺合料与使用高效减水剂同样重要，必须认真试验选择。

矿物掺合料由于其独特的微细集料效应、形态效应及化学活性效应，能改善混凝土的多项性能及有效降低生产成本，在混凝土配制技术中发挥着其他组成材料难以替代的作用。近年来随着预拌混凝土的日益普及，粉煤灰、矿渣粉等矿物掺合料的使用已经非常普遍，而因地域的差异，矿渣粉、粉煤灰等矿物掺合料资源分布不均，对于Ⅰ级粉煤灰、S95 等级的矿渣粉这些优质的矿物掺合料在预拌混凝土用量较多的大中城市更是供不应求，导致各种各样的废渣磨细后都成为"粉煤灰"掺合料进入预拌混凝土的原材料市场。

2.3.4　外加剂

混凝土外加剂是在搅拌混凝土过程中掺入，占水泥质量 5% 以下的，能显著改善混凝土性能的化学物质。在混凝土中掺入外加剂，具有投资少、见效快、技术经济效益显著的特点。随着科学技术的不断进步，外加剂已越来越多地得到应用，外加剂已成为混凝土除 4 种基本组分以外的第 5 种重要组分。

（1）品种

① 早强剂

a. 无机盐：氯化物、碳酸盐、硝酸盐、硫代硫酸盐、硅酸盐、铝酸盐、碱性氢氧化物等。

b. 有机物：三乙醇胺、甲酸钙、乙酸钙、丙酸钙和丁酸钙、尿素、草酸、胺与甲醛缩合物。

② 促凝剂　铁盐、氟化物、氯化铝、铝酸钠、碳酸钾。

③ 减水剂　萘磺酸盐甲醛缩合物、多环芳烃磺酸盐甲醛缩合物、三聚氰胺磺酸盐甲醛缩聚物、对氨基苯磺酸甲醛缩聚物、磺化酮醛缩聚物、聚丙烯酸盐及其接枝共聚物等。

④ 膨胀剂　细铁粉或粒状铁粉与氧化促进剂、石灰系、硫铝酸盐系。

⑤ 泵送剂　合成或天然水溶性聚合物增加剂、有机絮凝剂、高比表面无机材料（膨润土、二氧化硅、石棉粉、石棉短纤维等）、水泥外掺料（粉煤灰、水硬石灰、石粉等）。

⑥ 碱-骨料反应抑制剂　锂盐、钡盐、某些引气剂、减水剂、缓凝剂、火山灰。

⑦ 阻锈剂　亚硝酸钠、硝酸钙、苯甲酸钠、木质素磺酸钙、磷酸盐、氟硅酸钠、氟铝酸钠。

（2）外加剂在改善混凝土的性能方面具有以下作用

① 可以减少混凝土的用水量，或者不增加用水量就能增加混凝土的流动度。

② 可以调整混凝土的凝结时间。

③ 减少泌水和离析，改善和易性。

④ 可以减少坍落度损失，增加泵送混凝土的可泵性。

⑤ 可以减少收缩，加入膨胀剂还可以补偿收缩。

⑥ 延缓混凝土初期水化热，降低大体积混凝土的温升速度，减少裂缝发生。

⑦ 提高混凝土早期强度，防止负温下冻结。

⑧ 提高强度，增加抗冻性、抗渗性、抗磨性、耐腐蚀性。

⑨ 控制碱-骨料反应阻止钢筋锈蚀，减少氯离子扩散。

⑩ 制成其他特殊性能的混凝土。

⑪ 降低混凝土黏度系数等。

2.3.5 建筑砂浆

建筑砂浆是由无机胶凝材料（水泥）、细骨料和水，有时也掺入某些掺合料组成。建筑砂浆是建筑工程中用量最大、用途最广的建筑材料之一，它常用于砌筑砌体、大型墙板、砖石墙的勾缝，以及装饰材料的黏结等。砂浆的种类很多，根据用途不同可分为砌筑砂浆、抹面砂浆。抹面砂浆包括普通抹面砂浆、装饰抹面砂浆、特种砂浆,如防水砂浆、耐酸砂浆、吸声砂浆等。根据胶凝材料的不同可分为水泥砂浆、石灰砂浆、混合砂浆,包括水泥石灰砂浆、水泥黏土砂浆、石灰黏土砂浆、石灰粉煤灰砂浆等。

(1) 砌筑砂浆 将砖、石、砌块等黏结成为砌体的砂浆称为砌筑砂浆。它起着黏结和传递荷载的作用,是砌体的重要组成部分。主要品种有水泥砂浆和水泥混合砂浆。水泥砂浆是由水泥、细骨料和水配制成的砂浆。水泥混合砂浆是由水泥、细骨料、掺加料及水配制成的砂浆。

(2) 抹面砂浆 凡涂抹在建筑物或建筑构件表面的砂浆,统称为抹面砂浆。根据抹面砂浆功能的不同,可将抹面砂浆分为普通抹面砂浆、装饰砂浆和具有某些特殊功能的抹面砂浆(如防水砂浆、绝热砂浆、吸声砂浆和耐酸砂浆等)。对抹面砂浆要求具有良好的和易性,容易抹成均匀平整的薄层,便于施工。还应有较高的黏结力,砂浆层应能与底面黏结牢固,长期不致开裂或脱落。处于潮湿环境或易受外力作用的部位(如地面和墙裙等),还应具有较高的耐水性和强度。与砌筑砂浆相比,抹面砂浆具有抹面层不承受荷载;抹面层与基底层要有足够的黏结强度,使其在施工中或长期自重和环境作用下不脱落、不开裂;抹面层多为薄层,并分层涂抹,面层要求平整、光洁、细致、美观等。

① 普通抹面砂浆 普通抹面砂浆是建筑工程中用量最大的抹灰砂浆。其功能主要是保护墙体、地面不受风雨及有害杂质的侵蚀,提高防潮、防腐蚀、抗风化性能,增加耐久性;同时可使建筑达到表面平整、清洁和美观的效果。

抹面砂浆通常分为两层或三层进行施工。各层砂浆要求不同,因此每层所选用的砂浆也不一样。一般底层砂浆起黏结基层的作用,要求砂浆应具有良好的和易性和较高的黏结力,因此底面砂浆的保水性要好,否则水分易被基层材料吸收而影响砂浆的黏结力。基层表面粗糙些有利于与砂浆的黏结。中层抹灰主要是为了找平,有时可省略去不用。面层抹灰主要为了平整美观,因此选用细砂。

用于砖墙的底层抹灰,多用石灰砂浆;用于板条墙或板条顶棚的底层抹灰多用混合砂浆或石灰砂浆;混凝土墙、梁、柱、顶板等底层抹灰多用混合砂浆、麻刀石灰浆或纸筋石灰浆。

在容易碰撞或潮湿的地方,应采用水泥砂浆。如墙裙、踢脚板、地面、雨棚、窗台以及水池、水井等处,一般多用1:2.5的水泥砂浆。

② 特种抹面砂浆

a.防水砂浆。防水砂浆是一种抗渗性高的砂浆。防水砂浆层又称刚性防水层,适用于不受震动和具有一定刚度的混凝土或砖石砌体的表面,对于变形较大或可能发生不均匀沉陷的建筑物,都不宜采用刚性防水层。

防水砂浆按其组成可分为:多层抹面水泥砂浆、掺防水剂防水砂浆、膨胀水泥防水砂浆和掺聚合物防水砂浆四类。

常用的防水剂有氯化物金属盐类防水剂、水玻璃类防水剂和金属皂类防水剂等。

防水砂浆的防渗效果在很大程度上取决于施工质量，因此施工时要严格控制原材料的质量和配合比。防水砂浆层一般分四层或五层施工，每层厚约 5mm，每层在初凝前压实一遍，最后一层要进行压光。抹完后要加强养护，防止脱水过快造成干裂。总之刚性防水必须保证砂浆的密实性，对施工操作要求高，否则难以获得理想的防水效果。

b. 保温砂浆。

保温砂浆又称绝热砂浆，是采用水泥、石灰和石膏等胶凝材料与膨胀珍珠岩或膨胀蛭石、陶砂等轻质多孔骨料按一定比例配合制成的砂浆。保温砂浆具有轻质、保温隔热、吸声等性能，其热导率为 $0.07 \sim 0.10 W/(m \cdot K)$，可用于屋面保温层、保温墙壁以及供热管道保温层等处。

常用的保温砂浆有水泥膨胀珍珠砂浆、水泥膨胀蛭石砂浆和水泥石灰膨胀蛭石砂浆等。随着国内节能减排工作的推进，出现了众多新型墙体保温材料，其中 EPS（聚苯乙烯）颗粒保温砂浆就是一种得到广泛应用的新型外保温砂浆，其采用分层抹灰的工艺，最大厚度可达 100mm，此砂浆保温、隔热、阻燃、耐久。

c. 吸声砂浆。

一般绝热砂浆是由轻质多孔骨料制成的，都具有吸声性能。另外，也可以用水泥、石膏、砂、锯末按体积比为 $1 : 1 : 3 : 5$ 配制成吸声砂浆，或在石灰、石膏砂浆中掺入玻璃纤维和矿棉等松软纤维材料制成。吸声砂浆主要用于室内墙壁和平顶。

d. 耐酸砂浆。

用水玻璃（硅酸钠）与氟硅酸钠拌制成耐酸砂浆，有时也可掺入石英岩、花岗岩、铸石等粉状细骨料。水玻璃硬化后具有很好的耐酸性能。耐酸砂浆多用作衬砌材料、耐酸地面和耐酸容器的内壁防护层。

e. 装饰砂浆。

装饰砂浆是直接用于建筑物内外表面，以提高建筑物装饰艺术性为主要目的的抹面砂浆。它是常用的装饰手段之一。装饰砂浆的底层和中层抹灰与普通抹面砂浆基本相同，主要是装饰砂浆的面层，要选用具有一定颜色的胶凝材料和骨料以及采用某种特殊的操作工艺，使表面呈现出各种不同的色彩、线条与花纹等装饰效果。

装饰砂浆所采用的胶凝材料有普通水泥、矿渣水泥、火山灰水泥和白水泥、彩色水泥，常用的水泥中掺加耐碱矿物颜料配成彩色水泥以及石灰、石膏等。骨料常采用大理石、花岗岩等带颜色的细石渣或玻璃、陶瓷碎粒。

2.3.6 混凝土

混凝土，是指由胶凝材料将集料胶结成整体的工程复合材料的统称。通常讲的混凝土一词是指用水泥作胶凝材料，砂、石作集料，与水（可含外加剂和掺合料）按一定比例配合，经搅拌而得的水泥混凝土，也称普通混凝土，它广泛应用于土木工程。

（1）混凝土分类

① 按胶凝材料分

a. 无机胶凝材料混凝土，包括石灰硅质胶凝材料混凝土（如硅酸盐混凝土）、硅酸盐水泥系混凝土（如硅酸盐水泥、普通水泥，矿渣水泥，粉煤灰水泥、火山灰质水泥、早强水泥混凝土等）、钙铝水泥系混凝土（如高铝水泥、纯铝酸盐水泥、喷射水泥，超速硬水泥混凝土等）、石膏混凝土、镁质水泥混凝土、硫黄混凝土、水玻璃氟硅酸钠混凝土、金属混凝土（用金属代替水泥作胶结材料）等。

b. 有机胶凝材料混凝土。主要有沥青混凝土和聚合物水泥混凝土、树脂混凝土、聚合物浸渍混凝土等。

② 按使用功能分　结构混凝土、保温混凝土、装饰混凝土、防水混凝土、耐火混凝土、水工混凝土、海工混凝土、道路混凝土、防辐射混凝土等。

③ 按掺合料分　粉煤灰混凝土、硅灰混凝土、矿渣混凝土、纤维混凝土等。

另外，混凝土还可按抗压强度分为：低强混凝土（抗压强度＜30MPa）、中强度混凝土（抗压强度 30～60MPa）和高强度混凝土（抗压强度≥60MPa）；按每立方米水泥用量又可分为：贫混凝土（水泥用量≤170kg）和富混凝土（水泥用量≥230kg）等。

（2）混凝土的腐蚀　混凝土材料是一种耐久性材料，但是本质上是一种非均匀的多孔材料，在二氧化碳、水、氯离子、硫酸盐等的介质的侵蚀作用下，不可避免地受到外来因素的影响而腐蚀，混凝土会加速破坏，其使用寿命会大大缩短。

① 盐类结晶　当混凝土与含有大量可溶性盐类化合物的水接触时，这些盐类化合物会渗入混凝土中，经过水分的蒸发，盐类在混凝土中不断浓缩，最后形成结晶，而结晶过程还往往伴随体积的增大。因此，造成混凝土材料的开裂破坏。典型当属硫酸盐腐蚀。在混凝土材料的使用中，化学腐蚀中最广泛和最普通的形式是硫酸盐的腐蚀。硫酸盐与水泥中的钙矾石发生反应生成硫铝酸盐，并伴有体积的增大，而导致混凝土材料的开裂。这种开裂进一步加速了硫酸盐对混凝土基体的腐蚀。

② 渗滤盐霜　当水分从混凝土表面渗出时，混凝土表面总会出现盐霜。这些盐类由混凝土渗析出，经蒸发水分后结晶而成，或是与大气中二氧化碳相互作

用的结晶。表明混凝土内部发生了明显的渗滤，严重的渗滤导致孔隙率增加，从而降低了混凝土层的强度和增加了受侵蚀性化合物的作用。

③ 酸碱腐蚀　混凝土材料是一种碱性材料，一般不会遭受碱性物质的腐蚀。但在化工企业中，长时间接触高浓度碱性物质也会使混凝土材料破坏。混凝土材料对酸的抵抗能力较弱。比如，碳酸与氢氧化钙反应形成可溶性的碳酸氢钙。因此，碳酸对混凝土有较大的腐蚀性，是空气中的二氧化碳对混凝土材料产生腐蚀的原因。

（3）混凝土性能

① 和易性　混凝土拌和物最重要的性能，主要包括流动性、黏聚性和保水性三个方面。它综合表示拌合物的稠度、流动性、可塑性、抗分层离析泌水的性能及易抹面性等。测定和表示拌合物和易性的方法和指标很多，中国主要采用截锥坍落筒测定的坍落度（mm）及用维勃仪测定的维勃时间（s），作为稠度的主要指标。

② 强度　强度是混凝土硬化后的最重要的力学性能，是指混凝土抵抗压、拉、弯、剪等应力的能力。水灰比、水泥品种和用量、集料的品种和用量以及搅拌、成形、养护，都直接影响混凝土的强度。混凝土按标准抗压强度（以边长为150mm 的立方体为标准试件，在标准养护条件下养护 28d，按照标准试验方法测得的具有 95％保证率的立方体抗压强度）划分的强度等级，称为标号，分为C10、C15、C20、C25、C30、C35、C40、C45、C50、C55、C60、C65、C70、C75、C80、C85、C90、C95、C100 共 19 个等级。混凝土的抗拉强度仅为其抗压强度的 1/10～1/20。提高混凝土抗拉、抗压强度的比值是混凝土改性的重要方面。

③ 变形　混凝土在荷载或温湿度作用下会产生变形，主要包括弹性变形、塑性变形、收缩和温度变形等。混凝土在短期荷载作用下的弹性变形主要用弹性模量表示。在长期荷载的作用下，应力不变，应变持续增加的现象为徐变，应变不变，应力持续减少的现象为松弛。由于水泥水化、水泥石的碳化和失水等原因产生的体积变形，称为收缩。

④ 耐久性　耐久性是混凝土在使用过程中抵抗各种破坏因素作用的能力。混凝土耐久性的好坏，决定混凝土工程的寿命。它是混凝土的一个重要性能，因此长期以来受到人们的高度重视。

在一般情况下，混凝土具有良好的耐久性。但在寒冷地区，特别是在水位变化的工程部位以及在饱水状态下受到频繁的冻融交替作用时，混凝土易于损坏。为此对混凝土要有一定的抗冻性要求。用于不透水的工程时，要求混凝土具有良好的抗渗性和耐蚀性。抗渗性、抗冻性、抗侵蚀性为混凝土耐久性。

影响混凝土耐久性的破坏作用主要有 6 种。

a.冻融：是最常见的破坏作用，以致有时人们用抗冻性来代表混凝土的耐久性。冻融循环在混凝土中产生内应力,促使裂缝发展、结构疏松,直至表层剥落或整体崩溃。

b. 水的浸蚀:包括淡水的浸溶作用、含盐水和酸性水的侵蚀作用等。其中硫酸盐、氯盐、镁盐和酸类溶液在一定条件下可产生剧烈的腐蚀作用,导致混凝土的迅速破坏。环境水作用的破坏过程可概括成为两种变化:一是减少组分,即混凝土中的某些组分直接溶解或经过分解后溶解;二是增加组分,即溶液中的某些物质进入混凝土中产生化学、物理或物理化学变化,生成新的产物。上述组分的增减导致混凝土体积的不稳定。

c. 风化:包括干湿、冷热的循环作用。在温度、湿度变幅大、变化快的地区以及兼有其他破坏因素(例如盐、碱、海水、冻融等)作用时,常能加速混凝土的崩溃。

d. 中性化:在空气中的某些酸性气体,如 Cl_2、H_2S 和 CO_2 在适当温、湿度条件下使混凝土中液相的碱度降低,引起某些组分的分解,并使体积发生变化。

e. 钢筋锈蚀:在钢筋混凝土中,钢筋因电化学作用生锈,体积增加,胀坏混凝土保护层,结果又加速了钢筋的锈蚀,这种恶性循环使钢筋与混凝土同时受到严重的破坏,成为毁坏钢筋混凝土结构的一个最主要原因。

f. 碱-集料反应:最常见的是水泥或水中的(碱分 Na_2O、K_2O)和某些活性集料(如蛋白石、燧石、安山岩、方石英)中的 SiO_2 起反应,在界面区生成碱的硅酸盐凝胶,使体积膨胀,最后能使整个混凝土建筑物崩解。这种反应又名碱-硅酸反应。此外还有碱-硅酸盐反应与碱-碳酸盐反应。

此外,有人将抵抗磨损、气蚀、冲击以至高温等作用的能力也纳入耐久性的范围。

上述各种破坏作用还常因其具有循环交替和共存叠加而加剧。前者导致混凝土材料的疲劳;后者则使破坏过程加剧并复杂化而难于防治。

要提高混凝土的耐久性,必须从抵抗力和作用力两个方面入手。一方面增加抵抗力就能抑制或延缓作用力的破坏。因此提高混凝土的强度和密实性常常有利于耐久性的改善,其中密实性尤为重要,因为孔缝常是破坏因素进入混凝土内部的途径,所以混凝土的抗渗性和抗冻性密切相关。另一方面通过改善环境以削弱作用力,也能提高混凝土的耐久性。此外,还可采用外加剂(例如引气剂之对于抗冻性等),谨慎选择水泥和集料,掺加聚合物,使用涂层材料等,来有效地改善混凝土的耐久性,延长混凝土工程的安全使用期。

耐久性是一项长期性能,而破坏过程又十分复杂。因此,要较准确地进行测试及评价,还存在着不少困难。只是采用快速模拟试验,对在一个或少数几个破坏因素作用下的一种或几种性能变化,进行对比并加以测试的方法还不够理想,评价标准也不统一,对于破坏机理及相似规律更缺少深入的研究,因此到目前为止，混凝土的耐久性还难于预测。除了试验室的快速试验以外，进行长期暴露试验和工程实物的观测，从而积累长期数据，将有助于耐久性的正确评定。

（4）商品混凝土　商品混凝土是指以集中搅拌、远距离运输的方式向建筑工地供应一定要求的混凝土。它包括混合物搅拌、运输、泵送和浇筑等工艺过程。严格地讲商品混凝土是指混凝土的工艺和产品，而不是混凝土的品种，它应包括大流动性混凝土、流态混凝土、泵送混凝土、高强混凝土、大体积混凝土、防渗抗裂混凝土或高性能混凝土等。因此，商品混凝土是现代混凝土与现代化施工工艺的结合，它的普及程度能代表一个国家或地区的混凝土施工水平和现代化程度。集中搅拌的商品混凝土主要用于现浇混凝土工程，混凝土从搅拌、运输到浇灌需 1～2h，有时超过 2h。因此商品混凝土搅拌站合理的供应半径应在 10km 之内。

（5）纤维混凝土　纤维混凝土是由纤维和水泥基料（水泥石、砂浆或混凝土）组成的复合材料的统称。水泥石、砂浆与混凝土的主要缺点是：抗拉强度低、极限延伸率小、性脆，加入抗拉强度高、极限延伸率大、抗碱性好的纤维，可以克服这些缺点。

所用纤维按其材料性质可分为：

金属纤维：如钢纤维（钢纤维混凝土）、不锈钢纤维（适用于耐热混凝土）。

无机纤维：主要有天然矿物纤维（温石棉、青石棉、铁石棉等）和人造矿物纤维（抗碱玻璃纤维及抗碱矿棉等碳纤维）。

有机纤维：主要有合成纤维（聚乙烯、聚丙烯、聚乙烯醇、尼龙、芳族聚酰亚胺等）和植物纤维（西沙尔麻、龙舌兰等），合成纤维混凝土不宜使用于高于60℃的热环境中。

纤维混凝土与普通混凝土相比，虽有许多优点，但毕竟代替不了钢筋混凝土。人们开始在配有钢筋的混凝土中掺加纤维，使其成为钢筋-纤维复合混凝土，这又为纤维混凝土的应用开发了一条新途径。

纤维混凝土的主要品种有石棉水泥、钢纤维混凝土、玻璃纤维混凝土、聚丙烯纤维混凝土及碳纤维混凝土、植物纤维混凝土和高弹模合成纤维混凝土等。

① 钢纤维混凝土　普通钢纤维混凝土，主要使用低碳钢纤维。耐火混凝土，则必须使用不锈钢纤维。钢纤维混凝土一般使用 425 号、525 号普通硅酸盐水泥，高强钢纤维混凝土可使用 625 号硅酸盐水泥或明矾石水泥。使用的粗骨料最大粒径以不超过 15mm 为宜。为改善拌合物的和易性，必须使用减水剂或高效减水剂。混凝土的砂率一般不应低于 50％，水泥用量比普通未掺纤维的应高10％左右。

② 玻璃纤维混凝土　在玻璃纤维混凝土中使用的纤维必须是抗碱玻璃纤维，以抵抗混凝土中 $Ca(OH)_2$ 的侵蚀。抗碱玻璃纤维，在普通硅酸盐水泥中也只能减缓侵蚀，欲大幅度提高使用寿命，应该使用硫铝酸盐水泥。

③ 聚丙烯纤维混凝土 聚丙烯膜裂纤维是一种束状的合成纤维，拉开后成网络状，也可切成长度为 19～64mm 的短切使用。为防止老化，使用前应装于黑色包装容器中。

2.3.7 钢筋

（1）热轧钢筋 热轧钢筋是钢筋混凝土和预应力钢筋混凝土的主要组成材料之一，不仅要求有较高的强度，而且应有良好的塑性、韧性和可焊性能。热轧钢筋主要有 Q235 轧制的光圆钢筋和由合金钢轧制的带肋钢筋两类。

① 热轧光圆钢筋 热轧光圆钢筋按照强度等级分类为Ⅰ级钢筋，其强度等级代号为 R235，用 Q235 碳素结构钢轧制而成。它的强度较低，但具有塑性好、伸长率高、便于弯曲成形、容易焊接等特点。它的使用范围很广，可用作中、小型钢筋混凝土结构的主要受力钢筋、构件的箍筋，还可作为冷轧带肋钢筋和冷拔低碳钢丝的原材料。

② 热轧带肋钢筋。钢筋混凝土用热轧带肋钢筋采用低合金钢热轧而成，横截面通常为圆形，且表面带有两条纵肋和沿长度方向均匀分布的横肋。其含碳量为 0.17%～0.25%，主要合金元素有硅、锰、钒、铌、钛等，有害元素硫和磷的含量应控制在 0.045% 以下。其牌号有 HRB335、HRB400、HRB500 三种。热轧带肋钢筋具有较高的强度，塑性和可焊性也较好。钢筋表面带有纵肋和横肋，从而加强了钢筋与混凝土之间的握裹力。可用于钢筋混凝土结构的受力钢筋以及预应力钢筋。

（2）冷拉热轧钢筋 将热轧钢筋在常温下拉伸至超过屈服点小于抗拉强度的某一应力，然后卸荷，即成了冷拉钢筋。冷拉可使屈服点提高 17%～27%，材料变脆、屈服阶段缩短，伸长率降低，冷拉时效后强度略有提高。实际操作中可将冷拉、除锈、调直、切断合并为一道工序，这样简化了流程，提高了效率。冷拉既可以节约钢材，又可制作预应力钢筋，是钢筋加工的常用方法之一。

（3）冷轧带肋钢筋 冷轧带肋钢筋采用热轧圆盘条经冷轧而成，表面带有沿长度方向均匀分布的二面或三面的月牙肋。

冷轧带肋钢筋强度高，塑性、焊接性较好，握裹力强，广泛用于中、小预应力混凝土结构构件和普通钢筋混凝土结构构件中，也可以用冷轧带肋钢筋焊接成钢筋网使用于上述构件的生产。

根据国家标准《冷轧带肋钢筋》（GB 13788—2008）规定，冷轧带肋钢筋的牌号表示为 CRBXXX。钢筋牌号共有 CRB550、CRB650、CRB800、CRB970 牌号，分别表示抗拉强度不小于 550MPa、650MPa、800MPa、970MPa 的钢筋。公称直径范围为 4～12mm。其中 CRB650 的公称直径为 4mm、5mm、6mm。

（4）热处理钢筋 预应力混凝土用热处理钢筋是用热轧中碳低合金钢钢筋经

淬火、回火调质处理的钢筋。通常有直径为 6mm、8.2mm、10mm 三种规格，抗拉强度 1470MPa，屈服强度 ≥1323MPa，伸长率 ≥6％。为增加与混凝土的黏结力，钢筋表面常轧有通长的纵筋和均布的横肋。一般卷成直径为 1.7～2.0m 的弹性盘条供应，开盘后可自行伸直。使用时应按所需长度切割，不能用电焊或氧气切割，也不能焊接，以免引起强度下降或脆断。热处理钢筋的设计强度取标准强度的 0.8，先张法和后张法预应力的张拉控制应力分别为标准强度的 0.7 和 0.65。

（5）冷拔低碳钢丝　冷拔低碳钢丝是用 6.5～8mm 的碳素结构钢 Q235 或 Q215 盘条，通过多次强力拔制而成的直径为 3mm、4mm、5mm 的钢丝。其屈服强度可提高 40％～60％。但失去了低碳钢的性能，变得硬脆，属硬钢类钢丝。冷拔低碳钢丝按力学强度分为两级：甲级为预应力钢丝；乙级为非预应力钢丝。冷拔时，应对钢丝的质量严格控制，对其外观要求分批抽样，表面不准有锈蚀、油污、伤痕、皂渍、裂纹等，逐盘检查其力学、工艺性质并要符合表 2-1 的规定，凡伸长率不合格者，不准用于预应力混凝土构件中。

表 2-1　冷拔低碳钢丝的力学性能（GB 50204—2011）

钢丝级别	直径/mm	抗拉强度/MPa		伸长率/％	180°反复弯曲/次数
		1 级	2 级		
甲级	6	650	600	3.5	4
	5	650	600	3.0	4
	4	700	650	2.5	4
乙级	4.5～6	550		4.0	4

（6）预应力混凝土用钢丝及钢绞线　预应力混凝土用钢丝及钢绞线是以优质高碳钢圆盘条经等温淬火并拔制而成。按照《预应力混凝土用钢丝》（GB/T 5223—2002）的规定，钢丝可分为冷拉钢丝（代号为 RCD）和消除应力钢丝（代号为 S）两种，预应力钢丝的直径有 3mm、4mm、5mm 三种规格，抗拉强度可达 1670MPa。

若将预应力钢丝辊压出规律性凹痕，以增强与混凝土的黏结，则成刻痕钢丝。

若将两根、三根或七根圆形断面的钢丝捻成一束，而成预应力混凝土用钢绞线。

钢丝、刻痕钢丝及钢绞线均属于冷加工强化的钢材，没有明显的屈服点，但抗拉强度远远超过热轧钢筋和冷轧钢筋，并具有较好的柔韧性，应力松弛率低。

预应力钢丝、刻痕钢丝和钢绞线适用于大荷载、大跨度及曲线配筋的预应力混凝土。

2.4 钢结构材料

钢结构是主要由钢制材料组成的结构，是主要的建筑结构类型之一。结构主要由型钢和钢板等制成的钢梁、钢柱、钢桁架等构件组成，各构件或部件之间通常采用焊缝、螺栓或铆钉连接。因其自重较轻，且施工简便，广泛应用于大型厂房、场馆、超高层等领域。

钢结构构件一般直接选用各种型钢。型钢之间可直接连接或附加连接钢板进行连接。连接方式可有铆接、螺栓连接或焊接。钢结构所用钢主要是型钢和钢板。型钢有热轧（常用的有角钢、工字钢、槽钢、T形钢、H形钢、Z形钢等）及冷轧（常用的有角钢、槽钢及空心薄壁型等）两种，钢板也有热轧和冷轧两种。

2.4.1 钢结构特点

（1）材料强度高，自身重量轻　钢材强度较高，弹性模量也高。与混凝土和木材相比，其密度与屈服强度的比值相对较低，因而在同样受力条件下钢结构的构件截面小，自重轻，便于运输和安装，适于跨度大，高度高，承载重的结构。

（2）钢材韧性、塑性好，材质均匀，结构可靠性高　适于承受冲击和动力荷载，具有良好的抗震性能。钢材内部组织结构均匀，是近于各向同性的匀质体。钢结构的实际工作性能比较符合计算理论，所以钢结构可靠性高。

（3）钢结构制造安装机械化程度高　钢结构构件便于在工厂制造、工地拼装。工厂机械化制造钢结构构件成品精度高、生产效率高、工地拼装速度快、工期短。钢结构是工业化程度最高的一种结构。

（4）钢结构密封性能好　由于焊接结构可以做到完全密封，可以作成气密性、水密性均很好的高压容器，大型油池，压力管道等。

（5）钢结构耐热不耐火　当温度在150℃以下时，钢材性质变化很小。因而钢结构适用于热车间，但结构表面受150℃左右的热辐射时，要采用隔热板加以保护。温度在300～400℃时，钢材强度和弹性模量均显著下降，温度在600℃左右时，钢材的强度趋于零。在有特殊防火需求的建筑中，钢结构必须采用耐火材料加以保护以提高耐火等级。

（6）钢结构耐腐蚀性差　钢材的腐蚀是指钢的表面与周围介质发生化学作用或电化学作用而遭到破坏。特别是在潮湿和腐蚀性介质的环境中，容易腐蚀，这不仅使其截面减少，降低承载力，而且由于局部腐蚀造成应力集中，易导致结构破坏。若受到冲击荷载或反复荷载的作用，将产生锈蚀疲劳，使疲劳强度大大降低，甚至出现脆性断裂。一般钢结构要除锈、镀锌或涂料，且要定期维护。对处于海水中的海洋平台结构，需采用"锌块阳极型阴极保护"等特殊措施予以防腐蚀。

（7）低碳、节能、绿色环保，可重复利用　钢结构建筑拆除几乎不会产生建筑垃圾，钢材可以回收再利用。

2.4.2　钢结构材料要求

钢结构在使用过程中会受到各种形式的作用（荷载、基础不均匀沉降、温度等），所以要求钢材应具有良好的力学性能（强度、塑性、韧性）和加工性能（冷热加工和焊接性能），以保证结构安全可靠。钢材的种类很多，符合钢结构要求的只是少数几种，碳素钢中的 Q235，低合金钢中的 16Mn，用于高强螺栓的20 锰钒钢（20MnV）等。主要性能指标有以下几种。

（1）强度　钢材的强度指标由弹性极限 σ_e、屈服极限 σ_y 和抗拉极限 σ_u，设计时以钢材的屈服强度为基础，屈服强度高可以减轻结构的自重，节省钢材，降低造价。抗拉强度 σ_u 即是钢材破坏前所能承受的最大应力，此时的结构因塑性变形很大而失去使用性能，但结构变形大而不垮，满足结构抵抗罕遇地震时的要求。σ_u / σ_y 值的大小，可以看作钢材强度储备的参数。

（2）塑性　钢材的塑性一般指应力超过屈服点后，具有显著的塑性变形而不断裂的性质。衡量钢材塑性变形能力的主要指标是伸长率 δ 和断面收缩率 ψ。

（3）冷弯性能　钢材的冷弯性能是衡量钢材在常温下弯曲加工产生塑性变形时对产生裂纹的抵抗能力。钢材的冷弯性能是用冷弯实验来检验钢材承受规定弯曲程度的弯曲变形性能。

（4）冲击韧性　钢材的冲击韧性是指钢材在冲击荷载作用下，断裂过程中吸收机械动能的一种能力，是衡量钢材抵抗冲击荷载作用，可能因低温、应力集中，而导致脆性断裂的一项力学性能。一般通过标准试件的冲击试验来获得钢材的冲击韧性指标。

（5）焊接性能　钢材的焊接性能是指在一定的焊接工艺条件下，获得性能良好的焊接接头的能力。焊接性能可分为焊接过程中的焊接性能和使用性能上的焊接性能两种。焊接过程中的焊接性能是指焊接过程中焊缝及焊缝附近金属不产生热裂纹或冷却不产生冷却收缩裂纹的敏感性。焊接性能好，是指在一定焊接工艺条件下，焊缝金属和附近母材均不产生裂纹。使用性能上的焊接性能是指焊缝处的冲击韧性和热影响区内延性性能，要求焊缝及热影响区内钢材的力学性能不低于母材的力学性能。我国采用焊接过程的焊接性能试验方法，也采用使用性能上的焊接性能试验方法。

（6）耐久性　影响钢材耐久性的因素很多。首先是钢材的耐腐蚀性差，必须采取防护措施，防止钢材腐蚀生锈。防护措施有：定期对钢材油漆维护，采用镀锌钢材，在有酸、碱、盐等强腐蚀介质条件下，采用特殊防护措施，如海洋平台结构采用牺牲阳极保护措施防止导管架腐蚀，在导管架上固定上锌锭，锌锭先腐蚀，从而保护钢导管架。其次由于钢材在高温和长期荷载作用下，其破坏强度比短期强度降低较多，故对长期高温作用下的钢材，要测定持久强度。钢材随时间推移会自动变硬、变脆，即"时效"现象。对低温荷载作用下的钢材要检验其冲击韧性。

2.5 钢-混凝土混合结构材料

混凝土和钢是构成现代建筑结构的两种最重要的建筑材料，这两种材料本身性能的不断改善以及两者之间相互组合方式的研究提高，促进了建筑结构从构件到体系的不断创新。高强混凝土作为混凝土材料的重要发展方向，以其耐久性好、强度高、变形小等特点，已被广泛应用于高层建筑、桥梁、地下工程等土木工程领域。但是高强混凝土在实际应用中尚有许多亟待解决的问题，其中最大的缺陷就是高强混凝土严重影响了高强混凝土结构的延性。在地震作用下，柱外围混凝土会突然崩落而造成破坏。目前国内外研究成果及应用经验表明，采用钢骨混凝土和钢管混凝土等组合结构是解决高强混凝土在结构中推广应用的有效途径。

2.5.1 钢骨混凝土结构

钢骨混凝土结构是指在钢筋混凝土内部配置钢骨的结构。这种结构在各国有不同的名称，在英国、美国等西方国家将这种结构叫作混凝土包钢结构；在日本则称为钢骨混凝土；在前苏联则被称作劲性钢筋混凝土。后两个名称我国也沿用过。建设部 2001 年 10 月 23 日发布的《型钢混凝土组合结构技术规程》（JGJ 138—2001）则将该种结构称作型钢混凝土组合结构。

所配置钢骨的形式有多种，主要有格构式钢骨、H 形钢骨、十字形钢骨、圆钢管等。

钢骨混凝土结构中，钢骨与混凝土共同作用，可以充分发挥两种材料的优点。与钢结构相比，钢骨混凝土具有如下优点。

（1）良好的耐久性和耐火性 钢骨外包裹的混凝土具有抵抗有害介质侵蚀、防止钢材锈蚀等作用；同时，钢骨外混凝土的保护层厚度，也决定结构构件的耐火性能比钢结构要好。

（2）节约钢材 由于以混凝土和钢骨共同承担荷载，使钢骨混凝土成为节约钢材的一个重要手段。

（3）受力性能好 普通的钢结构构件常具有受压失稳的弱点，而钢骨混凝土结构构件内的钢骨因周围混凝土的约束，钢骨受压失稳的弱点得到了克服。

与钢筋混凝土结构相比，钢骨混凝土结构的优越性体现在以下几方面：

①截面小，承载力高 随着建筑物高度和跨度的增加，柱的轴向压力设计值越来越大，为了满足轴压比限值的要求，钢筋混凝土柱的截面尺寸必然很大，

形成"胖柱"，采用钢骨混凝土柱后，由于钢骨的配置，可以提高柱的承载力，进而减小柱截面大小。

② 抗震性能好　钢骨混凝土柱的延性明显比钢筋混凝土柱好。由于钢骨混凝土柱在达到最大承载力后，钢骨的强化使得承载力下降平缓，从而提高混凝土的变形能力。

③ 改善混凝土性能　在大跨、高耸、重载结构中，高强混凝土由于耐久性好、强度高、变形小而广泛采用。采用钢骨混凝土柱，特别是圆钢管作为钢骨的混凝土柱，由于钢管对于内芯混凝土的约束作用，可以显著提高混凝土延性和承载力，使得高强混凝土的优点能充分发挥。

④ 施工方便　钢骨混凝土柱中的钢骨能够承担一部分的施工荷载，可作为施工时的支架结构，加快施工速度。

2.5.2　钢管混凝土结构

钢管混凝土的结构形式虽然已沿用了百年，但在近年的突起却与现代混凝土技术有关。高强、高流态、可以免除振捣的现代混凝土解决了填入钢管中的困难。而从力学性能上看，高强混凝土与钢管一起承压可以说是完美的结合。它利用钢管和混凝土两种材料在受力过程中的相互作用，即钢管对混凝土的约束作用，使混凝土处于复杂受力状态，同时，由于混凝土的变形，使钢管也处于复杂应力状态，通过两者的组合，充分发挥两种材料的优点，使承载力得以提高，延性得到改善。

（1）钢管混凝土的特点　钢管混凝土除了具有一般套箍混凝土的强度高、质量轻、塑性好、耐疲劳、耐冲击等优越的力学性能外，还具有以下一些在施工工艺方面的独特优点：

① 钢管本身就是侧压模板，因而浇混凝土时，可省去支模板。

② 钢管本身就是钢筋，它兼有纵向钢筋和横向钢筋的功能。

③ 钢管本身又是劲性承重骨架，在施工阶段它可起劲性钢骨架的作用。

④ 钢管混凝土也是在高层建筑和大跨度桥梁中应用高强混凝土的一种最有效和最经济的结构形式。其原因有以下几个方面：

a. 钢管对核心混凝土的套箍作用能有效地克服高强混凝土的脆性。

b. 钢管内无钢筋骨架，便于浇灌高强混凝土，而且因有钢管分隔，与管外楼盖梁板结构的普通混凝土互不干扰，无交错浇灌的麻烦。

c. 钢管外面无混凝土保护层，能充分发挥高强混凝土的承载能力。

理论分析和工程实践都表明，钢管混凝土与结构钢相比，在保持自重相近和承载能力相同的条件下，可节省钢材约 50%，焊接工作量可大幅度减少；与钢骨混凝土柱相比，在保持构件横截面积相近和承载能力相同的条件下，可节省钢材约 50%，施工更为简便；与普通钢筋混凝土柱相比，在保持钢材用量相近和承载能力相同的条件下，构件截面面积可减小约一半，从而使建筑的有效面积得以加大，混凝土和水泥用量以及构件自重相应减小约 50%。

（2）钢管混凝土组合柱　在钢管混凝土组合柱中，钢管内的混凝土常为高强混凝土，其强度等级等于或高于钢管外的混凝土强度等级。在钢管混凝土组合柱中，钢管表面不仅不需做防火、防锈、防腐处理，还大大提高了钢材的耐火性和耐久性。同时钢管内外都具有支撑，局部稳定性也得到了加强。由于钢管对核心区的混凝土提供了约束作用而产生了套筒效应，所以，可以明显地提高柱的承载力、提高建筑物的整体抗震性能，其耗能能力明显高于一般钢筋混凝土柱。与传统的钢管混凝土和钢骨配筋混凝土相比，这种柱子内部钢管较细，易于穿过框架节点，使节点区梁柱配筋构造处理非常简单；且用钢量小，材料易于采购，施工简便。

参 考 文 献

[1] 杨生茂. 建筑材料工程质量监督与验收丛书：建筑钢材分册. 北京：中国计划出版社，1998.

[2] 胡曙光. 先进水泥基复合材料. 北京：科学出版社，2009.

[3] 吴科如. 土木工程材料. 上海：同济大学出版社，2003.

[4] 徐亚丰. 钢骨-钢管混凝土结构技术. 北京：科学出版社，2009.

[5] 熊仲明，等. 砌体结构. 北京：科学出版社，2009.

[6] Jerome F Hajjar. Composite steel and concrete structural systems for seismic engineering . Journal of Constructional Steel Research 58. 2002：703-723.

[7] Pietro Lura . Autogenous deformation and internal curing of concrete. Delft：Delft University Press，2003.

[8] Xu H，Van Deventer J S J. The geopolymerisation of alumino-silicate minerals. International Journal of Mineral Processing，2000，59：247-266.

第3章
房屋建筑耐久性的影响因素

3.1 房屋建筑耐久性系统影响因素

3.1.1 房屋建筑耐久性内因和外因的相互作用

对房屋建筑的耐久性分析必须从房屋建筑自身的结构和材料，即内部因素入手，结合房屋建筑所处的地理位置及周围环境，即外部因素，才能对房屋建筑耐久性问题研究得深入透彻。房屋建筑耐久性内因既有建筑结构和材料单独问题，也有结构与结构、材料与材料、结构与材料之间相互作用的问题。同样，房屋建筑耐久性外部环境如空气、水质、温度、气候、土壤等，既有自身对建筑耐久性的影响，也有交互作用的影响。只有这样对房屋建筑耐久性内因和外因有系统性关联性的认识，才能对房屋建筑的耐久性有准确和科学把握。毋庸置疑，材料和结构是房屋建筑耐久性的依据，从专业角度看，材料和结构耐腐蚀性越强，房屋建筑耐久性越好。而环境是房屋建筑耐久性的条件，对房屋建筑耐久性有至关重要的影响。恶劣的生活和生产环境都会使处在这一环境中的房屋建筑耐久性受到损害。

以房屋建筑的混凝土为例。混凝土在一种或多种外界作用下，其材料的耐久性能会发生衰退，从而逐渐失去对其内部钢筋的保护作用。当钢筋外面的混凝土中性化或出现开裂等情况时，钢筋失去碱性混凝土的保护，钝化膜破坏并开始锈蚀。锈蚀的钢筋不但截面积有所损失，材料的各项性能也会发生衰退，从而影响混凝土构件的承载能力和使用性能。钢筋锈蚀是引起混凝土结构耐久性下降最主要和最直接的因素。

又比如，工业建筑使用环境一般较恶劣，如建筑结构长期处于较高温度环境下工作，会造成各种结构的热应力变形、强度降低和直接被烘烤破坏等现象。如冶炼厂房中的局部屋面温度高于100℃，部分吊车梁温度高达250℃，外壁温度高达140℃，造成混凝土酥松、龟裂和保护层脱落，致使钢筋严重锈蚀。温度造成的结构破坏是很严重的。由于工艺改进或强化生产引起的温度升高，对结构未采取相应的防护和改进措施而造成的结构破坏也较普遍。又如冶金生产需用大量水，它对结构也有危害，有水的直接冲刷和渗透、水的汽化对结构的直接冲蚀、有害废水的侵蚀等等，还有振动等等，都会引起结构材料的失效。材料或零件在大气环境下也会发生腐蚀。金属置于大气环境中时，其表面通常会形成一层极薄的不易看见的湿气膜（水膜）。当这层水膜达到 20～30 个分子厚度时，它就变成电化学腐蚀所需要的电解液膜。这种电解液膜的形成，或者是由于水分（雨、雪）的直接沉淀，或者是大气的湿度或温度变化以及其他种种原因引起的凝聚作用而形成。如果金属表面只是处于纯净的水膜中，一般不足以造成强烈的电化学腐蚀。大气环境下形成的水膜往往含有水溶性的盐类及溶入的腐蚀性气体。影响腐蚀的主要因素有湿度、大气腐蚀性成分等。外部环境因素主要为气候、潮湿、高温、氯离子侵蚀、化学介质（酸、酸盐、海水、碱类等）侵蚀，还有冻融破坏、磨损破坏等。环境因素是通过混凝土结构的内在因素起作用的。

上一章我们对房屋建筑的结构和材料已经进行了详细描述，为了使读者对我国环境状况有个基本了解，我们收集了相关资料，在这里做一些介绍。

（1）中国的地域气温差异 我国领土辽阔广大，陆地总面积约 960 万平方千米，我国南北相距 5500km，东西相距 5200km。大部分在温带，小部分在热带，没有寒带。

地区划分：

我国地形复杂多样，平原、高原、山地、丘陵、盆地五种地形齐备，山区面积广大，约占全国面积的 2/3；地势西高东低，大致呈三阶梯状分布。西南部的青藏高原，平均海拔在 4000m 以上，为第一级阶梯。大兴安岭—太行山—巫山—云贵高原东线以西与第一阶梯之间为第二级阶梯，海拔在 1000～2000m 之间，主要为高原和盆地。第二阶梯以东，海平面以上的陆面为第三级阶梯，海拔多在 500m 以下，主要为丘陵和平原。

复杂多样的地形，形成了复杂多样的气候；我国地势西高东低、呈阶梯状分布的特点，有利于湿润空气深入内陆，供给大量水汽；使大河滚滚东流。

四大高原的特点和分布：青藏高原位于我国西南部，平均海拔在 4000m 以上，是我国最大、世界最高的大高原。其特点是高峻多山，雪山连绵，冰川广布，湖泊众多，草原辽阔，水源充足。内蒙古高原在我国北部，包括内蒙古大部和甘、宁、冀的一部分，海拔 1000m 左右，是我国第二大高原。其特点：地面开阔平坦，地势起伏不大；多草原和沙漠。黄土高原海拔为 1000～2000m，地面覆盖着疏松的黄土层，是世界上黄土分布最广阔、最深厚的地区；水土流失严重；千沟万壑。云贵高原岩溶地形广布；山岭起伏；崎岖不平。

四大盆地的分布及特点：四川盆地位于四川东部，因分布紫色砂页岩，有"红色盆地"和"紫色盆地"之称，是我国地势最低的大盆地；塔里木盆地位于新疆南部，呈环状分布，中部的塔克拉玛干沙漠是我国最大的沙漠，是我国最大的内陆盆地。柴达木盆地位于青海省西北部，大部分为戈壁、沙漠，东部多沼泽、盐湖，是我国地势最高的典型的内陆高原盆地。准噶尔盆地位于新疆维吾尔自治区北部，是中国第二大盆地，东西长 700km，南北最宽处约 370km。面积约 13 万平方千米，海拔 500～1000m。

三大平原的分布和特点：东北平原，地表以肥沃的黑土著称，海拔多在 200m 以下，是我国面积最大的平原。华北平原，又称黄淮海平原，地势低平，千里沃野，是我国第二大平原。长江中下游平原位于长江中下游沿岸，地势低平，河网密布，湖泊众多。

我国是多地震的国家之一，主要分布地区：①东南部的台湾和福建沿海；②华北太行沿线和京津唐地区；③西南青藏高原和它边缘的四川、云南两省西部；④西北的新疆、甘肃、宁夏。

（2）中国的气候、气温和温度带

① 我国属温带大陆性气候区，冬夏气温分布差异很大。气温分布特点为：冬季气温普遍偏低，南热北冷，南北温差大。主要原因在于：冬季太阳直射南半球，北半球获得太阳能量少；纬度影响；冬季盛行冬季风。夏季全国大部分地区普遍高温（除青藏高原外），南北温差不大。主要原因在于：夏季太阳直射北半球，北半球获得热量多；夏季盛行夏季风，我国大部分地区气温上升到最高值；夏季太阳高度大，纬度越高，白昼时间越长，减缓了南北接受太阳光热的差异。冬季最冷的地方是漠河镇，夏季最热的地方是吐鲁番、重庆、武汉、南京、南昌。

② 降水和干湿地区。

年降水量的分布特点及其成因：我国年降水量的空间分布具有由东南沿海向西北内陆减少的特点。

成因：我国东南临海，西北深入到亚欧大陆内部，使得我国的水分循环自东南沿海向西北内陆逐渐减弱。另一方面，能带来大量降水的夏季风，受重重山岭的阻挡和路途越来越远的制约，影响程度自东南沿海向西北内陆逐渐减小。

降水的季节变化：我国各地降水量季节分配很不均匀，全国大多数地方降水量集中在五月到十月。这个时期的降水量一般要占全年的 80%。就南北不同地区来看，南方雨季开始早而结束晚，北方雨季开始晚而结束早。

降水量的地区分布：分布极不均匀，总趋势是从东南沿海向西北内陆递减。我国降水量最多的地方是台湾的火烧寮，最少的地方则是吐鲁番盆地中的托克逊。

我国干湿地区的划分：根据降水量与蒸发量的关系，我国从东南沿海到西北内陆可划分为四类干湿地区，概况如表 3-1。

表 3-1　我国从东南沿海到西北内陆划分的四类干湿地区概况

项目	湿润区	半湿润区	半干旱区	干旱区
干燥度	小于 1	1.00～1.49	1.50～4.0	大于 4.0
地理区域	秦岭-淮河以南，800mm 等降水量线	东北平原，华北平原，渭河平原	内蒙古高原，黄土高原，青藏高原，天山山地	西北部的塔里木，准噶尔，柴达木，阿尔善等地
植被	森林为主	森林草原或灌木草原	草原	荒漠草原和荒漠

我国近海有渤海、黄海、东海和南海，以及台湾东侧的太平洋海区。其中，渤海是我国的内海。

a. 东北地区：

东北区包括黑、吉、辽三省，位于我国东北部，与朝鲜和俄罗斯两国接壤，大部分处在北温带中部。山环水绕、平原辽阔的地形特征。气候特点是：冬季漫长而严寒，夏季短促而温暖。冬季大面积分布的积雪和冻土改变了全年水分。

b. 黄河中下游五省二市：

黄河中下游地区包括陕、晋、豫、鲁、冀、京、津五省二市，地处暖温带和中原枢纽位置。本工业区包括北京、天津、唐山、秦皇岛市和廊坊地区，是黄河中下游区重要的经济核心带，是全国的钢铁工业基地、石油化工和海洋化工基地、燃料动力基地、机械工业基地、无线电电子工业基地和轻纺工业基地。工业集中分布在京津二市。

c. 长江中下游六省一市：

该区由湘、鄂、赣、皖、苏、浙、沪六省一市组成，大部分位于秦岭、淮河以南和南岭以北地区，地处暖温带和亚热带，东临东海和黄海。

四季分明的亚热带季风性湿润气候，水热条件充足。

红壤是本区的土壤，铁、铝成分较多，属酸性土壤。

长江中下游地区是全国城市最密集的地区之一，是全国最大的城市、河港与海港密集的综合性工业基地。

d. 东南沿海地区：

范围和位置：南部沿海地区包括闽、台、粤、琼、桂、香港、澳门，北回归线横穿台湾和两广，是我国纬度最低，受海洋影响最大的地区。地形多丘陵。山地广布，平原面积狭小。本区属高温多雨、长夏无冬的热带和亚热带季风气候，是我国热量和水分最丰富的地区。

主要地形区有：长江中下游平原（江汉、洞庭湖、鄱阳湖、长江三角洲）、珠江三角洲平原、江南丘陵、四川盆地、云贵高原、横断山脉、南岭、武夷山脉、秦巴山地、台湾山脉。气候特征：以热带、亚热带季风气候为主，热量条件南北差异大，一月份均温在 0℃以上，冬温夏热，四季分明（南部沿海和滇南地区一月均温大于 15℃，长夏无冬）。年降水大于 800mm（台湾东北部年均降水 6489mm，为我国"雨极"），主要集中在下半年，雨季由南向北变短。主导因素：东部积温自北而南逐渐增加，西部降水自东向西逐渐减少。

e. 西北地区：

范围：大兴安岭、贺兰山以西，昆仑山脉、祁连山脉以北的非季风区。

地形特征：主要位于我国地势第二级阶梯，以高原和盆地为主。内蒙古高原（包括河套平原、宁夏平原、河西走廊）平坦开阔，东部为典型温带草原，中西部多沙漠、戈壁；新疆地形"三山夹两盆"，昆仑山脉、天山山脉、阿尔泰山脉都是亚洲中部重要的山脉，山顶终年积雪，山麓草场广大。其中天山山脉横亘中部，把新疆分为南北两部分，山间多陷落盆地和谷地（吐鲁番盆地、伊犁河谷）等，艾丁湖，海拔 -156m，是我国陆地最低点。南部是我国最大的塔里木盆地，地表景观呈环状分布。

气候特征：深居内陆，属于典型的温带大陆性气候。冬冷夏热，气温日较差和年较差都很大（吐鲁番盆地是我国的"热极"）；降水稀少，年降水量少于 400mm，气候干燥（塔里木盆地年降水量少于 50mm，是我国的"干极"）。

土壤：以漠钙土和灰钙土为主。主导因素：降水量自东向西减少。

f. 青藏地区：

范围：横断山脉以西，喜马拉雅山脉以北，昆仑山脉、阿尔金山脉以南。

地形特征：以高原为主，位于我国地势第一级阶梯。青藏高原是世界上最高、最年轻的大高原，雪峰连绵、冰川广布，平均海拔超过 4000m，世界上海拔超过 8000m 的山峰几乎都在该地区。藏南地壳活跃，为两大板块碰撞处，雅鲁藏布大峡谷为世界之最。

气候特征：海拔高、气温低、昼夜温差大；降水少，地区差异大；太阳光照强，日照时间长。

水文特征：冰川融水补给多，冈底斯山脉以南受来自印度洋季风影响，水量较大，落差大，水力资源丰富。

通过以上对中国自然环境的介绍，可以看出，不同区域的气候、土壤、水质不同，为保证房屋建筑耐久性就应对房屋建筑的结构和材料谨慎选择。

3.1.2　房屋建筑耐久性宏观和微观的正确把握

从宏观上讲，我国的房屋建筑耐久性差或寿命短有这样几个原因：一是有相当数量的住宅建设用材耐久性偏低。在改革开放之前相当长的一段时间，由于我国经济基础弱，住房需求大，并在"先生产后生活"指导思想的影响下，大量住宅使用廉价和低耐久性的建筑材料建造，有的甚至采用临时或简易的建造方式，导致房屋不能长久使用。改革开放之后，尽管住宅建设耐久性有了较大幅度提高，但是在建筑体系采用方面仍与发达国家有较大差距。二是许多住宅因城市发展，规划调整，未达到设计使用寿命而被拆除。一些城市在快速发展的同时，过分强调功能分区重新定位，一味突出"以新带旧"，对既有建筑不充分利用，造成不该拆除的建筑提前拆除；一些城市规划设计的前瞻性、科学性不够，规划的严肃性不强，规划频繁调整，大拆大建，浪费惊人。三是不少住宅设计使用功能不适应发展的要求。许多住宅在设计和功能配置上具有明显的时代局限性，不能适应经济社会快速发展和群众生活水平日益提高的要求。如 1950～1960 年建设的筒子楼、简易楼等，这些住宅已经完全不适应当今的居住要求，拆除或者改建实属必然。四是有些住宅施工质量低下，缩短了使用寿命。主要是粗放式生产方式和较低的技术管理水平，导致住宅质量通病较为普遍。一些施工企业不严格执行标准规范甚至偷工减料，质量监督管理不到位，致使一些住宅质量偏低，大大降低了安全性和耐久性。五是大量住宅在保有和使用期间缺乏适当和持续保养维护。对住宅的保养维护是延长住宅使用寿命十分重要的一个环节。当住宅达到设计使用寿命时，不一定就达到了使用寿命，经过安全和耐久性检测和合理的维护，仍可再使用几十年甚至上百年。

目前对房屋建筑的耐久性问题还认识不足，往往是凭经验增加一些构造措施来加以弥补，缺乏在这方面系统的理论研究和完善措施。耐久性研究需要宏观的定性描述和微观机理的定量分析。

微观机理研究到位，就能科学地进行耐久性设计。我国在耐久性设计方面主要存在标准、规范、规程跟不上的问题，缺乏全面、完善、可靠的措施。规范对耐久性的要求，主要应在构造（如保护层厚度等）和材料性能（如混凝土配比、抗氯离子渗透性等）等若干个易于明确表达的几种指标上规定，有些规定也没有进行系统的机理研究，如对混凝土的徐变、碳化、碱骨料反应及钢筋锈蚀与时间的关系，研究得也很肤浅。影响耐久性的因素很多，需要加强的措施也很复杂，有专家严肃指出：应重视后张预应力灌浆不密实而产生的结构耐久性问题，要完善无黏结预应力工艺，加强张拉端和固定端锚具的选用和防腐措施，确保全密封方面的技术措施；再如，要重视楼板中收缩和温度构造的配筋要求，解决现浇楼板中出现收缩、温度裂缝给使用带来的危害和由此造成的钢筋锈蚀等结构耐久性问题。在设计、施工中对耐久性问题认识不足，普遍存在混凝土强度等级过低、保护层厚度过小、钢筋直径过细、构件截面过薄而削弱结构耐久性的问题。从观念上要克服：设计中考虑强度多，而考虑耐久性少；重视强度极限状态，而不重视使用极限状态；重视新建筑建造而忽视旧建筑的维护。房屋建设的实践证明，从宏观上看房屋建筑耐久性已不容忽视，从微观上看，建筑结构和材料的腐蚀机理研究越来越深入，越来越清晰，这就为耐久性设计规范奠定了良好基础，从而在宏观上能更有效地保障房屋建筑耐久性。

3.1.3　房屋建筑耐久性结构和材料的系统关联

为了更好地明了房屋建筑耐久性结构和材料的相互关联效应，我们以混凝土构件耐久性为例。混凝土构件耐久性的研究是混凝土结构耐久性研究的前提和基础。钢筋锈蚀引起混凝土保护层胀裂，锈胀裂缝产生后钢筋的锈蚀加速，大大地影响了钢筋混凝土构件的耐久性能。因此，钢筋锈蚀与混凝土胀裂及胀裂裂缝宽度的研究对钢筋混凝土构件耐久性研究有重要意义。钢筋锈蚀将引起混凝土保护层开裂，其过程相当复杂，为确定混凝土胀裂时的钢筋锈胀率与裂缝宽度的关系，先前所做的工作包括理论分析法和试验研究方法。钢筋锈蚀后，除了有效截面积减小、屈服强度下降等变化外，其与混凝土黏结性能会发生变化，使得钢筋的强度不能被全部利用，从而与其他因素一起影响混凝土构件的使用性能和承载力。锈后混凝土构件承载力的计算，是将科研成果应用于实际工程最为关键和重要的一步，近年来国内外学者已做了大量的试验研究和工程调查工作。

（1）材料的腐蚀　钢筋混凝土结构具有材料来源容易，价格低廉及坚固耐用等特点，它已成为现代生活中最普遍的建筑结构。在通常条件下，钢筋在混凝土的高碱性环境中呈现钝态而不受腐蚀，但是随着建筑物老化和环境污染的加重，目前，钢筋混凝土结构的腐蚀已成为一个世界性的严重问题。我国近年来的工程调查也表明，钢筋混凝土腐蚀破坏的情况也非常严重。因此，钢筋混凝土腐蚀破坏问题已引起国内外的重视，目前正积极开展这方面的工程调查及科学研究工作。混凝土中钢筋的腐蚀是导致整个结构破坏的主要因素之一。钢筋表面生成铁锈，体积增大约 2.5 倍，混凝土中的钢筋锈蚀到一定程度，由于钢筋产生的体积胀力足以使保护层混凝土开裂，给浸蚀性物质的进入提供了有利的条件，造成钢筋锈蚀的进一步加剧。混凝土结构保护层厚度、水灰比、混凝土强度和密实度、水泥品种、标号和用量、外加剂类型、结构或构件的构造、混凝土和钢筋的应力水平、裂缝等因素，影响混凝土结构的碳化速度、结构或构件的裂缝形式和发展，而有些因素与碱-骨料反应有关。

（2）结构的超负荷使用　建筑结构在使用过程中承受的荷载，如果超过了结构设计抗力，这种现象叫作超载，也叫超负荷。超载可分为以下 3 种类型：一是结构由于外力作用而构成超载。二是结构由于本身存在缺陷而构成相对超载。三是由于生产发展迅速，产量成倍增长而导致的超载。一般认为，建筑结构是不允许超负荷工作的。但随着生产的不断发展、厂房的不断老化和管理不善，超载现象时有发生。如何解决结构超载和安全生产的矛盾已成为生产企业的一个基本问题。我们从几种不同的结构超载情况分析超载对结构可靠性的影响。

① 外力作用超载对结构可靠性的影响　这是常见的一种超载现象，即在使用过程中作用在结构上的外力超过设计允许值。外力超载使得结构上的内力增加，相应的荷载变异系数随之增大，而结构抗力不会增加甚至会随着结构的老化

而降低。

a. 生产使用过程中的超载。

生产车间地坪超负荷：

生产车间地坪超负荷主要是堆积原材料或成品、半成品造成的。通常车间地坪重物堆积高度是按车间的吞吐量决定的。例如某厂原料车间靠近墙根处有铁路穿越，使用数年后基础不均匀沉降严重，使得墙体严重开裂，裂缝宽度达 20mm。

生产车间楼面超负荷：

企业中，生产车间的平台经常超负荷工作，设计时一般按实际情况考虑或按等效均布荷载确定，也有根据工艺资料确定的。例如某厂操作平台，长期处于超负荷状态，加之平台底部潮湿，平台钢筋锈蚀深度达 $1\sim2$mm，使平台多处塌陷，造成多起生产事故。

吊车超负荷：

吊车超负荷一般指以下两种情况。一是吊车起重量超过原设计额定值，二是改换或增加吊车吨位。无论哪种情况的超载，均对吊车桥梁、吊车梁和柱等主要构件构成超载，就会对吊车梁或柱，特别是吊车梁的连接产生一定的损伤，造成可靠性严重降低。

b. 温度引起的超载。

结构在使用过程中的工作温度超过了设计允许值，结果使得建筑结构的温度应力增加，结构的强度和刚度等反而降低。在工业生产中，有许多高温车间，这些车间存在有周期性或长期性热源，实际工作中处于高温车间的建筑结构只是一些距离热源较近的、直接受热辐射影响的构件表面温度较高，其余构件受影响较小。例如某厂车间，热源温度为 1600℃左右，离出钢口最近的平台梁的表面温度高达 328℃，炉体上部的吊车梁表面温度也高于 150℃。

c. 积灰引起的超负荷。

屋面大量聚集灰尘是屋面结构超负荷的主要原因，工厂中排放出大量的灰尘，一般粒径大于 10μm 的能较快地沉降在生产车间或附近屋面。积灰对结构可靠度的影响：一是屋面积灰易引起屋面构件超负荷。目前，设计时积灰荷载最大不超过 1kN/m^2，且需一定的除尘设施和定期清灰措施，如果管理制度不健全，屋面积灰荷载超过设计的允许荷载，使屋面主要受力构件超负荷，从而导致结构的可靠性降低。二是由于生产中结构构件表面吸附灰尘，容易引起或加剧结构构件的腐蚀，从而减小构件的断面，造成结构的相对超负荷。灰尘首先引起金属表面防腐层的破坏，使得金属构件的腐蚀破坏加剧。

② 结构超负荷的产生　首先结构缺陷可引起相对超负荷。结构本身存在的缺陷由以下几种原因引起。一是工程质量问题。钢筋混凝土由于骨料不清洁、配比不当、振捣不密实、养护欠佳等原因均会造成构件的可靠性降低。二是构造方

案和结构选型不合理，计算分析不详等造成的相对超负荷。其次，生产的发展也可造成超负荷。随着生产的大幅度发展，有些企业片面追求企业效益，忽视固定资产的保养，特别是厂房结构构件的定期检查和维修，使得厂房构件超期使用，有问题得不到及时处理，使得结构构件的安全可靠性降低。荷载是反映建筑结构在使用过程中承受外界的作用，建筑结构的可靠度及使用寿命与荷载的大小和作用情况有很大的关系，荷载的大小必须适应于结构的承载能力，通常有一定的限值。在设计中，结构材料上的安全储备是有一定限量的。所以在生产、施工和使用过程中，必须遵循现行的各种规程和规范，科学生产。在建筑结构构件安全可靠度范围之内，最大限度地满足生产的需要，创造出最大的利润和效益。

3.2　房屋建筑中的混凝土结构耐久性影响技术分析

3.2.1　房屋建筑耐久性设计技术分析

（1）混凝土结构耐久性指数　在对混凝土结构的耐久性进行分析时，对于结构的各个部分，必须保证耐久指数 T_p 大于或等于环境指数 S_p。

$$T_p \geqslant S_p \tag{3-1}$$

这是我们须把握耐久性设计的基本方法，以便一旦在今后的开发和研究工作中获得了更好的成果或更进一步的认识，就可立即将新成果纳入基本方法中，从而从整体上体现耐久性设计的进步。

允许应力设计法也好，极限状态设计法也好，只要采用的方法能保证结构的使用性和安全性，就有可能在广泛的范围内得到推广。

耐久性设计须能够综合地、定量地评价结构的设计、混凝土的质量状况以及施工方法对混凝土结构耐久性的影响。

所谓的耐久性能评价，与使用性或安全性的分析一样，即对耐久性能可能最差的各个断面的耐久性进行分析，如果所有分析部位的耐久性能都合格的话，则结构的耐久性可判定合格。

对于耐久性的分析首先应在结构的设计阶段，根据假定的材料及施工状况进行耐久性分析。如果此阶段不能满足式(3-1)，则在施工开始前，对设计、材料及施工进行再分析，直到满足式(3-1) 为止。

式(3-1) 所展示的考虑方法，显示了全新的概念，虽然如此，也可认为这本质上与结构进行使用性或安全性分析时的考虑方法没有两样。

（2）混凝土与构件设计　为了建造具有耐久性能的混凝土结构，保证构件表面与外界接触部分的混凝土的密实就显得非常重要。考虑了钢筋的配置对构件表面附近混凝土铺设的阻碍程度，也就是说，根据梁或板在底面附近所配置的水平方向主筋的净间隙，及柱或墙在接着上一次浇筑处附近所配置的竖向主筋的净间隙，来考虑计算其耐久指数特征。

对预应力混凝土构件，原则上要将预应力筋当作普通钢筋进行计算。对于梁或板来说，如果在构件底部表面附近预应力筋套管的水平投影范围内配置了细而密的构造钢筋，则可以不考虑构造钢筋而仅考虑预应力筋来计算耐久指数特征。

氯盐受害调查和道路桥混凝土桥面板的受害调查显示，构件底面混凝土的密实度明显不足。其中，由于细部结构不合理，棒式内部振捣器不能到达构件的底部。但如果采用自密实高流动性混凝土，则内部振捣器不能到达的深度，这一项的耐久指数特征可取为0。为了将由于干燥收缩和温度变化引起的混凝土表面的裂缝宽度控制在无害程度内，要在结构表面配置构造钢筋。不管考虑什么样的施工方法，有施工缝的结构总比没有施工缝的结构耐久性要差。于是，由于施工上的原因而有可能设定施工缝时，就必须根据耐久性规定考虑。

可以说，施工图是设计人员将设计意图传达给施工人员的唯一途径。在当今设计工作和施工工作分开的时代，不可否认，到目前为止还在使用的模糊不清但却很普遍的制图上的不成文规则或设计人员自以为确信无疑的认识所造成的弊端已经显现出来。

目前为止的调查报告显示，确保保护层的厚度是确保混凝土结构耐久性能的一个非常重要的因素。尽管如此，现在的施工图上所表示的保护层的数值有很多不够明确，要么没有明确所指的是净保护层厚度还是混凝土表面到钢筋中心的距离；要么没有明确保护层指的是对外侧钢筋的还是对内侧钢筋的。很难说所有的设计都认为保护层对于混凝土结构耐久性能的确保起到非常重要的作用。

近年来，随着高强度混凝土和钢筋的采用，结构断面倾向于更小。于是，由于纵横交错配置的受力钢筋而妨碍混凝土顺利进行浇筑的情况也出现了。其中一个原因是，在不同地方配置的不同受力钢筋分别表示在不同的施工图上。对于大型预应力混凝土结构来说，支座、预应力筋锚固点、开口部位和前后构件连接部位的钢筋比较多的是各自独立地表示在不同的施工图上，仅看一张施工图不能完全确定怎样浇筑混凝土。

施工缝应该设置在构件强度和耐久性问题较少的部位。另外，施工缝的位置对钢筋接头的位置也有影响，如果在施工图上没有明确表示施工缝，说明设计对施工缝的施工方法也没有考虑，那么，施工人员在编制施工计划时，需要与设计人员进行协商，以决定施工的位置和施工方法，这是非常重要的。

（3）与设计裂缝有关的耐久性指数特征　裂缝有时对混凝土结构的耐久性有显著恶劣的影响。在此，考虑了在设计阶段能够定量进行评价水泥的水化热引起的温度裂缝和弯曲裂缝。对于其他裂缝，如果也能够进行定量地评价，则可按此条文处理。正如温度裂缝指数为混凝土的抗拉强度除以温度应力的值，此值越大，温度裂缝产生的概率越小，而且裂缝宽度也有变小的趋势。进行温度分布的计算时，需要考虑使用的混凝土材料、混凝土的配合比和施工条件等，并假定混凝土的热特征值（热传导率、热扩散率、比热容、混凝土极限绝热温度上升量），然后可用简易方法进行计算。用微机进行温度分析时，简单地利用现在市面上流通的专用分析软件即可。对于预应力混凝土结构来说，由于预应力的关系，由水泥的水化热引起的温度裂缝的宽度会变小或者不会产生温度裂缝。但是，并不是在任何情况下，预应力都会使温度裂缝的宽度变小或不产生温度裂缝。

（4）与特殊模板、构件表面的防护有关的耐久性指数特征　与特殊模板或构件表面的防护有关的耐久性指数特征，需要考虑混凝土特殊模板或表面防护工作的好坏。如果使用透水型模板，混凝土表面的气泡就会减少，就会在混凝土的表面形成一层膏状的很致密的层。这实际上相当于提高了混凝土质量，因此被认为有效提高了耐久性。这个效果，也可以用提高评价混凝土质量的方法来体现。混凝土表面有防护设施时，需要对防护性设施进行维护，以防止其破损。如果采用寿命比较短的防护设施，虽然有人认为为此应对耐久性指数特征进行负面的评价，但在防护功能消失之前，其对内部混凝土还是起到了保护作用。即使对防护设施不进行维修，比起当初没有防护设施，结构本身的耐久性还是提高了。

3.2.2　与混凝土材料有关的耐久性特征

混凝土的特性对混凝土结构耐久性的影响列举如下。

（1）现已开发出干燥收缩或自收缩特别小的水泥，这里，我们期待着水泥制造企业研究出更加耐久、密实的水泥产品。

（2）骨料的吸水率一旦大，则不仅混凝土的抗冻融能力会显著降低，而且混凝土表面容易产生裂缝。

（3）骨料的标准粒径比，前提条件是骨料的粒径比必须在标准粒径比范围内。因此，当粒径比超出标准粒径比范围时，要进行调整。

（4）合理使用膨胀剂会减轻混凝土的硬化收缩或干燥收缩，同时还会给混凝土和受力钢筋分别导入化学预应力和化学预应变，因此，具有提高耐久性的效果。然而，不合理使用膨胀剂会产生负面影响，反而有损混凝土的耐久性。合理使用硅灰会使混凝土变得更密实，因此，具有提高耐久性的效果。以往的研究和业绩表明，合理使用干燥收缩减缓剂，对提高混凝土结构的耐久性是有效的。在冻融作用显著的情况下如果不使用引气混凝土，则结构的抗冻性能就会明显变差。正是这个原因，使用与混凝土粗骨料最大尺寸和环境条件相匹配的拥有适当空气量的引气混凝土，成为通常有效的做法。另外，减水剂、流动化剂、高性能引气减水剂、材料分离减缓剂等这些对新拌混凝土的质量的改善发挥作用的混合剂，证明是有用的。

3.2.3　与混凝土结构有关的耐久性特征

与混凝土有关的耐久指数特征值，需要考虑新拌混凝土的自充填性、已硬化混凝土的密实性、单位体积混凝土的用水量、氯盐含量和混凝土构件制作工厂的管理状况。

（1）新拌混凝土的自充填性，通过混凝土的流动性和材料分散性进行评价。混凝土的流动性，通过反映混凝土质量的坍落度和反映因构件的形状、尺寸的不同而导致浇筑混凝土时难易程度不同的系数进行评价。对于混凝土不容易自充填的构件的形状、尺寸，坍落度越小，则构件形状、尺寸的好坏越容易影响混凝土的流动性。

混凝土的材料分散性通过混凝土的坍落度进行评价。坍落度大的混凝土，一般来说，对材料分散性比较小。只要使用的水泥、粉煤灰、高炉矿渣微粉末等粉状物的形状或者粒径比较合适，或使用高性能引气减水剂，或如有必要使用材料分离减缓剂等，并按照适当的配合比进行了混合，则即使完全不用振捣密实，混凝土也能完全自动填充到模板的各个角落。这种自密实高流动性混凝土已经开发出来。

（2）混凝土结构的耐久性依赖于混凝土的密实性。这里，通过最能影响混凝土密实性的水灰比的大小对耐久性指标特征评价。

（3）在对混凝土的硬化收缩、干燥收缩等施加影响的因素中，采纳了配合比的影响，并通过单位体积混凝土的用水量的大小对耐久性指数特征进行评价。

（4）混凝土中氯盐的含量如果超过了某个限度，则对混凝土耐久性有显著的影响，通过对混凝土中氯盐含量的大小对耐久性指数特征进行评价。

3.2.4　与混凝土施工有关的耐久性特征

房屋建筑耐久性指数特征，与混凝土施工的水平高低，混凝土的接收、运输、浇筑、振捣密实，混凝土表面处理、养护以及施工缝质量的好坏等混凝土施工问题相关。

近年来，由于施工机械和施工器具的进步，使得在混凝土施工方面，省力施工和高速施工成为可能，这种技术的进步是惊人的。然而，从立足于使用满足现有标准的混凝土来讲，混凝土结构的建造仍然在很大程度上依赖于技术。合理的管理机构和技术人员配置，各个技术人员水平的高低等，对于能否实现拥有耐久性能的混凝土结构来说是极其重要的。

例如，混凝土的振捣密实方法，现在一般仅仅使用内部振捣器。与此相比，如果同时使用附着式振捣器和内部振捣器振捣密实混凝土，则对混凝土耐久性的提高是有效的。

再如现场运输混凝土的方法，有泵送、铲斗运送和皮带传送等。不管选用什么样的运输方法，比起运输方法本身对混凝土结构耐久性的直接影响来说，与运输方法密切相关的某个地方的浇筑口开始的浇筑速度的影响更为显著。在采用自密实高流动性混凝土的情况下，作用于模板上的混凝土的压力假定为液压，因此，必须设计好模板和支撑系统后才能进行施工。

　　施工时，要使混凝土结构具有耐久性能，必须在构件表面形成致密的混凝土层。构件表面的处理方法和养护方法对表面附近混凝土的密实度有很大影响，因此，应按照标准对混凝土进行养护，即在一定的时间，要保持合适的温度和湿度对混凝土进行养护。这对混凝土结构的耐久性是十分重要的。

参 考 文 献

[1] 钱春香，徐亦冬. 结构材料的损伤特性及其本构模型. 南京：东南大学出版社，2015.

[2] [美] 文丘里. 建筑的复杂性与矛盾性. 周卜颐，译. 北京：知识产权出版社，2006.

[3] 何益斌. 建筑结构. 北京：中国建筑工业出版社，2005.

[4] 张君，等. 建筑材料. 北京：清华大学出版社，2008.

[5] 郝峻弘，李文利，马玉洁，等. 房屋建筑学：第 2 版. 北京：清华大学出版社，2015.

[6] 唐孟雄，陈晓斌. 城市地下混凝土结构耐久性检测及寿命评估. 北京：中国建筑工业出版社，2012.

[7] [挪威] 乔伊夫. 严酷环境下混凝土结构的耐久性设计. 赵铁军，译. 北京：中国建材工业出版社，2010.

[8] 姚燕. 新型高性能混凝土耐久性的研究与工程应用. 北京：中国建材工业出版社，2004.

[9] 杨全兵. 混凝土盐冻破坏——机理、材料设计与防治措施. 北京：中国建筑工业出版社，2012.

[10] 孙伟. 现代结构混凝土耐久性评价与寿命预测. 北京：中国建筑工业出版社，2015.

第4章
房屋建筑腐蚀损伤及诊断技术

4.1 影响房屋建筑耐久性的腐蚀环境

4.1.1 一般概念

（1）大气腐蚀性　大气环境（包括局部环境、微环境）引起给定基材，如建筑材料腐蚀的能力。

（2）腐蚀负荷　促进基材腐蚀的大气环境因素的总和。

（3）腐蚀体系　由一种或多种金属和影响腐蚀的环境要素所组成的体系。

（4）大气和给定物体的气体混合物，通常也包含气雾剂和粒子。

（5）大气类型

① 乡村大气　乡村和小镇上的大气。主要是没有二氧化碳和/或氯化物之类腐蚀介质的严重污染。

② 城市大气　没有重大工业设施的人口密集居住区的大气，含有中等浓度的污染物质，例如二氧化硫或氯化物。

③ 工业大气　含有本地或区域性的工业排放的腐蚀性污染物（主要是二氧化硫）的大气。

④ 海洋大气　近海和海滨地区以及海面上的大气（不包括飞溅区）。即依赖于地貌和主要气流方向，被海盐气分（主要是氯化物）污染的环境大气。

（6）局部环境　围绕建筑结构的主要环境。该类环境包括局部范围内的特殊气象和污染参数，决定着局部范围内建筑结构的腐蚀速率及腐蚀类型。

（7）微环境　结构各组成部分和周围物质的接触面的环境情况。微型环境是腐蚀程度评估的一个决定性因素。

（8）湿润时间　金属结构被能够引起大气腐蚀的电解液膜层覆盖的时间。可供参考的湿润时间可以通过温度和相对湿度来统计计算。将相对湿度大于80%而同时温度高于0℃的所有时间相加即可得出湿润时间。

4.1.2 环境腐蚀分类

① 一般工业大气腐蚀大气中含有一定量的二氧化硫和其他腐蚀性物质。

② 重工业大气腐蚀大气中含有一定量的二氧化硫和其他腐蚀性物质，且有较高的温、湿度。

③ 化工腐蚀大气中除含有一定量的二氧化硫和其他腐蚀性物质外，还含有在化工生产过程中产生的腐蚀性气体。

④ 高温腐蚀构件表面环境温度在 120℃以上。

⑤ 阴暗潮湿腐蚀：终日不见阳光，湿气较重的部位。

⑥ 海洋工业大气环境，距海岸线 10km 以内的工业大气腐蚀环境。

⑦ 特殊环境：除上述规定以外的特殊腐蚀环境。

4.2　自然腐蚀环境特征

4.2.1　大气腐蚀环境

（1）大气腐蚀性描述

① 影响房屋建筑结构大气腐蚀的因素　影响结构大气腐蚀的关键因素，是在结构表面形成潮气薄膜的时间和大气中腐蚀性物质的含量。

② 腐蚀速率影响因素　大气腐蚀是在结构表面一层湿膜内发生的过程。湿膜层可能太薄以至于肉眼看不到。下列因素会导致腐蚀速率的上升：

a. 相对湿度的上升；

b. 冷凝出现（当表面温度处于或低于露点时）；

c. 大气污染物总量上升（能和钢材发生腐蚀反应并在表面可能形成沉积物的污染物）。

经验表明，严重腐蚀多发生在相对湿度大于 80％且温度高于 0℃时。但是，如果污染物质和/或吸湿盐分存在，在更低的湿度下腐蚀也会发生。地球上某个特定区域的大气湿度和空气温度取决于那里的气候条件。

③ 腐蚀速率　大气中腐蚀性物质的存在加速了结构的腐蚀速率，在相同湿度条件下，腐蚀性物质含量越高，腐蚀速度越大。腐蚀性物质的腐蚀性与大气的湿度有关，在较高的湿度（潮湿型）环境中腐蚀性大，在较低的湿度（干燥型）环境中腐蚀性大大降低；如果有吸湿性沉积物（如氯化物等）存在时，即使环境大气的湿度很低（RH＜60％）也会发生腐蚀。

（2）大气腐蚀性分类

① 按照大气腐蚀性等级分类（按 ISO 标准分类）　大气环境可分为 6 类大气腐蚀性类别。

a. C1　非常低；

b. C2　低；

c. C3　中等；

d. C4　高；

e. C5-1　很高（工业）；

f. C6-M　很高（海洋）。

另一种划分大气腐蚀性等级分为五类（见表 4-1）。

表 4-1　大气腐蚀性分级

级别	腐蚀性
C1	很低
C2	低
C3	中等
C4	高
C5	很高

腐蚀性级别也可以通过综合考虑环境因素、年湿润时间、二氧化硫年度平均含量值和氯化物的年平均沉积量来评估（参见 ISO 9223）。

② 按照大气中腐蚀性物质含量分类——环境气体类型　按照影响钢结构腐蚀的主要气体成分及其含量，可将环境气体分为 A、B、C、D 四种类型（见表 4-2）。

表 4-2　按环境气体分类

气体分类	腐蚀性物质名称	腐蚀性物质含量/(mg/m³)
A	二氧化碳	<2000
	二氧化硫	<05
	氯化氢	<0.05
	硫化氢	<0.01
	氮的氧化物	<0.1
	氯	<0.1
	氧化氢	<0.05
B	二氧化碳	>2000
	二氧化硫	0.5~10
	氯化氢	0.05~5
	硫化氢	0.01~5
	氮的氧化物	0.1~0.5
	氯	0.1~1
	氧化氢	0.05~5
C	二氧化硫	10~200
	氯化氢	5~10
	硫化氢	5~100
	氮的氧化物	5~25
	氯	1~5
	氧化氢	5~10

续表

气体分类	腐蚀性物质名称	腐蚀性物质含量/(mg/m³)
D	二氧化硫	200～1000
	氯化氢	10～100
	硫化氢	>100
	氮的氧化物	25～100
	氯	5～10
	氧化氢	10～100

注：当大气中同时含有多种腐蚀性气体，则腐蚀级别应取级高的一种或几种为基准。

③ 按照材料腐蚀速率划分腐蚀环境类型　根据碳钢在不同大气环境下暴露第一年的腐蚀速率（mm/a），将腐蚀环境类型分为六大类。腐蚀环境类型的技术指标应符合表 4-3 的要求。

表 4-3　腐蚀环境类型的技术指标

腐蚀类型		腐蚀速率(碳钢)/(mm/a)	腐蚀环境		
等级	名称		环境气体类型	相对湿度(年平均)/%	大气环境
Ⅰ	无腐蚀	<0.001	A	<60	乡村大气
Ⅱ	弱腐蚀	0.001～0.025	A	60～75	乡村大气
			B	<60	城市大气
Ⅲ	轻腐蚀	0.025～0.050	A	>75	乡村大气
			B	60～75	城市大气
			C	<60	工业大气
Ⅳ	中腐蚀	0.05～0.20	B	>75	城市大气
			C	60～75	工业大气
			D	<60	海洋大气
Ⅴ	较强腐蚀	0.2～0.1	C	>75	工业大气
			D	60～75	
Ⅵ	强腐蚀	1～5	D	>75	工业大气

注：在特殊场合与额外腐蚀负荷作用下，应将腐蚀类型提高等级，如机械负荷：

1. 风砂大的地区，因风携带颗粒（砂子等）使结构发生磨蚀的情况。

2. 钢结构上用于（人或车辆）通行或有机械重负载并定期移动的表面。

3. 经常有吸潮性物质沉积于结构表面的情况。

根据标准试样的腐蚀速率测量值进行腐蚀性分类。

标准金属（碳钢、锌、铜、铝）的第一年腐蚀速率值，对应每一个腐蚀等级，列于表 4-4（注：这些值不能外推用于估计长期的腐蚀行为）。

表 4-4 在不同腐蚀性等级下暴晒第一年的腐蚀速率

等级	金属的腐蚀速率 r_{corr}				
	单位	碳钢	锌	铜	铝
C1	g/(m²·a)	≤10	≤0.7	≤0.9	忽略
	μm/a	≤1.3	≤0.1	≤0.1	
C2	g/(m²·a)	$10<r_{corr}≤200$	$0.7<r_{corr}≤200$	$0.9<r_{corr}≤5$	≤0.6
	μm/a	$1.3<r_{corr}≤25$	$0.1<r_{corr}≤0.7$	$0.1<r_{corr}≤0.6$	—
C3	g/(m²·a)	$200<r_{corr}≤400$	$5<r_{corr}≤15$	$5<r_{corr}≤12$	$0.6<r_{corr}≤1.3$
	μm/a	$25<r_{corr}≤50$	$0.7<r_{corr}≤2.1$	$0.6<r_{corr}≤1.3$	—
C4	g/(m²·a)	$400<r_{corr}≤650$	$15<r_{corr}≤30$	$12<r_{corr}≤25$	$2<r_{corr}≤5$
	μm/a	$50<r_{corr}≤80$	$2.1<r_{corr}≤4.2$	$1.3<r_{corr}≤2.8$	—
C5	g/(m²·a)	$650<r_{corr}≤1500$	$30<r_{corr}≤60$	$25<r_{corr}≤50$	$5<r_{corr}≤10$
	μm/a	$80<r_{corr}≤200$	$4.2<r_{corr}≤8.4$	$2.8<r_{corr}≤5.6$	—

注：1. 分类标准是根据用于腐蚀性评估的标准试样腐蚀速率确定的（见 GB/T 19292.4）。

2. 以"克/（平方米·年）"表达的腐蚀速率已被换算为"微米/年"并且进行四舍五入。

3. 材料的说明见 GB/T 19292.4。

4. 铝经受局部腐蚀，但在表中所列的腐蚀速率是按均匀腐蚀计算得到的。最大点蚀深度是潜在破坏性的重要指示，但这个特征不能在暴晒的第一年后就用于评估。

5. 超过上限等级 C5 的腐蚀速率表明环境超出本标准的范围。

④ **按气候条件分类** 将大气（包括局部环境、微环境）按照相对湿度 RH 可分为下述三类：

干燥型，RH<60%。

普通型，RH 60%～75%。

潮湿型，RH>75%。

a. 潮湿时间取决于大气候和地区分类。

b. 大气的潮湿时间的分类列于表 4-5。

c. 分类值是根据地区分类，典型条件下大环境范围内潮湿时间：τ_1 几乎无冷凝作用。对于 τ_2，在金属表面形成液膜的可能性很小，时间：τ_3 至 τ_5。包括冷凝和沉降。

表 4-5 大气的潮湿时间的分类

等级	潮湿等级		举例
	(h/a)	%	
τ_1	$r≤10$	$r≤0.1$	有空气调节的内部微气候
τ_2	$10<r≤250$	$0.1<r≤3$	
τ_3	$250<r≤2500$	$3<r≤30$	在干冷气候或半温带候的室外大气；在温带气候下适当通风的工作间

等级	潮湿等级		举例
	(h/a)	%	
τ_4	$2500 < r \leqslant 5500$	$30 < r \leqslant 60$	
τ_5	$r > 5500$	$r > 60$	

注：1.一个指定地点的潮湿时间取决于开放型大气中温度和湿度的综合作用和地点等级并且按每年小时或按占暴晒时间的比例（百分数）表达。

2.潮湿时间的百分数值是经过四舍五入的，并且仅作为参考。

3.由于遮蔽程度不同，没有包括所有情况。

4.有氯离子沉积的海洋性气候中被遮蔽的表面实际上增加了潮湿时间，由于吸湿性盐的存在，因此被列在 τ_5 等级。

5.没有空气调节的室内大气，当有水蒸气存在时，潮湿等级为 $\tau_3 \sim \tau_5$。

6.潮湿时间在 $\tau_1 \sim \tau_2$ 的范围内，不洁净的表面其腐蚀的可能性较高。

通常，只有可能导致腐蚀行为发生的气候类型被描述。在寒冷或干燥气候下的腐蚀速率比在温性气候下的腐蚀速率要低，在湿热气候中最高，尽管有相当大的局部差异存在。主要关注的是钢结构暴露在高湿情况下的时间长度，也被描述成湿润时间，见表 4-6。

表 4-6　计算湿润时间和选择典型气候类型

气候类型	年度极限值的平均值			计算的湿润时间（RH>80%且温度>0℃）/(h/a)
	最低温度/℃	最高温度/℃	RH>95%时的最高温度/℃	
极度严寒	−65	+32	+20	0～100
寒冷	−50	+32	+20	150～2500
寒温带 暖温带	−33 −20	+34 +35	+23 +25	2500～4200
温暖干燥 中度温暖干燥 极其温暖干燥	−20 −5 +3	+40 +40 +55	+27 +27 +28	10～1600
温暖湿润 温和的温暖湿润	+5 +13	+40 +35	+31 +33	4200～6000

⑤ 大气污染物分类　大气污染物分为两类，由二氧化硫造成的污染和由空气中的盐造成的污染。这两种类型的污染物在农村、城市、工业和海洋性大气中都具有代表性。

对于标准室外大气中以二氧化硫为主的污染物的分类列于表 4-7。

氯离子污染物的等级指的是在海洋性环境中被空气中盐分污染的室外大气，等级分类列于表 4-8。

表 4-7　以二氧化硫为代表的含硫化合物污染物分类

二氧化硫的浓度(沉淀法)[mg/(m² · d)]	二氧化硫的浓度(容量法)/(μg/m³)	等级
$P_d \leq 10$	$P_c \leq 10$	P_0
$10 < P_d \leq 35$	$12 < P_c \leq 40$	P_1
$35 < P_d \leq 80$	$40 < P_c \leq 90$	P_2
> 80	$90 < P_c \leq 250$	P_3

注：1. 在 GB/T 19292.3 中规定了测定二氧化硫的方法。

2. 由沉淀法（P_d）和容量法（P_c）确定的二氧化硫的值用于分类是等效的。用两种方法测量的值之间的关系可以近似表达为 $P_d = 0.8 P_c$。

3. 针对本部分，二氧化硫的沉积率和浓度是经至少一年的连续测量计算得到的，并且表达为年平均值。短期测量的结果与长期的平均值有很大差别。这些结果只作为指导。

4. 在等级 P 中的二氧化硫的浓度被作为背景浓度，并且对于腐蚀破坏是微不足道的。

5. 在等级 P 中的二氧化硫污染被认为是极限。超出本部分范围是典型的作业微环境气候。

6. 在遮蔽条件下，尤其在室内空气，以二氧化硫为代表的污染物浓度与遮蔽程度呈反比关系减少。

表 4-8　以氯化物为代表的空气中盐类污染物分类

氯化物的浓度[mg/(m² · d)]	等级
$S \leq 3$	S_0
$3 < S \leq 60$	S_1
$60 < S \leq 300$	S_2
$300 < S \leq 15000$	S_3

注：1. 在该标准的空气中含盐量分析方法是根据 GB/T 19292.3 中的湿烛法。

2. 用各种方法确定大气中含盐量的结果通常是不可以直接比较或转化的。

3. 在标准中，短期测量结果是变化无常的，并且受天气影响也很大。

4. 氯化物污染的极限，如以海水飞溅或喷淋为代表是超出本标准范围的。

5. 空气中盐含量受风向、风速、当地地貌、暴晒地距海洋的距离等影响。

4.2.2　土壤和水的腐蚀

（1）土壤和水的腐蚀性分类　对于浸在水中或埋在土壤中的结构，腐蚀通常是局部的，而且腐蚀性级别是很难定义的。尽管如此，表 4-9 给出三种不同的环境及其名称。

表 4-9　水和土壤的腐蚀分类

分类	环境	环境和结构的案例
Im1	淡水	河流上安装的设施，水力发电站
Im2	海水或盐水	港口区的钢结构，如水闸、锁具、防坡堤、码头；海上结构
Im3	土壤	埋地储罐，钢桩和钢管

（2）在土壤中的腐蚀　土壤腐蚀取决于土壤中矿物质的含量、矿物质性质、有机物成分及含量、水和氧含量（又可分有氧腐蚀和厌氧腐蚀）。土壤的

腐蚀性受通气情况的影响很大。受污染土壤中的腐蚀速率通常高于未受污染土壤。

在含石灰和砂土的土壤（不含氯化物）腐蚀性最弱，而黏土和粘泥灰土的腐蚀性也有限；对于泥沼和泥炭土壤来讲，腐蚀性取决于土壤中总酸含量。

许多钢铁结构，如管道、隧道、罐体装置，由于跨越了不同类型的土壤，因氧浓差电池的形成会导致局部区域（阳极区）腐蚀加剧（点蚀）。

腐蚀电池也可能在土壤/空气界面处和土壤/地下水平面界面处形成。

当钢结构的一部分浸在水里或埋在土壤中的时候要特别注意。在这种情况下，腐蚀通常集中在腐蚀速率很高的一小部分位置。不推荐采用暴露试验来评估水和土壤环境的腐蚀性。

（3）在水中的腐蚀　按金属在水环境中的腐蚀区域分类可分为以下四类：

① 全浸区：永久浸没在相对静止的水域里的区域；

② 水流或浪涌区：水下有一定流速的持续水流或间歇水流冲击的区域；除了水的侵蚀与冲击的联合作用之外，还可能存在固体颗粒的磨损。

③ 间浸区域（变动水位造成的涨落区或潮差区）：由于自然或人为因素而水位变动，受水和大气的间歇联合作用而加重腐蚀的区域。

④ 浪溅区（飞溅区）：被浪冲击（拍击）和水雾溅湿的区域，受水、大气和冲击力的间歇联合作用，能引起异常高的腐蚀速度。

⑤ 按水的性质分类：

水的类型（软或硬的淡水/微咸水/海水，以及溶解有其他腐蚀性化学成分的水）对水中钢铁的腐蚀和金属保护覆盖层的选择都有严重的影响。水的温度、压力、流速、流动性、氧含量及微生物等也都非常重要。

（4）表 4-10 给出几组基本腐蚀性环境分类（ISO 9223）。

表 4-10　环境种类、腐蚀危险及腐蚀速率

编号	腐蚀性种类	腐蚀危险	碳钢腐蚀速率的平均厚度损失/(μm/a)
C1	室内：干燥	很低	≤1.3
C2	室内：偶尔结露	低	1.3～25
	室外：内陆乡村		
C3	室内：高湿度、轻微空气污染	中	25～50
	室外：内陆城市或温和海滨		
C4	室内：游泳池、化工厂等	高	50～80
	室外：工业发达的内陆或位于海滨的城市		

续表

编号	腐蚀性种类	腐蚀危险	碳钢腐蚀速率的平均厚度损失/(μm/a)
C5	室外:高湿度工业区或高盐度海滨	很高	80～120

注：腐蚀速率数据与 ISO 9223 所列完全相同。

4.3 工业介质划分腐蚀性

（1）介质形态　腐蚀性介质按其存在形态可分为气态介质、液态介质和固态介质；各种介质应按其性质、含量和环境条件划分类别。生产部位的腐蚀性介质类别，应根据生产条件确定。

（2）介质腐蚀等级　各种介质对建筑材料长期作用下的腐蚀性，可分为强腐蚀、中腐蚀、弱腐蚀、微腐蚀四个等级。同一形态的多种介质同时作用同一部位时，腐蚀性等级应取最高者。

（3）工业气态介质　常温下，工业气态介质对建筑材料的腐蚀性等级应按表 4-11 确定。

表 4-11　工业气态介质腐蚀性分类

介质类别	介质名称	介质含量/(mg/m³)	环境相对湿度/%	钢筋混凝土、预应力混凝土	水泥砂浆、素混凝土	普通碳钢	烧结砖砌体	木	铝
Q1	氯	1.00～5.00	＞75	强	弱	强	弱	弱	强
			60～75	中	弱	中	弱	微	中
			＜60	弱	微	中	微	微	中
Q2		0.10～1.00	＞75	中	微	中	微	微	中
			60～75	弱	微	中	微	微	中
			＜60	微	微	弱	微	微	弱
Q3	氯化氢	1.00～10.00	＞75	强	中	强	中	弱	强
			60～75	强	弱	强	弱	弱	强
			＜60	中	微	中	微	微	中
Q4		0.05～1.00	＞75	中	弱	强	弱	弱	强
			60～75	中	弱	中	弱	微	中
			＜60	弱	微	弱	微	微	弱
Q5	氮氧化物(折合二氧化氮)	5.00～25.00	＞75	强	中	强	中	中	强
			60～75	中	弱	中	弱	弱	中
			＜60	弱	微	中	微	微	微
Q6			＞75	中	弱	中	弱	弱	中
			60～75	弱	微	中	微	微	微
			＜60	微	微	弱	微	微	微

续表

介质类别	介质名称	介质含量/(mg/m³)	环境相对湿度/%	钢筋混凝土、预应力混凝土	水泥砂浆、素混凝土	普通碳钢	烧结砖砌体	木	铝
Q7	硫化氢	5.00～100.00	＞75	强	弱	强	弱	弱	弱
			60～75	中	微	中	微	微	弱
			＜60	弱	微	中	微	微	微
Q8		0.01～5.00	＞75	中	微	中	微	弱	弱
			60～75	弱	微	中	微	微	中
			＜60	微	微	弱	微	微	弱
Q9	氟化氢	1.00～10.00	＞75	中	弱	强	微	弱	中
			60～75	弱	微	中	微	微	弱
			＜60	微	微	中	微	微	弱
Q10	二氧化硫	10～200.00	＞75	强	弱	强	弱	弱	强
			60～75	中	弱	中	弱	微	中
			＜60	弱	微	中	微	微	弱
Q11		0.50～10.00	＞75	中	微	中	微	微	中
			60～75	弱	微	中	微	微	弱
			＜60	微	微	弱	微	微	弱
Q12	硫酸酸雾	经常作用	＞75	强	强	强	中	中	强
Q13		偶尔作用	＞75	中	中	强	弱	弱	中
			≤75	弱	弱	中	弱	弱	弱
Q14	醋酸酸雾	经常作用	＞75	强	中	强	中	中	弱
Q15		偶尔作用	＞75	中	弱	强	弱	微	微
			≤75	弱	弱	中	微	微	微
Q16	二氧化碳	＞2000	＞75	中	微	中	微	微	弱
			60～75	弱	微	弱	微	微	微
			＜60	微	微	弱	微	微	微
Q17	氨	＞20	＞75	弱	微	中	微	弱	弱
			60～75	弱	微	中	微	微	微
			＜60	微	微	弱	微	微	微
Q18	碱雾	偶尔作用	—	弱	弱	弱	中	中	中

（4）工业液态介质　常温下，工业液态介质对建筑材料的腐蚀性等级应按表 4-12 确定。

表 4-12 工业液态介质对建筑材料的腐蚀性等级

介质类别	介质名称		pH 值或浓度	钢筋混凝土、预应力混凝土	水泥砂浆、素混凝土	烧结砖砌体
Y1	无机酸	硫酸、盐酸、硝酸、铬酸、磷酸、各种酸洗液、电镀液、电解液、酸性水(pH 值)	<4.0	强	强	强
Y2			4.0~5.0	中	中	中
Y3			5.0~6.5	弱	弱	弱
Y4		氢氟酸/%	≥2	强	强	强
Y5	有机酸	醋酸、柠檬酸/%	≥2	强	强	强
Y6		乳酸、$C_5 \sim C_{20}$脂肪酸/%	≥2	中	中	中
Y7	碱	氢氧化钠/%	≥15	中	中	强
Y8			8~15	弱	微	强
Y9		氨水/%	≥10	弱	微	弱
Y10	盐	钠、钾、铵的碳酸盐和碳酸氢盐/%	≥2	弱	弱	中
Y11		钠、钾、铵、镁、铜、镉、铁的硫酸盐/%	≥1	强	强	强
Y12		钠、钾的亚硫酸盐、亚硝酸盐/%	≥1	中	中	中
Y13		硝酸铵/%	≥1	强	强	强
Y14		钠、钾的硝酸盐/%	≥2	弱	弱	中
Y15		铵、铝、铁的氯化物/%	≥1	强	强	强
Y16		钙镁钾钠的氯化物/%	≥2	弱	弱	中
Y17		尿素/%	≥10	中	中	中

注：1. 表中的浓度系指质量百分比，以"%"表示。

2. 当生产用水采用离子浓度分类时，其腐蚀性等级可按现行国家标准《岩土工程勘察规范》（GB 50021）的有关规定确定。

（5）工业固态介质 常温下，工业固态介质（含气溶胶）对建筑材料的腐蚀性等级应按表 4-13 确定。当固态介质有可能被溶解或易溶盐作用于室外构配件时，腐蚀性等级应按本表确定。

表 4-13 工业固态介质（含气溶胶）对建筑材料的腐蚀性等级

介质类别	溶解性	吸湿性	介质名称	环境相对湿度/%	钢筋混凝土、预应力混凝土	水泥砂浆、素混凝土	普通碳钢	烧结砖砌体	木
G1	难溶	—	硅酸铝，磷酸钙，钙、钡、铅的碳酸盐和硫酸盐，镁、铁、铬、铝、硅的氧化物和氢氧化物	>75	弱	微	弱	微	弱
				60~75	微	微	弱	微	微
				<60	微	微	弱	微	微

介质类别	溶解性	吸湿性	介质名称	环境相对湿度/%	钢筋混凝土、预应力混凝土	水泥砂浆、素混凝土	普通碳钢	烧结砖砌体	木
G2	易溶	难吸湿	钠、钾的氯化物	＞75	中	弱	强	弱	弱
				60～75	中	微	强	弱	弱
				＜60	弱	微	中	弱	微
G3			钠、钾、铵、锂的硫酸盐和亚硫酸盐，硝酸铵，氯化铵	＞75	中	中	强	中	中
				60～75	中	中	中	中	弱
				＜60	弱	弱	弱	弱	微
G4			钠、钡、铅的硝酸盐	＞75	弱	弱	中	弱	弱
				60～75	弱	弱	中	弱	弱
				＜60	微	微	弱	微	微
G5			钠、钾、铵的碳酸盐和碳酸氢盐	＞75	弱	弱	中	中	中
				60～75	弱	弱	中	弱	弱
				＜60	微	微	微	微	弱
G6		易吸湿	钙、镁、锌、铁、铝的氯化物	＞75	强	中	强	中	中
				60～75	中	弱	中	弱	弱
				＜60	中	微	中	微	微
G7			镉、镁、镍、锰、铜、铁的硫酸盐	＞75	中	中	强	中	中
				60～75	中	中	中	中	弱
				＜60	弱	弱	中	弱	微
G8			钠、钾的亚硝酸盐，尿素	＞75	弱	弱	中	弱	弱
				60～75	弱	弱	中	弱	微
				＜60	微	微	弱	微	微
G9			钠、钾的氢氧化物	＞75	中	中	中	强	强
				60～75	弱	弱	中	中	中
				＜60	弱	弱	弱	弱	弱

4.4　杂散电流腐蚀

　　直流、交流电流泄漏到地下都能对建筑物中的钢筋、各种金属管道和电缆等造成腐蚀破坏，但直流杂散电流要比等量的交流电流危害大得多，因此杂散电流腐蚀多发生在使用大功率直流设施的地方和部位，电气化铁路、地铁、大功率直流机械、冶金电解、化工电解过程中都能造成杂散电流对结构物的破坏。杂散电流腐蚀破坏多发生在地下部位，平时不易发现，因此是一种潜在的威胁。

4.5 环境腐蚀性评价

4.5.1 大气腐蚀评价

大气腐蚀评价见表 4-14。

表 4-14 大气腐蚀评价

腐蚀级别	单位面积上质量和厚度损失(经第 1 年暴露后)				温性气候下的典型环境案例(仅供参考)	
	低碳钢		锌		外部	内部
	质量损失 /[g/(m²·a)]	厚度损失 /(μm/a)	质量损失 /[g/(m⁻²·a)]	厚度损失 /(μm/a)		
C1 很低	≤10	≤1.3	≤0.7	≤0.1	—	加热的建筑物内部,空气洁净,如办公室、学校等
C2 低	100~200	1.3~2.5	0.7~5	0.1~0.7	低污染水平大气,大部分是乡村地带	冷凝有可能发生在未加热的建筑(如体育馆)
C3 中	200~300	25~50	5~15	0.7~2.1	城市和工业大气、中等的二氧化硫污染以及低盐度沿海区域	高湿度和有些空气污染的生产厂房内
C4 高	400~650	50~80	15~30	2.1~4.2	中等含盐度的工业区和沿海区域	化工厂、游泳池、沿海船舶和造船厂等
C5-1 很高 (工业)	650~1500	80~200	30~60	4.2~8.4	高湿度和恶劣大气的工业区域	冷凝和高污染持续发生和存在的建筑和区域
C6-M 很高 (海洋)	650~1500	80~200	30~60	4.2~8.4	高含盐度的沿海和海上区域	冷凝和高污染持续发生和存在的建筑和区域

4.5.2 土壤和水腐蚀性评价

推荐采用极化法及试片失重法测定土壤腐蚀性,并按表 4-15 进行评价;也可采用行业级以上标准所规定的其他土壤腐蚀性测试方法及相应的评价指标。

表 4-15 土壤腐蚀性评价指标

指标	极轻	较轻	轻	中	重
电流密度(极化法)/(μA/cm²)	<0.1	0.1~<3	3~<6	6~<9	≥9
平均腐蚀速率(试片失重法)/[g/(dm²·a)]	<1	1~<3	3~<5	5~<7	≥7

地下水、土环境钢筋混凝土结构中钢筋的腐蚀性等级见表 4-16。

表 4-16　地下水、土中氯离子对混凝土结构中钢筋的腐蚀性等级

水中的 Cl⁻ 含量/(mg/L)		土中的 Cl⁻ 含量/(mg/kg)		腐蚀性等级
长期浸水	干湿交替	A	B	
＜10000	＜100	＜400	＜250	微
10000～20000	100～500	400～750	250～500	弱
—	500～5000	750～7500	500～5000	中
—	＞5000	＞7500	＞5000	强

注：1. A 是指地下水位以上的碎石土，砂土，稍湿的粉土，坚硬、硬塑的黏性土；
2. B 是指湿、很湿的粉土，可塑、软塑、流塑的黏性土。

地下水和土中的硫酸盐对混凝土结构的腐蚀性等级见表 4-17。

表 4-17　地下水和土中硫酸盐对混凝土结构的腐蚀性等级

腐蚀介质	环境类型			腐蚀性等级
	Ⅰ	Ⅱ	Ⅲ	
硫酸盐含量/(mg/L)	＜200	＜300	＜500	微
	200～500	300～1500	500～3000	弱
	500～1500	1500～3000	3000～6000	中
	＞1500	＞3000	＞6000	强

注：1. 表中的数值适用于有干湿交替作用的情况。Ⅰ、Ⅱ类腐蚀环境无干湿交替作用时，表中硫酸盐含量数值应乘以 1.3 的系数。
2. 表中数值适用于水的腐蚀性评价，对土的腐蚀性评价，应乘以 1.5 的系数，单位以 mg/kg 表示。

4.5.3　杂散电流腐蚀评价

（1）直流干扰　处于直流电气化铁路、阴极保护系统及其他直流干扰源附近的管道，应进行干扰源侧和管道侧两方面的调查测试。

（2）管道直流干扰程度　管道直流干扰程度一般用管地电位较自然电位正向偏移值作为指标，按表 4-18 所列指标判定；当管地电位较自然电位正向偏移值难以测取时，可采用土壤电位梯度作为指标，按表 4-19 所列指标判定杂散电流强弱程度。

表 4-18　直流干扰程度的判断指标

直流干扰程度	弱	中	强
管地电位正向偏移值/mV	＜20	20～＜200	≥200

表 4-19　杂散电流强弱程度的判断指标

杂散电流强弱程度	弱	中	强
土壤电位梯度/(mV/m)	<0.5	0.5～<5	≥5

（3）交流干扰程度判定　用交流干扰电位按表 4-20 中的指标进行埋地管道交流杂散电流严重性的评价。

表 4-20　埋地钢质管道交流干扰判断指标

土壤类别	严重性程度		
	弱	中	强
碱性土壤/V	<10	10～<20	≥20
中性土壤/V	<8	8～<15	≥15
酸性土壤/V	<6	6～<10	≥10

土壤细菌腐蚀评价指标按表 4-21 进行评价。

表 4-21　土壤细菌腐蚀评价指标

腐蚀级别	强	较强	中	弱
氧化还原电位/mV	<100	100～<200	200～<400	≥400

4.6　腐蚀损伤诊断原理

众所周知，钢铁、铝、镁、铜、锌等主要金属及其合金，均来源于其矿石（氧化物等），按照热力学观点，自然态的矿石处于低能稳定状态，而通过冶炼，金属及其合金的能位提高了，通常情况下处于不稳定状态，它总是有回到自然态（矿石、氧化物等）的自发趋势。就钢铁而言，其自发锈蚀的根本原因就在于此。金属回到其自然态所通过的路径，大多数情况下不是直接的化学反应，而是一个电化学过程。因此，了解金属腐蚀的电化学原理是必要的。

4.6.1　电化学腐蚀诊断机理

（1）原电池与微电池　把一块锌板和一块铜板同时放入装有电解液的容器内（图 4-1），并用导线将二者连通，则会有电流由铜电极经过导线和电流表流向锌电极，这就是简单的原电池。锌电极上发生氧化反应，是阳极：

$$Zn - 2e \longrightarrow Zn^{2+}$$

铜电极上发生还原反应，是阴极：

$$2H^+ + 2e \longrightarrow H_2 \uparrow$$

$$（或 O_2 + 2H_2O + 4e \longrightarrow 4OH^- 视条件而定）$$

锌变成离子的过程即是通常所说的腐蚀。因此，锌的腐蚀是原电池作用的结果，同时在阴阳极之间发生电子流动（导线内）和离子流动（在电解液中）。

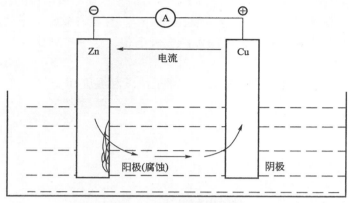

图 4-1　Zn-Cu 原电池示意图

从上述腐蚀原电池可以看出，电化学腐蚀过程由一系列环节构成，主要有阳极过程——金属的离子化；阴极过程——由阳极流来的电子被能吸收电子的物质取走；电子和离子通路——电子从阳极通过导体流到阴极，而电解质中的离子的定向运动构成离子回路。

由此可见，构成腐蚀电池必须具备以下三个主要条件：

① 有阴、阳极（即二者间存在电位差）；

② 阴、阳极之间由导体相连，构成电子通路；

③ 阴、阳极之间存在电解质，构成离子通路。

以上所述是腐蚀电池最典型的情况，通常所用的干电池就是腐蚀电池的应用实例，正是由于锌皮的腐蚀才产生了电流。

然而一般金属的腐蚀过程并不是单一原电池的作用的结果，而是许许多多微小电池作用的结果，一般金属总是含有不纯物，而合金更是由多种组分构成。当与电解质溶液接触时，金属或合金在不同组分间产生电位差。而这许许多多不同电位差的区域之间是彼此电联通的，又处在同一电解质溶液中，这就具备了形成腐蚀电池的条件，只是这些电池是异常微小和参差不齐的，并且阴、阳极区也随条件而不断发生变化。自然条件下一般金属的腐蚀（如钢铁生锈）过程，正是这些微电池作用的结果。

（2）电极电位与自然电位　现在我们研究单电极的情况，如果将一金属浸在溶液中，则在金属与溶液的界面附近形成双电层。在固定条件下，双电层将最终达到平衡，因此双电层之间的电位差也最终达到一定值。不同金属或同一金属处在不同介质中，所建立的双电层的电位差也不同。根据双电层电位差的大小可以判断金属与介质界面反应的难易程度。然而迄今为止，人们尚不能直接测量单电极所形成的双电层间电位差值。于是人们采用一个标准电极（氢电极）与被测电极构成电池，这两个电极间（即两个双电层间）的电位差比较值，即通常所说的被测电极的电位。换言之，电位是以氢标为零时该金属与氢电位的比较值。所谓标准电极电位系指在 25℃下，金属浸在含 1g 当量/L 该金属离子的溶液中，用氢标所测得的电位值，称为金属的标准电极电位，这种排列次序也称作电位序（EMF）。

非标准条件下的电极平衡电位，随离子浓度和温度而变化，可用 Nernst 公式表示：

$$E = E_0 + \frac{RT}{nF}\ln C$$

式中　E_0——标准电位，V；

　　　C——金属离子浓度；

　　　E——离子浓度为 C 时的电位，V；

　　　F——法拉第常数，96500C/mol；

　　　R——气体常数，8.314J/(mol·K)；

　　　n——离子价数；

　　　T——绝对温度，273＋溶液温度（℃）。

电位序能够预示金属稳定性（耐腐蚀能力），一般电位越负，该金属越活泼，即易受腐蚀，电位越正，说明该金属越稳定，即耐腐蚀好，同时，两种金属接触时，处于较负电位的金属作为阳极而腐蚀，而较正电位的金属是阴极。在非标准情况下电位序可能发生变动，因此应依据实际情况灵活运用电位序。

自然电位也称作腐蚀电位，它实际上是若干平衡电位的复合电位，如前所述，金属及其合金均不是单一成分，存在若干微电池，即存在许多对阴、阳极，通常所说金属的自然电位，系指总的起阳极作用的部分与总的起阴极作用的部分所构成的腐蚀电池的腐蚀电位。

按照一般规律，自然电位较负时，表明该金属在此环境中较易腐蚀。因此用自然电位作为金属所处状态的判断方法已普遍应用。但是必须指出，自然电位是受许多复杂因素影响的，比如，使阳极变得更加活泼的因素，能够使自然电位负向变化，此时腐蚀加剧，这符合一般规律。然而，阴极反应的困难（极化），也能促使自然电位负向变化，此时腐蚀减缓。故不能认为电位变负就一定易受腐蚀，必须具体分析各种因素对电化学过程的影响，然后做出合乎实际的判断。电位变动示意如图 4-2 所示。

（3）电极电位与 pH 值关系　在电极上进行的电化学反应是氧化（阳极）和还原（阴极）反应，这种反应的进行大多数与介质中的酸碱度（pH）密切相关。在一定体系中，可以将金属的平衡电位与 pH 的关系作图，称作 Pourbaix 图。现在以 $Fe-H_2O$ 系为例说明 Pourbaix 图的意义及用途。

图 4-3 是这些平衡反应所对应的线性关系，这些反应式可归纳为三种类型，

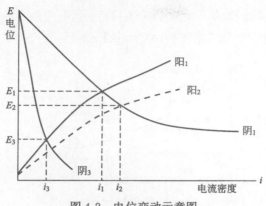

图 4-2　电位变动示意图

其一如平衡反应①，其特点是有电子出现而无氢离子出现，故该电极反应的电位
与 pH 无关，在图 4-3(a) 中呈现一水平线；其二如反应式⑤，特点是电子和氢离
子均参与平衡反应，这时平衡电位随 pH 的升高而下降，在图 4-3(a) 中是斜线；
其三如⑨，它是不属电极反应的化学平衡式，这时电极电位与 pH 无关，在图 4-3
(a) 中呈垂直线。

① $Fe^{2+} + 2e \longrightarrow Fe$

　　$\varepsilon_{(1)} = -0.440 + 0.0295 lg\alpha Fe$

② $Fe(OH)_2 + 2H^+ + 2e \longrightarrow Fe + 2H_2O$

　　$\varepsilon_{(2)} = -0.045 - 0.0591 pH$

③ $Fe(OH)_3 + H^+ + e \longrightarrow Fe(OH)_2 + H_2O$

　　$\varepsilon_{(3)} = 0.179 - 0.0591 pH$

④ $Fe(OH)_3 + e \longrightarrow FeO_2H^- + H_2O$

　　$\varepsilon_{(4)} = -0.0810 - 0.0591 lg\alpha FeO_2H^-$

⑤ $Fe(OH)_3 + 3H^+ + e \longrightarrow Fe^{2+} + 3H_2O$

　　$\varepsilon_{(5)} = 1.057 - 0.1773 pH - 0.0591 lg\alpha Fe$

⑥ $Fe^{3+} + e \longrightarrow Fe^{2+}$

　　$\varepsilon_{(6)} = = 0.771 + 0.0591 lg\left(\dfrac{\alpha Fe^{2+}}{\alpha Fe^{3+}}\right)$

⑦ $Fe(OH)_2 + 2H^+ \longrightarrow Fe^{2+} + 2H_2O$

　　$lg\alpha Fe^{2+} \longrightarrow 13.29 - 2pH$

⑧ $Fe(OH)_2 \longrightarrow FeO_2H^- + H^+$

　　$lg\alpha FeO_2H^- = -18.30 + pH$

⑨ $Fe(OH)_2 + 3H^+ \longrightarrow Fe^{3+} + 3H_2O$

　　$lg\alpha Fe^{3+} = 4.84 - 3pH$

⑩ $FeO_2H^- + 3H^+ + 2e \longrightarrow Fe + 2H_2O$

$\varepsilon_{(10)} = 0.493 - 0.0886pH + 0.0295lg\alpha FeO_2H^-$

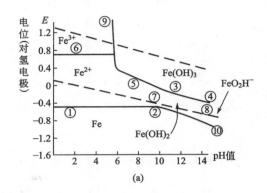

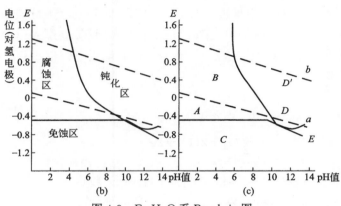

图 4-3　Fe-H_2O 系 Pourbaix 图

一般规定溶液内金属离子$\leqslant 10^{-6}$mol/L 时，作为金属不腐蚀的界限，图 4-3(a)中①-③-⑩线以下金属 Fe 是热力学稳定的，而其氧化物、氢氧化物是不稳定的，因此 Fe 是不可能腐蚀的，故称作免蚀区。在①-②-⑦-⑤-⑨范围内，Fe 是热力学稳定的，故称腐蚀区；在④-②-⑤线以上，铁表面生成固体膜，Fe 的腐蚀受到阻碍，称作钝化区 [图 4-3(b)，图 4-3(c)]。

利用图 4-3 可以判断铁处在一定电位和 pH 条件下所处的状态，图 4-3(c)中 a、b 虚线分别表示与 H_2 和氧平衡时溶液的氧化还原电位，a 线以下 H_2 处于稳定态，a 线以上 H^+ 处于稳定态，b 线以上 O_2 处于稳定态，b 线以下 H_2O 处于稳定态，下面我们分析图 4-3(c) 中 A、B、C、D、E 五点的电极反应：

A 点：

阳极：
$$Fe \longrightarrow Fe + 2e$$

阴极：
$$2H^+ + 2e \longrightarrow H_2$$

电池反应：
$$Fe + 2H^+ \longrightarrow Fe^{2+} + H_2$$

A 点是 Fe 和 H_2 的稳定区，因此电极反应一方面是铁的离子化，另一方面是氢气的生成，这正是铁在一些较强酸性介质中的腐蚀情况。

B 点：

阳极：
$$Fe \longrightarrow Fe + 2e$$

阴极：
$$\frac{1}{2}O_2 + 2H^+ + 2e \longrightarrow H_2O$$

电池反应：
$$Fe + \frac{1}{2}O_2 + 2H^+ \longrightarrow Fe^{2+} + H_2O$$

B 点处于 Fe^{2+} 和 H_2O 稳定区，酸中的 H^+ 被 O_2 氧化（吸氧反应）生成水。铁在一些氧化性酸中的腐蚀即属这种情况。

C 点处在免蚀区，Fe 处于稳定状态，不发生电极反应。

D 点：

阳极反应由三个反应组成：
$$Fe \longrightarrow Fe^{2+} + 2e$$
$$H_2O \longrightarrow H^+ + OH^-$$
$$Fe^{2+} + 2OH^- \longrightarrow Fe(OH)_2$$

阳极总反应为：
$$Fe + 2H_2O \longrightarrow Fe(OH)_2 + 2H^+ + 2e$$

阴极：
$$\frac{1}{2}O_2 + 2H^+ + 2e \longrightarrow H_2O$$

电池反应：
$$Fe + \frac{1}{2}O_2 + H_2O \longrightarrow Fe(OH)_2$$

D 点就是钢筋在混凝土中所处的状态，这里较之 D 点电位升高（氧的分压高），将继续发生氧化作用：
$$Fe(OH)_2 + \frac{1}{2}O_2 + H_2O \longrightarrow 2Fe(OH)_2$$

在氧缺少的情况下 $Fe(OH)_2$ 和 $Fe(OH)_3$ 共存，在强碱性条件下，这种产物能生成致密而又附着力强的保护膜，从而防止铁进一步腐蚀。这种钝化膜的存在，正是钢筋在混凝土中通常不受腐蚀的原因，也是铁怕酸而不怕碱的道理。

E 点：

由于 pH 太高，生成的 $Fe(OH)_2$ 发生溶解形成 FeO_2H^-，这就是通常所说的碱脆。

通过以上分析得知，Pourbalx 图从热力学平衡的角度对金属腐蚀进行了很好的阐明，在解释腐蚀原理和解决实际腐蚀问题方面都有着重大价值，它的使用价值可归纳为三个方面：

① 预测金属在一体系中腐蚀能否发生；

② 估计腐蚀产物的组成；

③ 预示防止腐蚀的途径。

如阴极防护，即是将电位降到"免蚀区"使金属处于稳定状态而不再受腐蚀的重要电化学防护方法。

应该指出，Pourbaix 图（理论图）仍有其局限性，首先它是根据热力学的数据绘制的，只能表示出反应能否进行，而不能给出腐蚀速度的大小。而腐蚀可能性与腐蚀速度并不完全一致，如 Ti、Al 等，在热力学上有较大的腐蚀倾向，然而实际腐蚀却很小；另外，Pourbaix 图的先决条件是金属与溶液离子间、离子与含离子的腐蚀产物间是处在平衡状态的，然而实际上的腐蚀过程恰恰是在不平衡条件下进行的，就 pH 而言，也是随腐蚀过程的进行而变化的。因此 Pourbaix 图与实际腐蚀体系间存在着差异，机械地套用 Pourbaix 图也许会导致不正确的结论，最后，这种图虽然能预示生成体积腐蚀产物，但对生成的性质、生成位置及其对基体金属的保护性能等不能给出确切的结论。许多问题还必须依据电极过程的动力学研究解决。

4.6.2　钢筋腐蚀的电化学过程

许多因素能促使混凝土中的钢筋由钝化状态变为活化状态，而活动区域往往是由微小的局部开始（阳极区），而其周围仍处于钝化状态的部位起着阴极的作用。图 4-4 示出了钢筋电化学腐蚀的示意图，可能的阳极反应及其产物视电位、pH 而定，主要的阴极反应是氧的去极化过程。

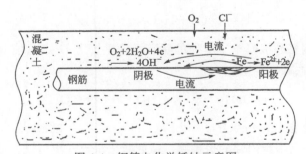

图 4-4　钢筋电化学锈蚀示意图

钢筋处在混凝土中，我们还应对氯离子引起钢筋锈蚀的机理予以认识。氯离子引起钢筋锈蚀，其作用是破坏钢筋钝化膜。混凝土本来属于碱性材料，其孔隙溶液的 pH 值为 12～14，因而对钢筋具有较好的碱性保护作用，有利于钢筋表面形成保护钢筋的钝化膜，但这种钝化膜只有在高碱环境中才是稳定的。假如四周环境 pH 值降到 11.8 时，钝化膜就开始变得不稳定，当 pH 值继续降到 9.88 时，钝化膜就开始变得难以生存或逐渐破坏，使得进入混凝土中的氯离子吸附于钝化膜处，并使钝化膜的 pH 值迅速降低，逐步酸化，从而使得钝化膜被破坏，形成腐蚀电流。无论混凝土碳化还是氯离子侵蚀，都可以引起钢筋部分锈蚀，在钝化膜破坏处有腐蚀电流产生，在钝化膜破坏与未破坏区之间存在电位差，有宏电流产生，但微电流要比宏电流大得多。又因为氯离子的存在大大降低了混凝土的电阻率，并且氯离子和铁离子的结合可以形成易溶于水的氯化铁，从而加速了腐蚀产物向外的扩散过程，并由于宏观腐蚀电流在钝化膜破坏区边缘最大，使得靠近钝化区的边缘的局部钝化膜破坏。

正是由于混凝土结构中氯离子的存在，大大降低了阴、阳极之间的欧姆电阻，强化了离子通路，提高了腐蚀电流的效率，从而加速了钢筋的电化学腐蚀过程，氯离子对混凝土中钢筋锈蚀更严重更快速。而氯化物是钢筋的一种活化剂，它能置换钝化膜的氧而使钢筋发生溃烂性腐蚀，而氯盐是高吸湿性的盐，它能吸收空气中的水分变成液体，从而使氯离子从扩散作用变成渗透作用达到钢筋，透过保护区去腐蚀钢筋。氯离子导电作用：正是由于混凝土结构中氯离子的存在，大大降低了阴、阳极之间的欧姆电阻，强化了离子通路，提高了腐蚀电流的效率，从而加速了钢筋的电化学腐蚀过程。

同时，氯离子的阳极去极化作用，使氯离子不仅促成了钢筋表面的腐蚀电流，而且加速了电流的作用过程，阳极反应过程 $Fe-2e \longrightarrow Fe^{2+}$，假如生成的 Fe^{2+} 不能及时搬运而积累于阴极表面，则阴极反应就会因此而受阻，相反，假如生成的 Fe^{2+} 能及时被搬走，那么，阳极反应过程就会顺利乃至加速进行，Cl^- 与 Fe^{2+} 相遇就会生成 $FeCl_2$，Cl^- 能使 Fe 消失而加速阳极过程，通常把阳极过程受阻称作阳极极化作用，而加速阳极过程者，称作阳极去极化作用，氯离子正是发挥了阳极去极化作用的功能。应该说明的是，在氯离子存在的混凝土中，钢筋通常的锈蚀产物很难找到 $FeCl_2$ 的存在，这是由于 $FeCl_2$ 是可溶的，在向混凝土内扩散碰到氢氧根离子，立即生成 Fe^{2+} 的一种沉淀物质又进一步氧化成铁的氧化物，即通常说的"铁锈"，由此可见，氯离子只起到了"搬运"的作用，而不被消耗，也就是说进入混凝土的氯离子，会周而复始地起破坏作用，而不被耗完。

氯离子与水泥的作用也形成对钢筋锈蚀的影响，水泥中的铝酸三钙，在一定条件下，可与氯盐作用生成不溶性"复盐"，从而降低了混凝土中游离氯离子的存在，从这个角度讲，含铝酸三钙高的水泥品种有利于抗氯离子的侵害，海洋环境中优先选用铝酸三钙含量高的普通硅酸盐水泥，然而，复盐只有在碱性环境下才能生成和保持稳定，当混凝土的碱度降低时，复盐会发生分解，重新释放出氯离子来。经钢筋锈蚀实验不难发现，假如大面积的钢筋表面上具有高浓度的氯化物，则氯化物所引起的锈蚀是均匀的，但是在不均质的混凝土中，常见的局部锈蚀，导致点蚀。首先则是在很小的钢筋表面上，混凝土孔隙液具有较高的氯化物浓度，形成破坏钝化膜的具备条件，即形成小阳极。此时，钢筋表面的大部分仍具钝化膜，成为大阴极，这种由大阴极、小阳极组成的锈蚀电偶，由于大阴极供氧充足，使小阳极上的铁迅速溶解而产生沉淀，小阳极区局部酸化，同时，由于大阴极区的阴极反应，生成氢氧根离子，pH 值增高，氯离子提高了混凝土的吸湿性，使得阴极与阳极之间的混凝土孔隙的欧姆电阻降低，这几方面的自发变化，将使上述局部锈蚀电偶得以自发地向局部深入并继续进行。

氯离子进入混凝土通常有两种途径：其一是掺入含有氯盐的外加剂，使用海砂，施工用水含氯盐，浇筑混凝土时，在含盐环境中搅拌；其二是渗入环境中的氯盐通常通过混凝土的宏观、微观缺陷，渗入到混凝土中并达到钢筋表面，直接或间接破坏混凝土的包裹作用及钢筋钝化的高碱度两种屏障，使之发生锈蚀，继而锈蚀产物体积膨胀，使混凝土保护层开裂与脱落（在海洋环境中的水下混凝土结构大都是这种情况）。

4.7 混凝土中钢筋腐蚀实验室电化学综合诊断

4.7.1 实验室钢筋腐蚀综合诊断

图 4-5 给出了对钢筋混凝土试样所进行的试验室测量回路及仪表，图 4-6 是现场测量示意图，图 4-7 是在结构物表面进行的双电极电位梯度的测量，所用伏特计内阻应高（$10^7 \sim 10^{14} \Omega$），参比电极可选用硫酸铜电极、甘汞电极或氢化汞、氧化铝电极等。局部剥露的钢筋应事先打光，一切接触均应良好。

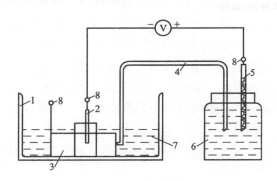

图 4-5　电解池示意图

1—电解池；2—钢筋混凝土试块（阳极）；3—环状辅助电极（阴极）；4—玻璃盐桥；
5—参比电极（甘汞电极）；6—饱和氯化钾溶液；7—试验溶液；8—导线插孔

（1）依据自然电位对钢筋锈蚀进行判断的准则　虽然一些国家已制定出了判断钢筋锈蚀的电位标准值（范围），但由于电位的变动受许多复杂因素影响，钢筋锈蚀程度还取决于腐蚀速度和持续的时间（结构物使用年限）等，这是电位所不能明确反映出来的，我们的实践也证明判断准则均有其相对性，在良好的操作

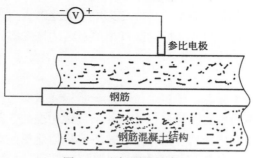

图 4-6 现场测量示意图

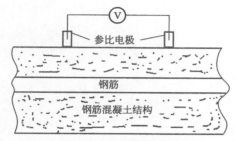

图 4-7 电位梯度测量

条件下，可具有 70%～80% 的可靠性，因此，应该在大量实践中进一步灵活运用这些准则和提高其准确性。

① 美国标准（ASTM875—77），见表 4-22。

表 4-22 美国标准（ASTM 875—77）

混凝土中钢筋电位(对硫酸铜电极,下同)/mV	高于-200	-200～-350	低于-350
判别	90%不腐蚀	不确定	90%腐蚀

② 日本判别举例，见表 4-23。

表 4-23 日本判别举例

混凝土中钢筋电位/mV	高于-300	局部低于-300	全部低于-300
判别	不腐蚀	局部腐蚀	全面腐蚀

③ 德国判别法

a. 参照美国标准；

b. 在沿钢筋混凝土表面上进行电位梯度测量，若两电极间距≤20cm 时能测出 200～150mV 电位差来，则电位低的部位判作腐蚀

（2）自然电位方法的优缺点分析

① 优点：

a. 方法简单迅速，不需用复杂的仪表调试，操作简便，适合工程现场使用。

b. 测量过程基本上是非破坏性的，不影响正常生产。

c. 在积累一定经验和大量数据的基础上能对结构物的腐蚀情况做出判断和具有一定可靠性。

② 缺点：

a. 在微电池腐蚀情况下，自然电位实际上是钢筋表面电位的综合平均值，它只能反映出钢筋表面的状态和倾向而不能给出腐蚀速度的数据。因此，根据自然电位对钢筋的锈蚀只能做出初步定性判断，不能做出定量的判断。

b. 自然电位的变化受许多因素影响，特殊情况下，电位变负不一定表明腐蚀严重（如深海中混凝土中钢筋的情况），因此，电位有时只能作参照而不能做唯一判断依据。

c. 实际测量中，误差来源较多。其中最主要的是混凝土保护层电阻的影响。一般情况下，钢筋的真实电位 E 并不等同仪表所反映出的测量电位 V，二者关系可由公式(4-1)表达：

$$E = V \times \frac{r+R}{r} \tag{4-1}$$

其中　r——伏特计的内阻；

　　　R——测量回路中外路电阻。（主要由混凝土层的电阻构成）。

由式(4-1)可以看出，只有当外路电阻很小而伏特计的内阻很大时（$r \gg R$），电位测量值才能最大限度地接近真实值。因此，一方面需要选用内阻尽量大的伏特计（$10^7 \sim 10^{14} \, \Omega/V$），另一方面应设法减少外路电阻的影响，特别是混凝土保护层电阻的影响。尽管这样，混凝土层厚不均匀，干湿程度不同等，仍然会给测量带来误差。此外，参比电极选择和使用不当也能造成误差。

（3）用钢筋混凝土试样做阳极极化曲线

一般用水泥砂浆做成特定的试样，然后在特定溶液中作它的阳极极化曲线。可以在脱模后湿状态下，也可在经 28d 养护后做，而后者更接近实际情况，故更多采用。

这样做法的优点是：钢筋所处的环境更加真实，克服了用 $Ca(OH)_2$ 液模拟所带来的问题；对于检验影响因素的作用更加实际，特别是用以做对比试验，能获得较真实可靠的数据。

主要缺点是：

① 试样制作要求严格、统一，否则将带来数据的分散性和重现性不好的问题；

② 由于钢筋周围存在一定厚度的保护层，致使参比电极不能接近钢筋表面，这样 IR 降的影响是一个突出的问题，而且用目前国内通行的测量仪器较难消除和控制 IR 降的影响，所得的阳极极化曲线存在一个"失真"问题（图 4-8）。

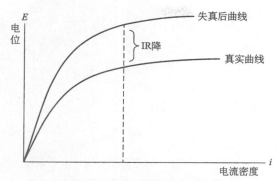

图 4-8　IR 降对阳极极化曲线测量的影响

　　在阳极电流很小时，IR 降影响不大，故极化曲线的初期阶段是接近真实的，这一段曲线的可用性更强，对于比较试验来说，整个曲线的趋势仍然是可比较的。

　　由于用钢筋混凝土试样所作极化曲线存在"失真"问题，故定量计算腐蚀速度也同样是"失真"的或只有相对的意义，一些研究者正在用改进试验装置和合理设计安装参比电极等方法，控制"失真"问题，并取得初步进展。美国 E. Escalante 与日本 S. Ito 等人用电化学方法测量钢筋腐蚀速度，并与失重法（长期曝置试验）进行了对比。结论是两种方法的基本趋势是一致的，但电化学方法所测得的腐蚀速度一般较失重方法高，最好的情况下，两者相差 17%。

　　（4）外加电流加速试验检测评估

　　① 方法的实施及应用　混凝土中钢筋在一定量的阳极电流作用下，经过一定周期（潜伏期）之后便开始腐蚀，其腐蚀速度与阳极电流成正比。因此，对混凝土中的钢筋施加阳极电流（阳极极化），能达到对钢筋加速腐蚀试验的目的，这是在阳极极化的基础上发展起来的新型试验方法。该方法起始于美国工程师 R. P. Broun 等最早提出的报告。

　　通常钢筋混凝土试样的腐蚀试验多采用环境曝置及模拟方法（干湿交替、冷热循环、加速碳化等），有的需要半年或三年以上的试验周期。并且所得结果仍然具有相对性。外加电流方法可在数天或数十天内获得可观察的试验结果，这就大大缩短了试验周期，这是该方法的又一突出优点。

　　R. P. Broun 试验是把钢筋混凝土试样作为阳极，在辅助阴极之间施加约 6V 直流电压，每天进行电流电阻测量与观察，一直到混凝土表面出现裂纹为止。

　　R. P. Broun 的报告中提出了三种评价方法：①以试样开裂时间作为腐蚀破坏的判断标准；②以电流的突然上升作为腐蚀破坏的判断标准；③以电阻值的变化作为耐蚀性判断标准。其中以混凝土出现开裂的时间作为主要判断依据。

　　图 4-9 是电流突变的典型情况。据此可判断为第 6 天是试样破坏时间。

　　② 表 4-24、表 4-25 列出了用外加电流法进行评定的部分数据，可以看出，

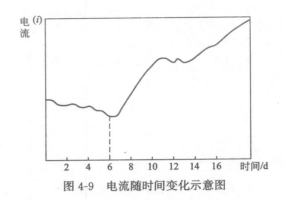

图 4-9　电流随时间变化示意图

该方法可进行许多目的的检验、评定工作。

表 4-24　检查混凝土中 Cl⁻ 的影响

目的	含量/(kg/m³)	开裂时间/d	电阻/Ω
检查 Cl⁻ 的影响（混凝土中）	0.76	127	804
	0.916	143	830

表 4-25　检查钢筋表面的影响

目的	涂层种类	开裂时间/d	电阻/Ω
检查钢筋涂层效果	0	1.5	270
	镀锌	28.7	794
	环氧	434	6565

③ 本方法的优、缺点分析

a. 优点：简单、快速、大大缩短试验周期，是新近发展起来的关于钢筋腐蚀加速试验的方法；能用于多种目的的检查评定，如混凝土组分对钢筋锈蚀的影响，各种外加剂的影响，工艺方法和养护制度的作用，防护方法的有效性等。

b. 缺点：

（a）外加电流（电压）的值必须控制在一个合理范围内，电流（电压）太小，加速作用缓慢，周期长，而电流（电压）过大则会带来一系列严重"失真"的问题，从腐蚀机理上脱离自然腐蚀状态，较大的电流将引进混凝土本身物理、化学性质的剧烈变化；产生热效应等，其结果将导致加速试验与实际情况不符或相背离。

（b）腐蚀破坏的判断依据存在着明显的问题，如开裂时间，这是难于准确地观察和判断的。更重要的是，混凝土的开裂不仅与腐蚀本身有关，而且与混凝土的微观、宏观结构，物理化学性质等密切相关，众所周知，密实性差的混凝土中的钢筋应该较高密实性混凝土中更早地出现腐蚀。但在用外加电流作用下开裂时间来判断时，有时却会得出相反结果。这是因为密实性差的混凝土层存在着许多宏观和微观孔隙，它容许较大量的腐蚀产物扩散到这些孔内。因此，只有腐蚀很严重时才能产生足以引起开裂的胀应力；而密实性高的混凝土，由于腐蚀产物难于扩散，很快发生积累，产生胀应力，而使混凝土提前开裂，因此，从开裂时间上判断，有可能得出与实际情况不符的结果来。

电流一般均随时间而逐渐降低，只有个别情况下（如大量 Cl^- 存在），才在开裂后突然上升用以判别的电阻，实际上并不是一个真实的阻抗值，它包含了阴、阳极的极化阻力，即：

$$R=\frac{U}{I}=(E_{阴}+R_{外})$$

或
$$U=IR=E_{阳}+E_{阴}+IR_{外}$$

式中　R——用作判断的电阻；

$\quad U$——外加电压；

$\quad I$——外加电流；

$E_{阴},E_{阳}$——阴、阳极极化电位；

$\quad R_{外}$——电路电阻（包括混凝土、溶液等）；

$\quad IR_{外}$——由外路电阻引起的电压降。

可见，用以判别的 R 值是一个综合因素值，它的升降、高低并不总是能说明阳极腐蚀情况的。外加电流法有其独到之处和良好的发展前景，存在的问题也必将在未来的发展中得到克服。

4.7.2　电化学综合评定法

（1）钢筋锈蚀评定仪　它是由冶金部建筑研究总院最早开发研制的，用以完成电化学综合测试和加速试验的专用仪器，主体由电源、控制和显示三部分组成，辅助部分是包括 15 个电解池的试验装置，本仪器能一次连续完成对 15 个钢筋水泥砂浆试样的自然电位、极化曲线和阳极电流的加速试验诊断（图 4-10）。

图 4-10　钢筋锈蚀评定仪

（2）试样制作及处理　标准试样：即"空白"试样，如欲评定外加剂时将不掺外加剂者作为"空白"，以资对比，其余如水灰比、制作工艺、养护制度等均与待查试样完全相同。所有试样均经 28d 养护后再进行评定试验，以期最大限度地接近实际。

（3）自然电位的测量与数据处理　用钢筋锈蚀评定仪测取试样的自然电位，应待基本稳定后进行。一般取三个试样的平均值，但在个别试样偏离较大时，可舍之取其余试样的平均值，若各平行试样电位分散性很大，说明试样制作不合格，必须重新制作试样，再行试验。

（4）极化曲线的测量和绘制　自然电位测定后，对每个电解池在给定电压下进行阳极极化。待电流、电位基本稳定后（一般 3~5min）记录数据，直至给定电压达到 +1200mV 为止。

同时绘出一组（3~5 个平行试样）试样的阳极极化曲级，若均较接近，则取其中间者为代表，若个别偏离较远，应予舍之，取其余较接近者中一条为代表。（若各平行试样的离散性很大，必须重换试样）每组各取一条绘于同一图上，若各组间尚看不出差别或差别不大，也可在阳极加速试验后（1~2d）再做一次极化。

（5）阳极加速试验　阳极极化测完后，在恒电压下保持阳极状态，每天至少测 2~3 次电位和电流，一般至第七天为止，绘制电位、电流随时间变化曲线（以电流为主），并破样检查各组试样的腐蚀程度。

（6）综合电化学诊断的判断依据与准则

① 自然电位的判断　用普通硅酸盐水泥制作的标准砂浆试样，在水溶液中的自然电位一般在 0~-250mV 范围内（对比饱和甘汞电极，下同），此时钢筋处于钝化状态。当混凝土种类或组分变化、加入外加剂或环境变化后，其自然电位也随之变化。一般来说，电位负向变化说明钢筋钝态被破坏或不发生钝化，其判断准则列于表 4-26。

表 4-26　自然电位判断准则

电位/mV	0~-250	-250~-400	低于-400
判别	不腐蚀	坑蚀或不确定	腐蚀

应该指出，自然电位的变化取决于许多复杂因素，目前国内外还没有统一差别标准，在综合试验方法中只能起到初步判别的作用。

② 极化曲线的判别　阳极极化曲线是在相对稳定的条件下测得的，主要以标准试样的阳极极化曲线为参照，凡阳极极化程度高于标准曲线者，说明该组试样中钢筋不腐蚀（耐蚀程度高）。相反，低于标准曲线者说明钢筋耐蚀性低，依据阳极极化程度的不同，能区分出各组试样中钢筋耐蚀程度的差

别（图 4-11）。

（7）阳极加速试验的判别

① 电流、电位随时间变化趋势　在恒电压下持续阳极加速试验，钢筋表面将发生复杂的电化学反应，并可能伴随有氧的析出和钢筋周围 pH 的下降，经过一定试验周期（潜伏期）之后钢筋将开始腐蚀。阳极反应的性质及速度、pH 变化速度，均与钢筋周围混凝土的性质密切相关，凡促进阳极反应，或使 pH 迅速下降，或有利于离子和腐蚀产物扩散者，其阳极电流将随时间增大（或极化电位下降），相反，凡能抑制阳极过程的因素，则使阳极电流随时间而下降（或极化电位增高）。因此，根据电流、电位随时间变化趋势并与标准试样作对比，可以判别各组试样耐蚀性方面的差异（图 4-11）。

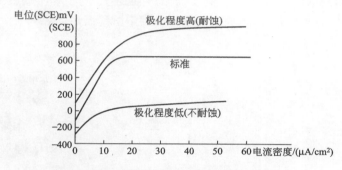

图 4-11　用阳极极化曲线区分试样的耐蚀程度

② 阳极加速试验后的破样检查　以上试验是以电化学检测为判断依据，为能达到直观地检查钢筋表面的腐蚀情况，试验完毕后进行破样检查。

加速试验周期一般为七昼夜。在此之后试样检查："空白"试样无锈或极轻微锈蚀，待查试样若与"空白"试样相同或更好，说明对钢筋无影响或有缓蚀作用；若出现不同程度的腐蚀则能直观地区分开来。为描述腐蚀程度，采用六级分类法：

0 级　不腐蚀；

1 级　极轻微锈蚀或个别小锈点；

2 级　有明显锈点，锈蚀面积<5%；

3 级　成片锈蚀区，锈蚀面积<20%；

4 级　大面积重锈蚀，锈蚀面积 20%～50%；

5 级　严重腐蚀，面积>50%。

以上各种检测和破样检查的综合方法是：各项均显示对钢筋无影响则可结论为无影响；各项均显示对钢筋有加速腐蚀作用，则可结论为对钢筋有腐蚀作用；各项显示不完全一致时，一般应以初始极化曲线和加速试验结果进行判断，但在评定阻锈剂的影响时要在了解分析阻锈剂的性质和作用机理的基础上分析判断。

4.7.3 实验室电化学综合诊断方法的评估应用

已经开展了一系列试验验证了综合诊断评估方法的可靠性，包括平行试验的一致性，重复试验的重现性以及与工程实践、有关规范规定、常用环境模拟试验等相对比的相符性。

（1）几种外加剂性能的验证试验

① JN减水剂　以往的试验和几年的工程应用中均表明，该减水剂对钢筋无锈蚀影响。我们用含1%JN减水剂的试样，进行了综合评定，并以半浸试验作为对比。结果表明，该减水剂对钢筋确无锈蚀影响，与工程实践及常规试验的结论是一致的（图4-12）。以下为电化学综合评定试验照片。

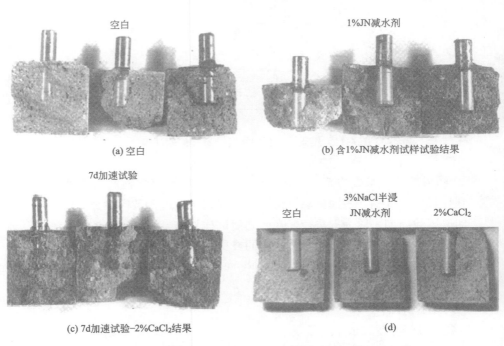

(a) 空白

(b) 含1%JN减水剂试样试验结果

(c) 7d加速试验-2%CaCl₂结果

(d)

图4-12　长期试验（一年）矿渣水泥2%NaCl半浸试验

② 木钙减水剂、亚硝酸钠阻锈剂　以往的试验及工程应用中，均表明木钙减水剂对钢筋不产生锈蚀影响，而亚硝酸钠通常作为阻锈剂可防止或减缓钢筋的锈蚀作用。

我们用综合评定试验进行验证，并与长期半浸试验做了对比，取得了较好的验证结果（表4-27、图4-13），但亚硝酸钠的阻锈作用尚体现不充分。

表 4-27 加速实验与长期实验结果对比

编号		0	1	2	3	4	5	6
内容		空白	1% CaCl$_2$	1% NaNO$_2$	0.5% 亚胺	1% CaCl$_2$、0.5% 亚胺	1% 木钙、0.5% 亚胺	1% 1% 木钙 0.5% 亚胺
腐蚀程度分类	长期试验	0~1	2~3	1~2	0	0~1	0	0
	加速试验	0~1	3~4	1~2	0	1~2	0	0

图 4-13 加速实验与长期实验结果对比

（2）粉煤灰作为水泥掺合成分对钢筋影响的检查及验证实验 粉煤灰掺于水泥中，借以节省水泥和改善混凝土性能，这已在国内广泛应用，但掺入粉煤灰后会降低混凝土 pH，使混凝土易碳化等。这将对钢筋不利，其影响程度还与粉煤灰的组成、质量等相关联，因此，在水泥中的掺合量要有一定限制。国内外有关标准规定，粉煤灰掺加量不应超过水泥重量的 30%。为此，我们用综合加速度实验进行了验证，实验表明掺加量<30% 时确无腐蚀现象，而>45% 时腐蚀严重（图 4-14）。

图 4-14 7d 电化学加速试验结果

自然电位看不出区别，而极化曲线区分明显（图 4-15）。加速试验后的破样检查更能区分清楚。

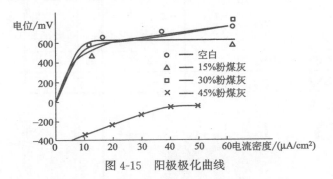

图 4-15　阳极极化曲线

（3）某高硫酸盐水泥配方及日本某外加剂对钢筋锈腐蚀作用的评定和硫酸钠作为外加剂的验证　在研究高硫酸盐水泥配方的过程中，按组分间化学反应的理论计算，加入硫酸钠（≥9%）预计不应该有剩余的硫酸根（SO_4^{2-}），同时加入日本某外加剂（据日方称该外加剂对钢筋无锈蚀影响）。然而，在以后的环境暴置实验乃至 28d 养护之后破样检查中，均发现钢筋明显锈蚀，在此之后用综合评定法进行了实验，其结果如下：

① 自然电位表明，此配方的高硫配盐水泥（空白）及加日本外加剂者，其电位均较通常的矿渣水泥负向变化较大（处于不完全钝化或不钝化状态，表 4-28）。

表 4-28　自然电位（三试样平均值）

编号	0	1	2
标记	空白	矿渣	S-E
内容	高硫酸盐水泥	普通矿渣水泥	高硫酸盐水泥加入日本外加剂
电位/mV	−402	−137	−420

② 阳极极化曲线表明，高硫酸盐水泥（空白）及加入日本外加剂者，阳极极化程度很低，说明促进钢筋的阳极过程［图 4-16(a)］。

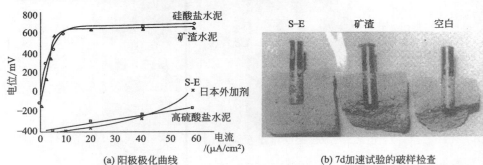

(a) 阳极极化曲线　　　　　　　　(b) 7d加速试验的破样检查

图 4-16　钢筋腐蚀试验

③ 加速试验更进一步证实，按此配方的硫酸盐掺量肯定对钢筋有腐蚀作用，加入日本外加剂后腐蚀更趋严重，说明日本外加剂也有加速钢筋腐蚀的作用 [图 4-16(b)]。

综合试验结果与实际相符，说明硫酸钠掺量大时，确有锈蚀作用，而日本外加剂加入后锈蚀作用加强（此外加剂也含有硫酸盐），目前已重新调整配方并不采用日本外加剂。

硫酸盐作为普通水泥外加剂已应用多年，一般用量不超过 2%，以往长期试验（六年）结果表明，硫酸钠加量≤2%时未发现对钢筋有锈蚀影响，甚至 4% 也没有明显锈蚀。

综合试验表明，当硫酸钠加量≤2%时，基本上钢筋不锈，加量在 3%～5% 范围内有锈点出现（图 4-17），这与长期试验基本相符。

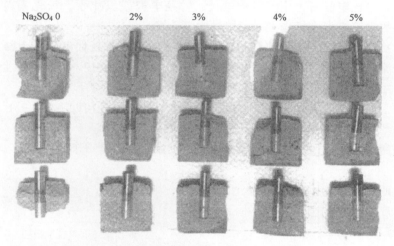

图 4-17　不同硫酸钠含量的 7d 加速试验结果

4.8　现场钢筋混凝土结构无损诊断评估

4.8.1　钢筋锈蚀综合诊断

电化学测试技术的迅速发展，为此类现场检测提供了有利条件，用电化学方法研究钢筋在混凝土中的行为以及遭受外界有害离子影响时的行为变化规律，将为钢筋腐蚀的检测和腐蚀破坏的判断提供有力的依据。

（1）现场预埋试样的阳极极化曲线　为了把电化学技术应用于工程中，以检测监控结构物在使用条件下的腐蚀情况，及时对结构物的耐久性做出评价，研究人员及工程人员在钢筋混凝土结构物的设计、施工中，就在适当部位预埋一定数量的标准钢筋试样，使这些试样与结构物中的钢筋处于相同的条件下，定期测量预埋试样的阳极极化曲线，可以对比腐蚀发展情况和计算腐蚀速度。此方法的发展和应用，为建筑物在整个使用期内的腐蚀及发展情况，提供了良好的非破损性评价方法。其不足之处是钢筋试棒并不完全等同于结构物中的钢筋，如钢筋大多是互相连接的，有构成宏观电池的可能，而钢筋试棒是单独存在的，几乎不能反映宏观电池的影响。此外，欲评价整个结构物的腐蚀情况，必须有足够数量的预埋试棒。且位置的布局也很有关系。

很明显，该方法只能用于新建结构，对于已有结构物的评价，只好做成钢筋混凝土试样，与结构物处于同样环境中进行长期试验了。

在工程现场，合理安装钢筋试棒与参比电极。也可用测量极化电阻的方法，对结构物的腐蚀情况进行检测和监控。

在结构物表面进行的双电极电位梯度的测量，所用伏特计内阻应高（$10^7 \sim 10^{14}\Omega$），参比电极可选用硫酸铜电极、甘汞电极或氢化汞、氧化铝电极等。局部剥露的钢筋应事先打光，一切接触均应良好。

（2）其他方法　定量地测定钢筋腐蚀速度，还有其他电化学方法，如三点法、交流阻抗法等。并且正在发展中，但由于比较复杂些，目前不如上面提及的方法应用广泛，这里不再详述。

用钢筋制作电阻棒法，虽不属于电化学范畴，但有相近之处，并已见于工程应用。现简单介绍如下：

用钢筋制作成尺寸严格的标准试棒，该棒的电阻是一个定值，即

$$R = PL/S$$

式中　R——试棒电阻；

　　　P——钢筋电阻率（已知）；

　　　L——试棒长度（特定，已知）；

　　　S——试棒截面积（特定，已知）。

当试棒表面受腐蚀后，截面积发生变化，故试棒电阻也随之变化，这样依据电阻变化，可预示钢筋断面损失情况（即腐蚀程度）。

将标准电阻棒预埋在结构物中，引出导线，定期测量其电阻值的变化，可达到在使用期限内对结构物进行腐蚀检测及监控的目的。

本方法简单易行，但也存在精确度不高的问题，这是因为钢筋腐蚀的类型很多。不一定都是均匀腐蚀，用电阻棒所测量结果不能判断腐蚀类型，所换算的腐蚀速度也只是相对准确，此外，电阻将受到温度变化的影响。

4.8.2　混凝土中钢筋腐蚀无损现场诊断

钢筋腐蚀状态的测定主要是用自然电位法，许多国家采用此技术对已有结构进行检测，美国已制定出有关标准，表 4-29 给出了自然电位法的判别准则，本方法只能定性地描述钢筋腐蚀的可能性，不能给出腐蚀速度的数据。

表 4-29　自然电位法的判别准则

钢筋自然电位(硫酸铜电极)/mV	0～－200	－200～－350	低于－350
钢筋腐蚀判别	钝化状态	50%腐蚀可能性	95%腐蚀可能性

由于钢筋腐蚀与混凝土的电阻率有关，英国制定出用测定混凝土电阻率的方法，间接预测钢筋腐蚀可能性，钢筋腐蚀判别见表 4-30。

表 4-30　钢筋腐蚀判别

混凝土电阻率/Ω·cm	腐蚀可能性
>12000	不腐蚀
5000～12000	可能腐蚀
<5000	肯定腐蚀

已往的这些方法和技术，虽然没有定量地给出钢筋腐蚀速度的确定方法，但明确了现场混凝土中钢筋腐蚀速度的相关因素，即钢筋腐蚀速度与钢筋表面自然电位、极化程度、混凝土电阻率等综合因素相关联，我们的任务便是寻求一种现场可用的方法与仪器，力图达到能定量描述钢筋的腐蚀速度的目的。

4.8.3　现场诊断实例

为使用方便，我们制定了依据综合电流值对钢筋腐蚀速度进行判别的暂行规定，见表 4-31。

表 4-31　依据综合电流值对钢筋腐蚀速度进行判别的暂行规定

综合电流 $I/\mu A$	<15	16～30	31～100	>100
腐蚀速度/(mm/a)	<0.003	0.003～0.006	0.006～0.02	>0.02
速度分级	慢速	中速	快速	特快

我们对几个工业厂房中钢筋混凝土柱、梁等钢筋腐蚀情况进行了电化学综合法的电流测量，初步证明，此方法是可用的。表 4-32 是某厂酸洗车间的部分测量结果，表 4-33 给出了某冶金厂的部分测量结果。

表 4-32　某厂酸洗车间中钢筋混凝土柱梁等钢筋腐蚀情况的测量结果

结构名称及编号	测点数量	综合电流 $I/\mu A$	备注
副跨 6 号柱	6	<2	酸洗车间副跨基本不接触酸气
2 号柱	6	<2	
主跨 D_2 柱	3	60	酸气侵蚀混凝土表层有粉化、剥落现象，有裂纹，表面可见钢锈产物
A_2	3	104	
A_9	3	78	

表 4-33 给出的数据是生产硫酸铵的车间，由于跑冒滴漏等因素，主要承重

柱的根部，受到严重腐蚀破坏，直观检查可以看到混凝土开裂、脱落、粉化等现象，有的钢筋外露，锈皮厚度 3mm 以上，有的箍筋锈断，这些部位仍以很大腐蚀速度在继续腐蚀，而在离开地面（楼面）40cm 以上，混凝土表面已看不出腐蚀迹象，像这样"烂根"的柱子一定要进行修补加固处理，但需要处理柱子的数量、处理范围（如离地高度等）必须经过测量来确定和做出判断，这些测量结果，已作为该车间加固和防腐处理的指导依据。

表 4-33　某车间主要承重柱的腐蚀测量结果

柱号及位置	综合电流 $I/\mu A$	腐蚀速度/(mm/a)	判断
A_{6-1} 上部	<2	—	
下部	271	0.057	特快腐蚀
A_{2-2} 上部	36	0.0076	特快腐蚀
下部	420	0.088	特快腐蚀
A_{6-2} 上部	51	0.011	特快腐蚀
下部	182	0.033	特快腐蚀
A_{3-3} 根部	0.5	—	慢腐蚀
A_{2-4} 根部	1.1	—	慢腐蚀
B_{5-2} 上部	523	0.11	特快腐蚀
下部	147	0.031	特快腐蚀
B_{7-2} 上部	420	0.088	特快腐蚀
下部	1.0	—	慢腐蚀
B_{2-4} 根部	42	0.0088	快腐蚀
A_{2-340} 根部	0	—	不腐蚀
	12	0.025	特快腐蚀
	420	0.088	

4.9　地下钢筋混凝土结构杂散电流腐蚀损伤诊断

4.9.1　钢筋混凝土结构杂散电流腐蚀的电化学诊断

及时发现杂散电流对结构物的腐蚀破坏并判明其程度，是当前迫切需要解决的问题。以往没有检查方法和判断依据，只好靠挖开地下结构物进行破坏性检查，这样费时费力，甚至在生产条件下是不允许的。

（1）杂散电流对钢筋混凝土电腐蚀的评估　在对钢筋在混凝土中的极化行为和规律性进行了初步研究和了解的基础上，可以认为，当实际中的钢筋混凝土结构物遭到直流杂散电流影响时，可以用测量钢筋中的电流或钢筋的电位来预示杂散电流影响的大小、钢筋腐蚀程度等，实际中，测量钢筋中的电流密度，是不现实的，而测量其电位是可能的，而且在多数情况下可以实现非破坏性测量。但是，钢筋在混凝土中的极化行为，除取决于外电流大小外还与许多因素有关，如有害离子含量、环境湿度、结构物使用年限、混凝土的中性化程度（pH 值）乃至混凝土质量（如裂缝）、保护层厚度等。换言之，在同一阳极极化电位下，由于环境因素的不同，作用时间的差异，其钢筋阳极腐蚀程度是不完全相同的，这就是用电位作为判据的复杂性和相对性。此外，制定较为现实性的判据，单纯按试验室数据显然是不行的，必须与现场试验结合起来，通过一段试验摸索，可以初步得出以下结果：

① 依据混凝土钢筋的电位（与硫酸铜电极比较）可以直接做出如下判断：

a. 钢筋在混凝土中的正常电位（钝化）一般为 $-100 \sim -300$ mV，若测得正电位或低于 -1000 mV 的负电位时，则可断定有杂散电流影响的存在；

b. 据测得电位的正、负值，可断定结构物是阳极还是阴极；

c. 一般情况下，所测得电位值偏离正常电位越大，说明杂散电流影响越严重。

② 根据所测电位，需要进一步综合判断：

表 4-34 列出了某厂车间开挖检查后又进行电位测量的结果，可以看出，在潮湿条件下并存在一定量腐蚀因素时，在厂房使用 3 ～ 5 年之后，测得 $\geqslant +260$ mV 的钢筋电位时，已有阳极腐蚀现象，而电位 $+660$ mV 的部位，钢筋严重腐蚀，以致使混凝土胀裂。同时在测得 -2200 mV 的部位，由于析氢而导致混凝土层的大量裂纹（阴极破坏）；在另一铝厂，尽管生产 20 年以上，由于土壤干燥、防护良好，未发现腐蚀现象，钢筋电位基本正常。

表 4-34　某车间的电位测量结果

结构物名称	开挖检查情况	电位/mV
厂房外某埋设混凝土中之钢筋	未受电流影响	-300
15 号承重柱脚	混凝土层完好，钢筋未受腐蚀	-300
69 号柱脚	混凝土层完好，未腐蚀	-40
67 号柱脚 A 侧	钢筋轻腐蚀	$+260$
67 号柱 B 侧	钢筋重腐蚀，混凝土层开裂	$+500$
2 号槽支柱	混凝土裂纹	-2200
1 号槽支柱	混凝土裂纹	-1250

表 4-35 列出了钢筋混凝土试样在不同环境和电流强度影响下的电解试验结果，进一步验证了"潜伏期"的存在及腐蚀因素的影响。试验表明，在一定环境中，杂散电流的加和量达到某定值时，钢筋腐蚀便开始（潜伏期结束），表 4-35 中凡超过 $2000(\mu A/cm^2) \cdot d$ 电量均开始腐蚀，超过 $5000(\mu A/cm^2) \cdot d$ 时重腐蚀并混凝土层产生裂纹，根据钢筋混凝土在 0.5％NaCl 溶液中的阳极极化曲线，

电位为 +500mV 时的电流密度为 $3\mu A/cm^2$，按此计算达到腐蚀开始电量时需要的周期是：2000/3＝666（d），即约两年时间。此试验与现场情况不完全一样，但仍有参考意义。

表 4-35 钢筋混凝土试样恒电流电解加速试验

试验介质	钢筋电流密度 $(\mu A/cm^2)$	试验周期 /d	电流密度×周期 $/[(\mu A/cm^2)\cdot d]$	电解后试样检查	阳极电位 (参考)/V
土壤（潮湿、含盐）	40	58	2320	钢筋有腐蚀，混凝土无裂纹	+0.7～1.0
0.5%NaCl 水溶液	20	47	940	未腐蚀	+0.6～0.8
	200	10	2000	钢筋有腐蚀	+≥1.0
	200	11	2200		
	1750	5	8750	钢筋严重腐蚀，混凝土层开裂	+≥5.0
0.1%NaCl 水溶液	170	10	1700	未腐蚀	
自来水	130	10	1300	未腐蚀	+≥1.0
	1000		5000	钢筋重腐蚀，混凝土有裂纹	+≥5.0

③ 综合现场和试验室试验，对电极电位做以下几点规定：

a. 在潮湿环境，防护措施不佳的车间，其地下结构物在 3～5 年后若测得大于 +200mV 的钢筋电位，则视为已受到阳极电流腐蚀，若测得大于 +500mV 电位，则视为重腐蚀。所测电位越高，结构物使用年限越长，则腐蚀危害越大。

b. 在中等潮度，防护措施较好的车间，在使用年限 5 年以上若测得大于 +500mV 的钢筋电位，则视为有阳极腐蚀，而测得大于 +1000mV 则视为重腐蚀。

c. 在任何情况下测得阴极电位低于 -1500mV 而又使用 5 年以上的部位，均视为有阴极破坏存在，电位越负、年限越长则阴极破坏越严重。

（2）现场测试和评估应用举例

① 西北某厂车间结构物腐蚀破坏的非破坏性诊断　西北某厂车间几年前曾发现杂散电流对厂房结构物严重腐蚀并在使用 6 年后不得不加固处理。以往是开挖检查。在去年的安全大检查过程中，检查人员对厂房主要结构物（承重柱、阳极支柱等）的地下部分进行检测，然后选择四种类型进行开挖检查（即不腐蚀、轻腐蚀、严重腐蚀、阴极破坏），打开后观察钢筋腐蚀和混凝土破坏情况，与电位检测所预示情况完全一致，见表 4-36。

经过对厂房承重柱的检测表明，其中有 1/6 受到严重阳极腐蚀或阴极破坏，引起厂方高度重视并立即采取措施，以免发生不测故事。

表 4-36　电位预示与开挖检查对比

承重柱代号	测得电位/mV	据测量所做的判断	开挖后检查
1	+1400	严重腐蚀	严重腐蚀，混凝土开裂
2	+1780		
3	+400		
4	+580	轻腐蚀	钢筋有腐蚀，混凝土层完好
5	+670		
6	−350	不腐蚀	不腐蚀
7	−780		
8	−2300	阴极破坏	混凝土严重开裂
9	−11200		

　　② 车间结构物电位检测　某厂车间准备大修，对地下结构物是否遭受电流腐蚀及腐蚀程度不甚了解。我们前往进行了测量，见表 4-37。结果表明，除个别承重柱测得 +390mV 电位外，其余基本处于正常状态。考虑到该车间仅生产 3 年，虽有杂散电流影响但尚不严重。

表 4-37　某车间地下结构物检查结果

结构物名称	钢筋电位/mV	备注
厂外电线杆	−270	没有外电流影响，钝化状态
大门钢支承	−270	
1 号承重柱	−340	此处未生产
2 号承重柱	+390	受到阳极电流影响
其余承重柱	0～−450	基本正常

4.9.2　杂散电流腐蚀非破坏性评估诊断

　　(1) 目的及使用范围　本方法主要使用以检测由漏电引起的厂房、钢筋混凝土结构的地下部分的电腐蚀破坏情况。本方法也可应用于其他厂房同类目的的检测。

　　(2) 所用仪表

　　① 电压表：内阻 $\geqslant 10^7 \Omega/V$，能屏蔽强磁场干扰。

② 参比电极：一般采用饱和硫酸铜电极，精度≤±20mV。

③ 导线：能屏蔽强磁场干扰。

（3）测量

① 混凝土结构中钢筋电位测量

a. 如图 4-18 所示，将参比电极接到电压表的正端。并置于离结构物 1m 左右，预先润湿的地面上（与土壤直接接触）。

b. 将剥露的一段钢筋磨光（若有吊钩等外露，可不必剥露钢筋，而直接用吊钩取代），用电压表负端引出线的金属触头与光亮的钢筋触接。

c. 若电压表能读出数值，则此电位值为负，若指针反转，则调换电压表正负端引线，此时测量的电位值为正值。

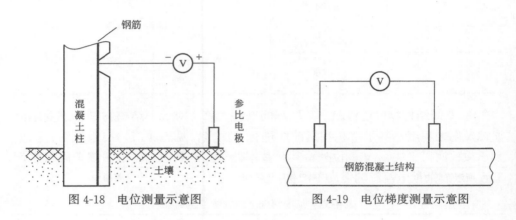

图 4-18 电位测量示意图　　　　　图 4-19 电位梯度测量示意图

② 电位梯度测量（图 4-19）　根据我们的试验和实践，提出如下判别标准，见表 4-38。

表 4-38　电位梯度测量判别标准

a	0～-300mV 不腐蚀
	-300～-400mV 有坑蚀可能
	低于-400mV 腐蚀
b	两电极相距 20cm，电位梯度为 150～200mV 时，低电位处判作腐蚀

③ 其他辅助测量

a. 系列各电解槽对地电压测量。

b. 系列各电解槽对其附近结构中钢筋的电压测量。

（4）判断准则　钢筋电位是判断电腐蚀破坏的主要依据，其他测量数据供参考。

① 根据钢筋电位鉴别，见表 4-39～表 4-42。

表 4-39　有无杂散电流影响的鉴别

所测钢筋电位/mV	鉴别
0～−300	无杂散电流影响
＞0	有阳极电流影响
＜−800	有阴极电流影响的可能
−400～−700	有自然电化学腐蚀的可能

表 4-40　防护差、潮湿的车间鉴别

所测钢筋电位/mV	厂房已使用年限/年	鉴别
≥+200	3～5	有腐蚀可能
≥+500	0	重腐蚀
≥+1000	0	严重腐蚀

表 4-41　防护好、中等湿度车间鉴别

所测钢筋电位/mV	厂房已使用年限/年	鉴别
≥+500	＞5	轻腐蚀
≥+1000	＞5	重腐蚀
≥+1000	＞10	严重腐蚀

表 4-42　阴极破坏鉴别

所测钢筋电位/mV	厂房已使用年限/年	鉴别
−1500	≥5	有破坏
−2000	≥5	重破坏

② 根据电位梯度及其他辅助测量鉴别

a. 在结构物表面测得≥500mV（绝对值）电位差时，该结构有受到杂散电流破坏的可能；

b. 依据电位梯度的变化及方向，可判断杂散电流的方向，结构物所处的阴极或阳极状态见图 4-20。

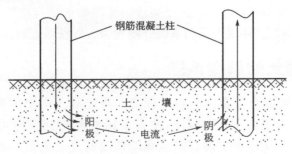

图 4-20　杂散电流方向与阴、阳极判别示意图

c. 根据不正常电压及钢筋电位关系判断电流可能漏泄路径。

$$L = \frac{E}{V}$$

式中　E——钢筋电位

　　　V——电解槽对附近钢筋电压

凡 L 值很大的部位，电流漏泄到钢筋上去的可能性大，附近槽的绝缘电阻小。

（5）减少测量误差措施及注意事项

① 据图 4-20 测量回路，可写成如下表达式：

$$E = E_{测} + IR$$

式中　E——钢筋电位；

　　　$E_{测}$——电压表读数；

　　　I——测量回路电流；

　　　R——测量回路外电阻。

可以看出，只有最大限度地消除 IR 降的影响，测量值才能近似于的真实电位值。

消除或降低 IR 降的措施是：a. 提高电压表的内阻值；b. 减少接触电阻（磨光钢筋，湿润土壤等）；c. 根据电位梯度测量，选择杂散电流影响小的方位进行测量（如对承重柱测量时，将参比电极置于车间外侧的地面上）。

② 注意电压表接线方式与测量值正、负号的关系，以便正确使用判别准则。

③ 在进行测量之前，最好先选择一处确认不受杂散电流影响的结构进行测量（远离整流所及电解车间），以资校核和对比；测量应从系列两端槽附近的结构物开始。因此处对地电压高（绝对值），漏电可能性大。

④ 由于杂散电流的多变性和方向性，对同一结构可做经常性重复测量，并变化测量位置，将测量数据取均值或以杂散电流影响最小方位的测量值进行判断。

⑤ 整个测量完毕后，可判断出受杂散电流影响的结构物数量、部位、程度等。如有必要可择取其中最严重的部位开挖检查，以获得直观结果。

4.10　混凝土的裂缝诊断

通常用超声波测量混凝土的裂缝深度。当混凝土中出现裂缝时，裂缝的空间充满空气，由于固-气界面对声波来说构成反射面。穿透过去的声能很小，接收振幅降，频率也下降，声波绕缝顶端通过（见图 4-21）以此可测出裂缝深度。

4.10.1　混凝土结构垂直浅缝诊断

正如图 4-21 所示，将发射和接收两个换能器置于混凝土两侧的 A、B 两点上。由于超声波绕裂缝末端 N 传播，接收到的声时（t_1）要比从混凝土表层直接传播的声时（t_0）长。故 t_0 值可用在裂缝附近无缝混凝土表面平测求得（距离 d），则裂缝深度 h 可按下式进行计算：

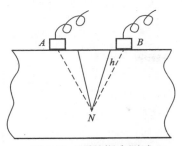

图 4-21　裂缝深度测试

$$h = \frac{d}{2}\sqrt{\left(\frac{t_1}{t_0}\right)^2 - 1}$$

式中的 d 值不一定是换能器中心或边缘的距离，而应以时间距离法进行标定。换能器附近有平行两个换能器连线的钢筋且穿过裂缝时，声信号会被钢筋"短路"，则不能测出真正的裂缝深度。因此在一般情况下，换能器与钢筋轴线距离为裂缝深度的 1.5 倍左右，则可认为钢筋影响就不大了。

4.10.2　混凝土结构倾斜浅缝诊断

另外的方法是从倾斜裂缝的测试诊断。首先要判断倾斜方向，如图 4-22 所示，将一只换能器 B 靠近裂缝，另一只位于 A 处，测量一次传播时间。然后将 B 换能器向外稍许移动，如传播时间减小，则裂缝向换能器移动方向倾斜，进行上述测试时尚应做两次，固定 A 移动 B，反之，固定 B 移动 A。

当确定了斜裂缝倾斜方向，倾斜裂缝深度的计算以作图法较为简便（如图 4-23），在坐标上按比例标出换能器及裂缝的位置（按超声波传播距离 d 计算）。以第一次测量时两换能位置 A、B 为交点，以 $t_1 \cdot V$ 为两动径之和作一椭圆，再以第二次测量时两换能器的位置 A、C 为交点，以 $t_2 \cdot V$ 为两径之和作一椭圆，两椭圆的交点 E 即为裂缝末端。

另外注意，用上述两种方法检测混凝土的垂直裂缝和倾斜裂缝，当被测裂缝深度 20cm 左右时，测试误差约 5％，裂缝深度 20～50cm，测试误差为 5％～10％。

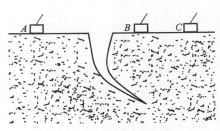

图 4-22　倾斜裂缝判断法

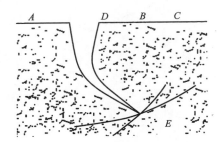

图 4-23　椭圆交汇法

4.10.3　超声波测量混凝土裂缝深度诊断

还有的方法是，在无筋或少筋混凝土建筑物中，有条件钻孔时，可用对测法测定混凝土裂缝的深度。

测试的原理和步骤与前两种方法相似。而换能器应使用适合于钻孔对测的换能器，如增压式换能器，并需有钻孔设备。

可先在裂缝两侧对称地打两个垂直于混凝土表面的钻孔。两孔口的连线应与裂缝走向垂直。孔径大小应以能自由地放入换能器为准。

钻孔应冲洗干净，并注满清水，将发、收换能器分别置于两钻孔中同样高度时，测试并记录超声波传播时间、接收信号的振幅和波形三个参数。

两个换能器徐徐下落（见图4-24），用波速可以判断裂缝深度，用首波衰减的振幅也能判断裂缝深度。换能器在孔中上下移动进行测量，直至发现当换能器达到某一深度时，振幅达到最大值，而再向下测量时，振幅值变化不大。此时，换能器在孔中的深度即为裂缝的钻孔对测法深度（图4-24）。为便于判断，可绘制孔深与振幅的曲线图，根据振幅沿孔深变化情况来判断混凝土裂缝深度。

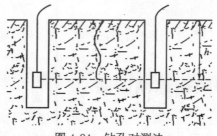

图4-24　钻孔对测法

当裂缝倾斜而又需确定裂缝的末端位置时，可试用图4-25所示的方法使换能器在两孔中不同的深度倾斜，寻找测量参数突变时两点的连线，多孔深—振幅曲线条（图上只画出两条）连线的交点 N 即为裂缝的末端。

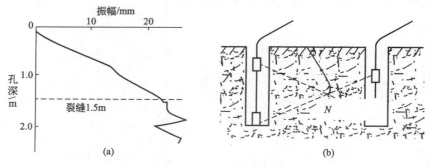

图4-25　孔深-振幅曲线

4.10.4　混凝土构件内部的孔洞和不密实区的诊断

深藏构件内部的单个小孔，对声时及振幅的影响很小，对测法往往无法测出来，但对于混凝土构件（梁、柱等）的蜂窝孔洞等缺陷是可以用超声法探测出来的。

一般来说，凡是存在蜂窝状不密实区或较大的蜂窝孔洞或低强度区，总是邻近几个测点或相邻一片都会出现数据异常情况。如果只有孤立的一个测点，则有可能在该点内部存在某种异物。若对某些测点有怀疑，应加密网格并增加测点。为了探测孔洞或不密实区的范围，可在缺陷附近用对测、斜测等方法探出它的范围（见图 4-26）。

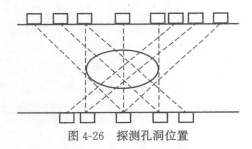

图 4-26　探测孔洞位置

4.11　钢结构缺陷和损伤诊断

4.11.1　钢结构的缺损与分析

（1）钢结构的缺陷

① 制造缺陷　在制造中产生的缺陷主要有几何尺寸偏差、结构焊接和铆接质量低劣、底漆和涂料质量不好等。

② 安装缺陷　主要有结构位置的偏差、运输和安装时由于机械作用而引起构件的扭曲和局部变形、连接节点处构件的装配不精确、安装连接质量差、漏装或少装某些扣件或缀板、焊缝尺寸偏差。

③ 使用缺陷　在使用过程中，由于材料的腐蚀和因腐蚀而引起的横断面面积的减少，在交变荷载作用下，金属内部结构强度会发生变化和出现疲劳现象以及引起连接破坏等。

（2）钢结构的损坏

① 整体性的破坏——裂缝、断裂、构件切口。

② 几何形状变态——变形、弯曲和局部扭曲。

③ 疲劳破坏。

④ 连接破损——焊缝、螺栓和铆钉产生裂缝、松动与破坏。

⑤ 结构变位——挠度过大、偏斜等。

⑥ 腐蚀破损。

(3) 钢结构产生损坏的原因

① 受力作用引起的损坏，如断裂、裂缝、失稳、弯曲和局部挠曲、连接破坏等，其损坏原因可能是：

a. 设计状况与结构实际的工作状况不符。如确定荷载和内力不正确而导致选择构件和节点断面错误。

b. 结构构件、节点的实际作用与计算图过于简化或理论化而造成的应力状态差异。

c. 母材和熔融金属中有导致应力集中并加速疲劳破坏的缺陷和隐患。

d. 安装和使用过程中没有考虑附加荷载和动力作用，如过大的超载、檩条变位、吊车轨道接头偏心和落差过大等等。修理时没有进行相应的计算和必要的加固，特别是没有考虑过大的变形、变位所引起的较大内力。由此产生的附加力可导致螺栓破坏或梁腹板出现裂缝。又如计算简图为铰接时，实际屋架与柱的连接往往刚度过大导致支座产生弯矩和在支座节间的下弦边产生压应力而弯曲。另外，如计算中没有考虑到附加支撑，也可能导致力的重新分配及个别杆件的超应力。

焊接应力的影响会使连接焊接区的金属组织结构产生变化，再加上应力集中因素的影响，往往使该区工作状态复杂化。受动力作用，结构疲劳强度的现有计算方法总是难于防止疲劳裂缝的出现，而疲劳破坏以母材、焊缝以及焊缝区腹板产生裂缝和螺栓、铆钉连接处被破坏的形式出现。上面的几种情况在设计中应引起重视和考虑。

② 温度作用引起的破坏，如高温下构件的翘曲和损坏；低温下的脆性破坏；受热时防护涂层的破坏等。温度达 200~250℃，钢结构由于受热膨胀而导致表面油漆涂层受到破坏；当温度升至 300~400℃时，钢结构由于受热继续膨胀而受约束从而在钢结构中产生热应力分布不均匀，导致结构构件扭曲；温度超过400℃时，钢材内部晶格发生变化使得钢材强度急剧下降。

在热工车间，由于温度变化会使钢结构产生相当大的位移，使之与设计位置产生偏差，当有阻碍自由变位的支撑或其他约束时，则结构构件将产生周期性附加应力，在一定条件下将导致构件扭曲或开裂。

在低温条件下，特别是有严重应力集中的结构构件，负温可导致冷脆裂缝。

③ 化学腐蚀作用产生的损坏，如涂层的剥落、钢材的锈蚀等。钢材防腐涂层剥落后，由于化学和电化学作用，钢材受到腐蚀，使钢结构有效截面受到损耗，结构的耐久性下降。工业厂房中的钢结构，以大气腐蚀（电化学腐蚀）为主，当有侵蚀性介质时还会出现综合腐蚀。

　　腐蚀速度取决于介质的腐蚀特征，根据调查统计，以大气腐蚀为主要特征的钢结构构件，一般在 0.05～1.6mm/a 的范围内变化。

　　屋顶漏水、管道漏气、排水系统出现故障的区域，往往是由于局部遭到腐蚀，构件截面被削弱而引起的。尤其要注意的是深层钢结构构件的腐蚀，会加速钢材应力集中并发生脆性破坏，从而引起结构更大的破坏。

4.11.2　钢结构的诊断

　　（1）材质检验与测定　从使用角度讲，强度、塑性、冷脆破坏性和可焊性等是建筑钢材的基本性能。材质的单项指标不能代表其全部特征，必须依据常规试验的各项指标进行综合评定。评定中还应收集下述资料作参考数据：钢材生产的时间、钢材供应的技术条件及其产品说明书。必须查明钢材牌号、技术指标、极限强度、屈服强度、受拉时的延伸率、冷变、反复弯曲、冲击韧性与化学成分等。

　　钢材材质的力学试验和化学分析结果，都应符合相应规程的规定。

　　（2）钢结构的强度、变形及缺陷诊断　钢结构强度及形变的诊断，常用的有电测法与机测法。电测法就是利用电学量（如电流、电阻、电容等）的变化及其电学变化量与力学量之关系来测定其力学量（如应变及其应力）；其测定的范围有静态和动态两种。机测法主要是测定其形变（如挠度、倾角与伸缩形变值等）。另外，还有表面硬度法，就是利用硬度与强度之间的关系来获得其强度值。

　　关于钢结构缺陷的检测，常用的有超声波法与电磁法。

　　① 表面硬度法　此法是用来测定钢结构材料的抗拉强度的。当然，钢材的抗拉强度可截取标准试件进行拉伸试验。

　　但在缺少预留试件或为避免损伤结构的情况下，可采用如图 4-27 所示的 HB2 型锤击式布氏硬度计，在结构上用锤击法直接测定。

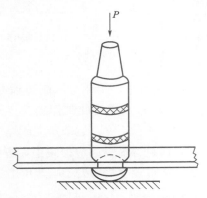

图 4-27　表面硬度测定法测定钢材强度

② 钢结构的超声波检测　钢结构的超声波检测与混凝土不同，主要用于探测内部缺陷，如裂纹、孔洞、夹渣等。因为钢的密度较大，所用的超声波频率也较高，通常为 0.5～75MHz，而功率则较小。仪器要求符合标准。探伤的基本原理是高频超声波在金属中传播时，遇到不同介质（如缺陷），会在界面上产生部分反射，探头接收后经放大等处理，即在示波屏上显示出各界面的反射波及其相对位置。

超声波在钢结构上检测，也同样要求测点平整光滑，并加适当偶合剂，同时只能测出在小波长的缺陷尺寸。所以频率越高，波长越短，其检测灵敏度也越高。由于散射影响，单探头反射法灵敏度比双探头透射法高，因此金属探伤多用单探头反射法。

此外，缺陷的尺寸也可用反射波的振幅来估计，但要用标准试件建立专用曲线或图表；还可用多频率频谱分析法以及其他方法，如与射线法相结合进行探测。

4.11.3　焊接连接的诊断技术

（1）焊接缺陷　焊接是钢结构中应用最广泛的连接方法，对应的事故也比较多，因此应首先检查其缺陷。焊缝缺陷是指焊接过程中产生于焊缝金属或附近热影响区钢材表面或内部的缺陷。常见的缺陷有裂纹、焊瘤、烧穿、弧坑、气孔、未焊透、夹渣、咬边、未熔合，以及焊缝尺寸不符合要求、焊缝成形不良等。

① 焊缝成形不良　如图 4-28 所示，不良的焊缝成形表现在增高过大、焊喉不足、焊脚尺寸不足或过大等，其产生原因往往是由于操作不熟练、焊接电流过大或过小、焊件坡口不正确等。

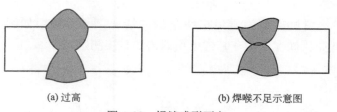

(a) 过高　　　　　　　(b) 焊喉不足示意图

图 4-28　焊缝成形不良

② 焊瘤　焊瘤是指在焊接过程中，熔化金属流淌到焊缝以外未熔化的母材上所形成的金属瘤，如图 4-29 所示，焊瘤处常伴随产生未焊透或缩孔等缺陷。产生焊瘤的原因往往是由于焊条质量不好、运条角度或焊接位置不当等。

焊瘤不但影响成形美观，而且容易引起应力集中，焊瘤处易夹渣、未熔合，导致裂纹的产生。防止办法是尽可能使焊口处于平焊位置进行焊接，正确选择焊接工艺。

③ 夹渣　夹渣是指在焊缝金属中残留有熔渣或其他非金属夹杂物。产生夹

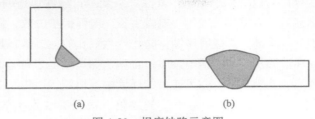

图 4-29　焊瘤缺陷示意图

渣的原因有：焊接材料质量不好，熔渣太稠，焊件上或坡口内有锈蚀或其他杂质未清理干净；各层熔渣在焊接过程中未彻底清除；电流太小，焊速太快；运条不当等。

为防止夹渣，在焊前应选择合理的焊接工艺及坡口尺寸，掌握正确的操作工艺及使用工艺性能良好的焊条，坡口两侧要清理干净，多道、多层焊时要注意彻底清除每道和每层的熔渣，特别是碱性焊条，清渣时应认真仔细。

④ 咬边　如图 4-30 所示，产生咬边的原因往往是由于电流太大、电弧过长，或运条角度不当、焊接位置不当等。

咬边处会造成应力集中，降低结构承受动荷的能力和降低疲劳强度。为避免产生咬边缺陷，在施焊时应正确选择焊接电流和焊接速度，掌握正确的运条方法，采用合适的焊条角度和电弧长度。

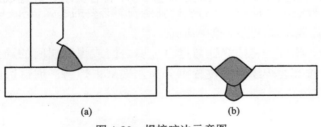

图 4-30　焊接咬边示意图

⑤ 气孔　焊缝表面或内部存在近似圆球形或洞形的空穴，称为气孔，如图 4-31 所示。焊缝上产生气孔将减小焊缝的有效工作截面，降低焊缝力学性能，破坏焊缝的致密性。连续气孔会导致焊接结构的破坏。

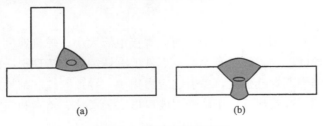

图 4-31　气孔缺陷示意图

产生气孔的原因有以下几个方面：碱性焊条受潮；酸性焊条的烘焙温度太高；焊件不清洁；电流过大，使焊条发红；电弧太长，电弧保护失效；极性不对；气体保护焊时，保护气体不纯；焊丝有锈蚀。防止产生气孔的主要措施是：焊前必须对焊缝坡口表面彻底清除水、油、锈等杂质；合理选择焊接工艺和运条方法；焊接材料必须按工艺规定的要求烘焙；在风速大的环境中施焊应使用防风措施。

⑥ 裂纹　裂纹是焊缝连接中最危险的缺陷。根据裂纹发生的时间不同，大致可以将裂纹分为高温裂纹和低温裂纹两大类。

根部裂纹是低温裂纹常见的一种形态，产生根部裂纹的主要原因有两种。一是由于焊接金属含氢量较高所致，氢的来源有多种途径，如焊条中的有机物、结晶水、焊接坡口和它的附近粘有水分、油污及来自空气中的水分等。二是焊接接头的约束力较大，例如厚板焊接时接头固定不牢、焊接顺序不当等均有可能产生较大的约束应力而导致裂纹的发生；当母材碳当量较高，冷却速度较快，热影响区的硬化也易导致裂纹的发生。

焊道下梨状裂纹是常见的高温裂纹的一种，主要发生在埋弧焊或二氧化碳气体保护焊中，手工电弧焊则很少发生。焊道下梨状裂纹的产生原因主要是焊接条件不当，如电压过低、电流过高，在焊缝冷却收缩时使焊道的断面形状呈现梨形。防止措施是选择适当的焊接电压、焊接电流；焊道的成形一般控制在宽度与高度之比为 1∶1.4 较适宜。

弧坑裂纹也是高温裂纹的一种，其产生原因主要是弧坑处的冷却速度过快，弧坑处的凹形未充分填满所致。防止措施是安装必要的引弧板和引出板，在焊接因故中断或在焊缝终端应注意填满弧坑。

⑦ 未焊透　未焊透是指焊缝与母材金属之间或焊缝层间的局部未熔合，如图 4-32 所示。按其在焊缝中的位置可分为：根部未焊透、坡口边缘未焊透和焊缝层间未焊透。

(a)　　　　(b)

图 4-32　未焊透缺陷示意图

产生未焊透的原因有以下几个方面：焊接电流太小，焊接速度太快；坡口角度太小，焊条角度不当；焊条有偏心；焊件上有锈蚀等未清理干净的杂质。

未焊透缺陷降低焊缝强度，易引起应力集中，导致裂纹和结构的破坏。防止措施是选择合理的焊接规范，正确选用坡口形式、尺寸、角度和间隙，采用适当的焊接工艺。

（2）焊缝质量等级和检验原则　按标准规范要求，将钢结构焊缝质量等级分为一级、二级、三级共三个等级。焊缝质量检验包括内部缺陷检验和外观检验两方面，其质量等级可能不相同，但当设计没有特别指出时，可以视内部和外观的质量等级要求是一致的。

① 质量等级的选用　《钢结构设计规范》（GB 50017）规定，焊缝应根据结构的重要性、荷载特性、焊缝形式、工作环境以及应力状态等情况，进行质量等级检测。

② 检验的基本原则　根据标准及规范的规定，三级焊缝只要求进行外观检验（包括外观质量检验和焊缝尺寸检验），并应符合规程要求；一级、二级除了外观检查外，还必须进行一定量的超声波检验并符合相应的要求。

（3）焊缝外观检测

① 外观质量标准　一级焊缝不得有表面气孔、夹渣、弧坑裂纹、电弧擦伤、咬边、未焊满、根部收缩等缺陷；二级焊缝不得有表面气孔、夹液、弧坑裂纹、电弧擦伤等缺陷，未焊满、根部收缩、咬边、接头不良等缺陷不应超出规范要求；三级焊缝的未焊满、根部收缩、咬边、弧坑裂纹、接头不良、表面夹渣、表面偏差气孔等缺陷不应超出规范要求偏差。

焊出凹形的角焊缝，焊缝金属与母材间应平缓过渡，加工成凹形的角焊缝，不得在其表面留下切痕。焊缝感观应达到：外形均匀、成形较好，焊道与焊道、焊道与基本金属间过渡较平滑，焊渣和飞溅物基本清除干净。

② 检查方法　焊缝外观缺陷通过观察检查或使用放大镜、焊缝量规和钢尺检查，当存在疑义时，采用渗透或磁粉探伤检查。

（4）焊缝尺寸检测　T 形接头 ［图 4-33（a）］、十字接头 ［图 4-33（b）］、角接接头 ［图 4-33（c）］ 等要求熔透的对接和角对接组合焊缝，其焊脚尺寸不应小于 $t/4$；设计有疲劳验算要求的吊车梁或类似构件的腹板与上翼缘连接焊缝的焊脚尺寸为 $t/4$ ［图 4-33（d）］，且不应大于 10mm。焊脚尺寸的允许偏差为 0～4mm。

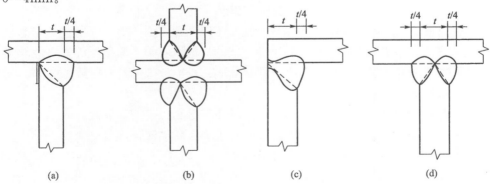

| (a) | (b) | (c) | (d) |

图 4-33　T 形接头、十字接头、角接接头等

对接焊缝、完全焊透组合焊缝、部分焊透组合焊缝和角焊缝外形尺寸允许偏差应符合《钢结构工程施工质量验收规范》（GB 50205）的要求，见表4-43。

表4-43 对接焊缝及完全熔透组合焊缝尺寸允许偏差（GB 50205）

mm

序号	项目	图例	允许偏差	
			一、二级	三级
1	对接焊缝余高 C		若 $B<20$ 则 $0\sim3.0$ 若 $B\geqslant20$ 则 $0\sim4.0$	若 $B<20$ 则 $0\sim4.0$ 若 $B\geqslant20$ 则 $0\sim5.0$
2	对接焊缝错边 d		$d<0.15t$, 且 $d\leqslant2.0$	$d<0.15t$, 且 $d\leqslant3.0$

注：B 为焊接宽度；t 为板厚度。

对于一般焊缝，每批同类构件抽查10%，且不应少于3件；被抽查构件中，每一类型焊缝按条数抽查5%，且不应少于1条；每条检查1处，总抽查数不应少于10处。

焊缝尺寸偏差通过观察检查和焊缝尺寸量规检测。焊缝尺寸量规由主尺、多用尺和高度标尺构成。

（5）焊缝内部缺陷诊断　焊缝内部缺陷一般通过超声波探伤和射线探伤来进行检测。射线探伤具有直观性、一致性好等特点，过去人们觉得射线探伤可靠、可观，但射线探伤成本高、操作程序复杂、检测周期长，尤其是对钢结构中常见的T形接头和角接接头，射线检测效果差，且对裂纹、未熔合等危害性缺陷的检出率低。超声波探伤则正好相反，操作程序简单、快速，对各种接头形式的适应性好，对裂纹、未熔合的检测灵敏度高。因此，世界上很多国家对钢结构质量的控制采用超声波探伤，一般已不采用射线探伤。

按标准规范要求将焊缝内部缺陷分为Ⅰ、Ⅱ、Ⅲ、Ⅳ四个级别，各级别根据反射波位于DAC曲线图上的区域及缺陷性质判定。最大反射波不超过评定线，以及反射波位于Ⅰ区的缺陷若为非危害性缺陷时，评定为Ⅰ级；反射波位于Ⅱ区的缺陷按列表评定；当最大波高超过评定线的缺陷，且判定为裂纹等危害性缺陷时，无论其波幅和尺寸如何，均判为Ⅳ级缺陷；反射波幅超过判废线的缺陷，无论其指示长度如何，均判为Ⅳ级缺陷。

根据缺陷性质和数量，将射线探伤焊缝质量分为以下四个等级：

Ⅰ级：焊缝内应无裂纹、未熔合、未焊透和条状夹渣；

Ⅱ级：焊缝应无裂纹、未熔合、未焊透；

Ⅲ级：焊缝内应无裂纹、未熔合以及双面焊和加垫板的单面焊中的未焊透，不加垫板的单面焊中的未焊透不得超过规定长度；

Ⅳ级：焊缝缺陷超过Ⅲ级者。

按标准规范规定：采用射线探伤时，射线照相的质量等级应符合 A、B 级的要求，一级焊缝评定合格等级应为Ⅱ级及Ⅲ级以上，二级焊缝评定合格等级应为Ⅲ级及Ⅲ级以上。建筑钢结构的 X 射线检验质量标准，评定气孔和点状夹渣缺陷时应将缺陷尺寸按换算成缺陷点数来评定。

无论采用超声波探伤或射线探伤，《钢结构工程施工质量验收规范》（GB 50205）规定设计全焊透的一、二级焊缝，其内部缺陷分级及质量要求应满足规定。不合格缺陷应进行返修，返修后重新复验。

焊接球节点网架的焊缝必须进行无损检验，其质量应达到二级焊缝质量标准。对于大、中跨度网架，必须抽取拉杆焊缝数量的 20% 进行检验。焊缝的质量等级根据标准规范评定。在评定中把缺陷分为根部未焊透除外的缺陷和根部未焊透两大类，每类有 4 个质量等级。设计图纸应注明合格级别。在高温和腐蚀性气体作业环境以及动力疲劳荷载工况下，Ⅱ级为合格，一般情况下Ⅲ级合格。

① 超声波探伤原理　超声波是指频率高于 20kHz，为人耳听不见的声波。金属探伤使用的超声波的频率一般在 1～5MHz。超声波探伤根据探伤原理、显示方式、波的类型不同有各种不同的方法，其中应用最广的是脉冲反射法，其基本原理是：超声波探头将电脉冲转换成声脉动（机械振动），声脉冲借助于声耦合介质传入金属中，如果在金属中存在缺陷，则发送超声波信号的一部分就会在缺陷处被反射回来，返回到探头，再次用探头接收该超声波且将声脉冲信号转换为电脉冲信号，测量该信号的幅度及其传播时间就可评定工件中该缺陷的严重程度及其位置。

经常用于焊缝探伤的 A 型脉冲反射式垂直探伤和斜角探伤的原理见图 4-34。在斜角探伤中，从事先测定的折射角及在探伤仪显示屏读取的至缺陷的超声波的传播距离（声程），就可按几何学原理计算出缺陷的位置，如图 4-35 所示。

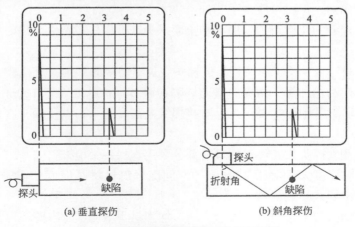

(a) 垂直探伤　　　　　　　(b) 斜角探伤

图 4-34　垂直探伤和斜角探伤的原理图

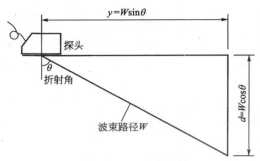

图 4-35　斜角探伤中缺陷位置的计算方法

② **超声波探伤方法**　对于钢结构焊缝，目前主要采用脉冲反射式直接接触法超声波探伤，包括垂直探伤和斜角探伤两种方法。

垂直探伤是指声波垂直于工件表面进入工件的探伤方法。在钢结构中主要用于 T 形焊缝、角焊缝的检测，特别有利于发现 T 形焊缝和角焊缝中的未焊透及层状撕裂等缺陷。

斜角探伤法是利用声波的折射特性使超声波倾斜入射到工件中的一种探伤方法。由于可以根据预计缺陷的取向选择声束接近垂直于缺陷的折射角的探头进行探伤，尤其是在焊缝检测中，有利于检测裂纹、未熔合等危险性缺陷，是焊缝检测采用的主要方法之一。一般来说，在选择探头角度时，除了上述考虑缺陷的性质、取向外，主要是依据工件的厚度。

③ **检验等级的分级及检验范围**　GB 11345 将检验等级分为 A、B、C 三级。检验的完善程度 A 级最低，B 级一般，C 级最高；检验工作的难度系数按 A、B、C 顺序逐级增高。应按照工件的材质、结构、焊接方法、使用条件及承受荷载的不同，合理选用检验级别。检验等级应按产品技术条件和有关规定选择或经合同双方协商选定。A 级难度系数为 1，B 级为 5～6，C 级为 10～12。

A 级检验：采用一种角度的探头在焊缝的单面单侧进行检验，只对允许扫查到的焊缝截面进行探测，一般不要求做横向缺陷的检验。当母材厚度大于 50mm 时，不得采用 A 级检验。

B 级检验：原则上采用一种角度探头在焊缝的单面双侧进行检验，对整个焊缝截面进行探测。母材厚度大于 100mm 时，采用双面双侧检验。受几何条件的限制，可在焊缝的双面单侧采用两种角度探头进行探伤。条件允许时应做横向缺陷的检验。

C 级检验：至少要采用两种角度探头在焊缝的单面双侧进行检验。同时要做两个扫查方向和两种探头角度的横向缺陷检验。母材厚度大于 100mm 时，采用双面双侧检验。其他附加要求是：对接焊缝余高要磨平，以便探头在焊缝上做平行扫查。

焊缝两侧斜探头扫查经过的母材部分要用直探头做检查。

焊缝母材厚度大于等于 100mm，窄间隙焊缝母材厚度大于等于 40mm 时，一般要增加串列式扫查。

在建筑钢结构中，一般的管分支结构均为封闭结构，管内壁不可接近，管壁也不厚（≤25mm），因此一般应选择支管表面作探测面，如图 4-36 所示，进行

Q1、Q2 扫查。

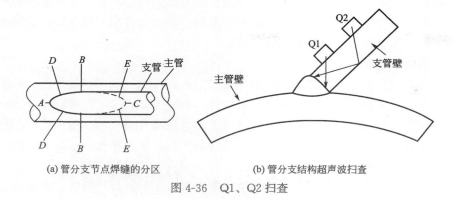

(a) 管分支节点焊缝的分区　　　　(b) 管分支结构超声波扫查

图 4-36　Q1、Q2 扫查

④ 缺陷的定量与评定　焊缝超声波探伤的目的就是检出缺陷，并对缺陷进行定量与定位。缺陷定量即测量缺陷的波幅和指示长度。缺陷的波幅通常用缺陷最大反射波幅来表示，一般以波峰所在的区域表示为 SL＋ndB。缺陷的指示长度有多种测量方法，但在工程中一般采用 6dB 法或端点峰值法测长。当缺陷反射波只有一个高点或高点起伏小于 4dB 时采用 6dB 法（或称半波高法），当缺陷反射波峰起伏变化含有多个高点时，采用端点峰值法测长。

缺陷的评级应根据缺陷的波高及尺寸、缺陷所处的位置及对缺陷性质的判断来进行。由于超声波探伤对缺陷的显示不直观，不同性质的缺陷与其反射回波的对应性有时也不好，正确的判断往往需要丰富的经验。尤其在钢结构焊缝探伤中，由于探伤条件的限制，对缺陷的定性困难较大。但由于裂纹、未熔合危害性大，探伤时应特别注意，当缺陷信号超过评定线时和怀疑该缺陷是裂纹或未熔合时，应改变探头角度、增加探测面观察动态波形，并结合结构特点、焊接工艺及缺陷的位置等做出判定或补充以其他检测方法做出综合判定。

对焊接球节点钢网架焊缝，采用超声波探伤时应按照标准规范进行，检验等级分 A、B 两级，其中 A 级检验等级指在管材外表面上检查球管焊缝，B 级检验等级指在空心球外表面的焊缝两侧以及钢管对接焊缝两侧进行探伤检查，详见表 4-44。

表 4-44　检验等级和探伤法

检验等级	探伤面	探伤法
A 级	单面单侧	直射波、一次反射波、二次反射波
B 级	单面双侧	直射波、一次反射波

（6）射线探伤诊断及方法

① 射线探伤

a. 射线探伤法的概念。

射线穿透物质时，由于物质完好部位和缺陷处对射线的吸收不同，使穿过物质后的射线强度发生变化，将这种强弱变化差异记录在感光胶片上，通过观察处理后的照相底片上不同黑度差，就能掌握射线强弱变化情况，从而就能确定被透照物体内部质量情况，这就是射线探伤法。

b. 底片的识别。

焊缝在底片上呈现较白颜色，而焊接缺陷在底片上呈现不同的黑色，较黑的斑点和条纹即是缺陷。常见焊缝内部的缺陷（如裂纹、未焊透、气孔、夹渣等）在底片上表现的特征如下：裂纹：在底片上多呈现略带曲折的、波浪状的黑色细纹条，有时也呈直线状。轮廓较分明，两端较尖细，中部稍宽，较少有分枝，两端黑线逐渐变浅，最后消失。

未焊透：在底片上多呈断续或连续的黑直线。不开坡口焊缝中的未焊透，宽度常是较均匀的；V形坡口焊缝中的未焊透，在底片上的位置多是偏离焊缝中心，呈断续或连续线状，宽度不一致，黑度不太均匀；X形坡口双面焊缝中的未焊透，在底片上呈黑色较规则的线状；角焊缝、T形接头焊缝、搭接接头焊缝中的未焊透呈断续线状。

气孔：在底片上多呈圆形或椭圆形黑点，其黑度中心处较大并均匀地向边缘减小。气孔分布特征有单个的、有密集的、有连续的等。

夹渣：在底片上多呈不同形状的点和条状。点状夹渣呈单独黑点，外观不太规则并带有棱角，黑度较均匀；条状夹渣呈宽而短的粗线条状，长条状夹渣，线条较宽，宽度不太一致。

② 射线探伤的质量评定　射线探伤质量等级应按《钢熔化焊对接接头射线照相和质量分级》的规定进行。

（7）涡流诊断方法　涡流检测的方法种类很多，根据不同的表现形式、工作方法原理以及针对不同检测对象、目的进行分类，常见类型及形式如下：

① 单频涡流诊断　以单一正弦波信号为激励源的检测工作方法，称为单频涡流法。它是目前质量检验中使用最广泛的一种。正弦交流信号源的工作频率一般为几百赫兹至几十万赫兹。采用这种方式工作较简单，主要用于检测钢结构表面或近表面缺陷。

② 多频涡流诊断　以多个单频正弦波信号同时激励或交替激励的检测工作方法，称为多频涡流法。这种方法可以获得较多的测试参数，有利于消除一些干扰因素的影响，提高测试结果的可靠性和准确性，但仪器设备较复杂，目前主要用于某些需要对缺陷进行准确定位定量分析或使用单频涡流受到限制的场合。

③ 低频涡流诊断　应用频率很低的交变电源作激励信号的检测方法，称低频涡流法。通常这种检测的工作频率为几赫兹至几十赫兹，其目的主要是降低表面效应的影响，增加透入深度，但检测灵敏度较低。

（8）磁粉诊断方法　磁粉诊断方法简单、实用，能适应各种形状和大小以及不同工艺加工制造的铁磁性金属材料表面缺陷检测，但不能确定缺陷的深度，而且由于磁粉检测目前还主要是通过人的肉眼进行观察，所以主要还是以手动和半自动方式工作，难于实现全自动化，磁粉检测分为干法和湿法两种。

4.11.4　螺栓连接诊断技术

对于螺栓连接，可用目测、锤敲相结合的方法诊断是否有松动或脱落，并用扭力（矩）扳手对螺栓的紧固性进行复查，尤其对高强螺栓的连接更应仔细检查。对螺栓的直径、个数、排列方式也要一一检查，是否有错位、错排、漏栓等。除此之外，一般还要进行下述检验：螺栓实物最小载荷检验、扭剪型副预拉力复验、高强度大六角头螺栓连接副扭矩系数复验、高强度螺栓连接摩擦面的抗滑移系数检验等。

（1）普通螺栓实物最小载荷诊断　普通螺栓作为永久性连接螺栓时，当设计有要求或对其质量有疑义时，应进行螺栓实物最小拉力载荷复验。检查数量为每一规格螺栓抽查 8 个。

试验目的是测定螺栓实物的抗拉强度是否满足现行国家标准《紧固件机械性能　螺栓、螺钉和螺柱》（GB/T 3098.1）的要求。

检验时，用专用卡具将螺栓实物置于拉力试验机上进行拉力试验，为避免试件承受横向载荷，试验机的夹具应能自动调正中心，试验时夹头张拉的移动速度不超过 25mm/min。

螺栓实物的抗拉强度应根据螺纹应力截面积计算确定，其取值应按《紧固件机械性能　螺栓、螺钉和螺柱》（GB/T 3098.1）的规定取值。

进行试验时，承受拉力载荷的未旋合的螺纹长度应为 6 倍以上螺距，当试验拉力达到国家标准 GB/T 3098.1 中规定的最小拉力载荷时不得断裂。当超过最小拉力载荷直至拉断时，断裂应发生在杆部或螺纹部分，而不应发生在螺头与杆部的交接处。

另外，永久性普通螺栓紧固应可靠、牢固，外露丝扣不应少于 2 扣。检查数量为按节点数抽查 10%，且不应少于 3 个。

（2）高强度螺栓连接摩擦面的抗滑移系数

① 摩擦面处理及方法　高强度螺栓连接虽然分作摩擦型连接和承压型连接，但一般钢结构工程中所说的高强是指摩擦型连接。摩擦型高强度螺栓连接的基本原理是靠高强度螺栓紧固产生强大夹力来夹紧被连接板件，依靠板件间接触面产生的摩擦力传递与螺杆轴垂直方向内力的，摩擦型连接的极限承载能力与板件间摩擦系数成正比，板件间的摩擦系数对其承载能力有直接影响。板件表面处理方法不同，摩擦系数也不同，高强度螺栓摩擦面的常用处理方式有喷砂（丸）、酸洗、砂轮打磨和钢丝刷人工除锈四种方法。

② 摩擦面的加工

a. 在高强度螺栓连接范围内，构件接触面的处理方法应在施工图中说明。

b. 处理好摩擦面的构件，应有保护摩擦面的措施，并不得涂油漆或污损。出厂时必须附有三组同材质同处理方法的试件，以供复验摩擦系数。

c. 高强度螺栓板面接触应平整，间隙应满足标准规范的要求，见表4-45。

表 4-45　面板接触间隙加工

项次	示意图	加工方法
1		$d \leqslant 1.0$mm,不加工
2		$d = 1 \sim 3$mm,将厚板一侧磨成 1∶10 的缓坡使间隙小于 1.0mm
3		$d > 3.0$mm,加垫板,但垫板上摩擦面的处理应与构件相同

d. 加工后的构件，在高强度螺栓连接处的钢板表面应平整，无焊接飞溅，无毛刺，无油污。其表面处理方法应与设计图中所要求的一致。

e. 经处理后，高强度螺栓连接处摩擦面的抗滑移系数应符合设计要求。

③ 抗滑移系数试验方法　制造厂和安装单位应分别以钢结构制造批（验收批）为单位进行抗滑移系数试验。每批三组试件，以单项工程每2000t为一批，不足2000t的可视为一批。选用两种及两种以上表面处理工艺时，每种处理工艺单独检验。

抗滑移系数试验用的试件应由金属结构厂或有关制造厂加工，试件与所代表的钢结构构件应为同一材质、同批制作、采用同一摩擦面处理工艺和具有相同的表面状态，并应用同批同一性能等级的高强度螺栓连接副，在同一环境条件下存放。试件板面应平整，无油污，孔和板的边缘无飞边、毛刺。

试验用的试验机误差应在1%以内。

试验用的贴有电阻片的高强度螺栓、压力传感器和电阻应变仪应在试验前用试验机进行标定，其误差应该在2%以内。

加荷时，应先加10%的抗滑移设计荷载值，停1min后，再平稳加荷，加荷速度为3～5kN/s。直拉至滑动破坏，测得滑移荷载 N_v。

在试验中当发生以下情况之一时，所对应的荷载可定为试件的滑移荷载：试验机发生回针现象；试件侧面画线发生错动；X-Y记录仪上变形曲线发生突变；试件突然发生"嘣"的响声。

抗滑移系数检验的最小值必须等于或大于设计规定值。当不符合上述规定时，构件摩擦面应重新处理，处理后的构件摩擦面重新检验。

（3）扭剪型高强度螺栓连接副预拉力复验　紧固预拉力（简称预拉力或紧固力）是高强度螺栓正常工作的保证，对于扭剪型高强度螺栓连接副，必须进行预拉力复验。

复验用的螺栓应在施工现场待安装的螺栓批中随机抽取，每批应抽取 8 套连接副进行复验。连接副预拉力可采用经计量检定、校准合格的各类轴力计进行测试。

试验用的电测轴力计、油压轴力计、电阻应变仪、扭矩扳手等计量器具，应在试验前进行标定，其误差不得超过 2%。

采用轴力计方法复验连接副预拉力时，应将螺栓直接插入轴力计。紧固螺栓分初、终拧两次进行，初拧应采用手动扭矩扳手或专用定扭电动扳手，初拧值应为预拉力标准值的 50% 左右。终拧应采用专用电动扳手，至尾部梅花头拧掉，读出预拉力值。

每套接副只应做一次试验，不得重复使用。在紧固中垫圈发生转动时，应更换连接副，重新试验。

（4）高强度大六角头螺栓连接副扭矩系数复验　扭矩系数是高强度螺栓连接的一项重要标志，它表示加于螺母上的紧固扭矩（T）与导入螺栓轴向拉力（P）之间的关系。在高强度螺栓施工过程中，标准轴力是紧固的目标值，要求实际螺栓轴力不大于标准轴力的 ±10%，所以要求扭矩系数离散性要小，否则施工中无法控制螺栓轴力的大小，要特别注意预防螺栓、螺母、垫圈组成的连接副的扭矩系数发生变化，以免影响高强度螺栓要求的紧固力矩的规定扭矩值，这是保证高强度螺栓施工的关键。

复验用螺栓应在施工现场待安装的螺栓批中随机抽取，每批应抽取 8 套连接期进行复验。连接副扭矩系数复验用的计量器具应在试验前进行标定，误差不得超过 2%。

每套连接副只应做一次试验，不得重复使用。在紧固中垫圈发生转动时，应更换连接副，重新试验。

（5）高强度螺栓连接副施工扭矩检验　高强度螺栓连接副扭矩检验含初拧、复拧、终拧扭矩的现场无损检验。检验所用的扭矩扳手精度误差应不大于 3%。

对于大六角头高强度螺栓终拧检查，先用 0.3kg 小锤敲击每一个螺栓螺母的一侧，同时用手指按住相对的另一侧，以检查高强度螺栓有无漏拧。对于扭矩的检查，可采用扭矩法和转角法检验。扭矩检验应在施拧 1h 后、48h 内完成。发现欠拧、漏拧的必须全部补拧，超拧的必须全部更换。

施工扭矩检查数量：按节点数抽查 10%，且不应少于 10 个，每个被抽查节点螺栓数抽查 10%，且不应少于 2 个。

对于扭剪型高强度螺栓施工矩的检验，只要观察尾部梅花头拧掉情况。尾部梅花头被拧掉者视同其终拧扭矩达到合格标准。尾部梅花头未被拧掉者全部应按扭矩法或转角法进行检验。

① 扭矩法检验　每个节点先在螺杆端面和螺母上画一直线，然后将螺母拧松 60°，再用扭矩扳手重新拧紧，使两线重合，此时测得的扭矩值应在 0.9～1.1T 范围内（T 是高强螺栓连接副终拧扭矩），否则判定终拧不合格。

② 转角法检验　在螺尾端头和螺母相对位置画线，然后全部卸松螺母，再按规定的初拧扭矩和终拧角度重新拧紧螺栓，观察与原画线是否重合。终拧转角偏差在 10° 以内为合格。终拧转角与螺栓的直径、长度等因素有关，应由试验确定。

4.11.5　构件变形诊断

对于钢构件尺寸的检测，应检测所抽样构件的全部尺寸，每个尺寸在构件的 3 个部位量测，取 3 处测试值的平均值作为该尺寸的代表值。

尺寸量测的方法，可按相关产品标准的规定量测，其中钢材的厚度可用超声测厚仪测定。对于热轧型钢及钢板，出厂时的截面尺寸允许偏差见相关标准要求，超出允许偏差范围时判定为不合格，不能在钢结构工程中按公称尺寸进行设计。

对于钢结构工程中由施工单位加工制作、组装及安装的钢构件，其尺寸允许偏差和检测方法应满足《钢结构工程施工质量验收规范》（GB 50205）的要求，

4.12　构件缺陷、损伤的诊断

钢构件的缺陷包括构件裂缝、钢板内部缺陷（夹层、非金属夹杂、明显的偏析、裂纹等）、构件中孔洞及缺口等。

钢构件裂缝大多出现在承受动力荷载的构件中。承受静力荷载构件，在超载、温度变化较大、不均匀沉降及变形过大等情况下，也会出现裂缝。对发现有裂缝的构件，应记录裂缝位置，并用刻度放大镜测定裂缝宽度，做好记录报告。裂缝检查可采用如下方法：

（1）采用橡皮木锤敲击法　用包有橡皮的木锤敲击构件的多个部位，若声音不清脆、传音不匀则有裂缝损伤存在。

（2）采用 10 倍以上放大镜检查　在有裂缝的构件表面划出方格网，用 10 倍以上放大镜观察，如发现油漆表面有直线黑褐色锈痕或细直开裂，油漆条形小块起鼓里面有锈末，则就可能有开裂，应铲除油漆仔细检查。

（3）滴油扩散法　在构件表面滴油剂，无裂缝处油渍呈圆弧状扩散，有裂缝处油渗入裂缝，油渍则呈线状扩散。

钢板夹层等内部缺陷是钢材常见的缺陷之一，在构件加工前不易发现，当气

割、焊接等热加工后才显露出来。检测方法与焊缝内部缺陷的探测方法相同，可采用超声波探伤法和射线探伤法，也可在板上钻一小孔，用酸腐蚀后再用放大镜观察。当对钢材的质量有怀疑时，应对钢材原材料进行力学性能检验或化学成分分析。对于构件中孔洞及缺口的缺陷，应观察且记录构件中预留的施工孔洞及缺口周边是否为平滑曲线，用放大镜观察该部位周边是否有裂纹、表面熔渣、局部屈曲等现象，重要受力构件的预留孔洞是否加盖补焊或用环板焊接加固等。

4.12.1 钢结构现场损伤的诊断方法

钢构件的损伤包括以下几个方面：碰撞、悬挂吊物、切割等引起的构件局部变形、屈曲、截面缺损（孔洞、切口、烧穿、磨损等）、松动和断裂等；高温施焊引起的变形、内部材质和应力状态的变化；钢材锈蚀等。

一般可用目测或钢尺检测钢构件的损伤。如前所述，钢材表面锈蚀等级共分 A、B、C、D 四级，可以通过目视评定，评定时应在良好的散射日光下或在照度相当的人工照明条件下进行。检查人员应具有正常的视力。待检查的钢材表面应与相应的照片进行目视比较。照片应靠近钢材表面。评定锈蚀等级时，以相应锈蚀较严重的等级照片所标示的锈蚀等级作为评定结果；评定除锈等级时，以与钢材表面外观最接近的照片所标示的除锈等级作为评定结果。

对 D 级锈蚀，还应量测钢板厚度的削弱程度，以进一步判定钢材的锈蚀程度，检测钢材厚度的仪器有超声波测厚仪和游标卡尺，精度均达 0.01mm。

超声波测厚仪采用脉冲反射波法。超声波从一种均匀介质向另一种介质传播时，在界面会发生反射，测厚仪可测出探头自发出超声波至收到界面反射回波的时间。超声波在各种钢材中的传播速度已知，或通过实测确定，由波速和传播时间测算出钢材的厚度，对于数字超声波测厚仪，厚度值会直接显示在显示屏上。

4.12.2 现场结构构件变形诊断

钢结构变形的检测主要包括：钢梁、桁架、吊车梁以及钢屋（托）架、天窗架等平面内垂直变形（挠度）和平面外侧向变形，钢柱柱身倾斜与挠曲，板件凹凸局部变形、整个结构的整体垂直度（建筑物倾斜）和整体平面弯曲以及基础不均匀沉降等。

（1）变形的允许偏差和容许值 钢屋（托）架、桁架、梁及受压杆件的垂直度和侧向弯曲矢高，其允许偏差应符合相关规定。对于单层钢结构，主体结构的整体垂直度和整体平面弯曲可采用经纬仪、全站仪等测量。对于多层及高层钢结构，其整体垂直度可采用激光经纬仪、全站仪测量，也可根据各节柱的垂直度允许偏差累计（代数和）计算；整体平面弯曲可按产生的允许偏差累计（代数和）计算。

《钢结构设计规范》（GB 50017）给出了荷载作用下结构或构件的变形容

许值。

钢结构的基础不均匀沉降，可用水准仪或全站仪检测；当需要确定基础沉降发展的情况时，应在钢结构上布置测点进行观测。

（2）变形的诊断　钢结构构件的挠度，可用拉线、激光测距仪、水准仪和钢尺等方法检测。钢构件或结构的倾斜，可采用经纬仪、激光定位仪、三轴定位仪、全站仪或吊锤的方法检测，宜区分倾斜中施工偏差造成的倾斜、变形造成的倾斜、灾害造成的倾斜等。

① 水准仪检测构件跨中挠度的方法　采用水准仪测量构件跨中的变形，其数据较为精确。具体做法如下：

a.将标杆分别垂直立于构件两端和跨中，通过水准仪测出同一水准高度时标杆上的读数。

b.将水准仪测得的两端和跨中时水准仪的读数相比较即可求得构件的挠度值：

$$f = f_0 - \frac{f_1 + f_2}{2}$$

式中　f_0，f_1，f_2——构件跨中和两端水准仪的读数。

用水准仪量标杆读数时，至少测读 3 次，并以 3 次读数的平均值作为构件跨中变形。

② 经纬仪检测构件倾斜度的方法　检测钢柱和整幢建筑物倾斜一般采用经纬仪测定，其主要步骤有：

a.经纬仪位置的确定。测量钢柱以及整幢建筑物倾斜时，经纬仪位置如图 4-37 所示。其中要求经纬仪至钢柱及建筑物的间距 L 大于钢柱及建筑物的宽度。

b.数据测读。

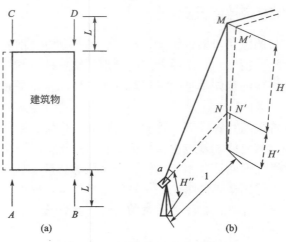

图 4-37　经纬仪检测构件倾斜度

③ 水准仪检测结构沉降的方法　建筑物沉降观测采用水准仪测定，其主要步骤有：

a. 水准点位置。

水准基点可设置在基岩上，也可设置在压缩性低的土层上，但须在地基变形的影响范围之内。

b. 观测点的位置。

建筑物上的沉降观测点应选择在能反映地基变形特征及结构特点的位置，测点数不宜少于 6 点。测点标志可用铆钉或圆钢锚固于墙、柱或墩台上，标志点的立尺部位应加工成半球或有明显的突出点。

c. 数据测读及整理。

沉降观测的周期和观测时间，根据具体情况来定。建筑物施工阶段的观测，应随施工进度及时进行。一般建筑，可在基础完工后或地下室墙体砌完后开始观测。观测次数和时间间隔应视地基与加荷情况而定，民用建筑可每加高 1～5 层观测一次，工业建筑可按不同施工阶段（如回填基坑、安装柱子和屋架、砌筑墙体、设备安装等）分别进行观测，如建筑物均匀增高，应至少在增加荷载的25％、50％、75％和100％时各测一次，施工过程中如有暂停，在停工时和重新开工时应各观测一次，停工期间，可每隔 2～3 个月观测一次。

测读数据就是用水准仪和水准尺测读出各观测点的高程。水准仪与水准尺的距离宜为 20～30m。水准仪与前、后视水准尺的距离要相等。观测应在成像清晰、稳定时进行，读完各观测点后，要回测后视点，两次同一后视点的读数差要求小于±1mm，记录观测结果，计算各测点的沉降量、沉降速度及不同测点之间的沉降差。

沉降是否稳定由沉降与时间关系曲线判断，一般当沉降速度小于 0.1mm/月时，认为沉降已稳定。沉降差的计算可判断建筑物不均匀沉降的情况，如果建筑物存在不均匀沉降，为进一步测量，可调整或增加观测点，新的观测点应布置在建筑物的阳角和沉降最大处。

构造是构件可靠性的重要保证，钢结构的构造措施有很多，检测时可参考现行规范和相关资料进行检查和评定。一般构造检测包括以下内容：杆件长细比、支撑体系（包括支撑布置形式、支撑杆件弯曲或断裂情况、连接部位有无破损、松动、断裂等、构件尺寸等）、构件截面的宽厚比等。

钢结构构件截面的宽厚比，可按规定测定构件截面相关尺寸，并进行核算，应按设计图纸和相关规范进行评定。

4.13　钢结构涂装的诊断

涂层表面质量应满足下列要求：构件表面普通涂层不应误涂、漏涂，涂层不应脱皮和返锈等。涂层应均匀、无明显皱皮、流坠、针眼和气泡等。防火涂料涂装基层不应有油污、灰尘和泥砂等污垢。防火涂料不应有误涂、漏涂、涂层应闭合无脱层、空鼓、明显凹陷、粉化松散和浮浆等外观缺陷，乳突已剔除。

防腐涂料涂装前钢材表面除锈应符合设计要求和国家现行有关标准和规定。处理后的表面不应有焊渣、焊疤、灰尘、油污、水和毛刺等。当设计无要求时，钢材表面除锈符合标准规定。

漆料、涂装遍数、涂层厚度均应符合设计要求。当设计对涂层厚度无要求时，涂层干漆膜总厚度：室外应为 $160\mu m$，室内应为 $125\mu m$，其允许偏差 $\pm25\mu m$。漆膜厚度可用漆膜测厚仪检测，抽检构件的数量不应少于 A 类检测样本的最小容量，也不应少于 3 件；每件测 5 处，每处的数值为 3 个相距 50mm 的测点干漆膜厚度的平均值。

4.14 钢结构表面涂膜腐蚀诊断评估

既有工业钢结构防腐蚀涂装检测评定包括主控项目单项评定；一般项目单项评定；腐蚀环境影响系数确定；计算综合评定结果，得出综合评定结论。

检测数量：按同类构件数量检测 30%（应不少于 3 件），每件测 5 处，每处测 3 点。严重腐蚀区域应适当增加检测数量。

(1) 既有钢结构表面涂膜主控项目评定

① 涂膜系统干膜厚度等级评定　见表 4-46。

表 4-46　涂膜系统干膜厚度等级评定

涂膜系统干膜厚度	评定分数 T_1
≥涂膜系统原涂膜系统设计厚度	100
原设计厚度的 90%≤涂膜系统干膜厚度<原设计厚度	80
原设计厚度的 80%≤涂膜系统干膜厚度<原设计厚度的 90%	60
原设计厚度的 70%≤涂膜系统干膜厚度<原设计厚度的 80%	40
原设计厚度的 60%≤涂膜系统干膜厚度<原设计厚度 70%	20
<涂膜系统原设计厚度的 60%	0

② 涂膜附着力评定　涂膜附着力检测包括拉开法和划叉法两种，拉开法适用于最终评定。

a. 涂膜拉开法附着力检测评定按《色漆和清漆拉开法附着力试验》（GB/T 5210）的规定进行，评定分数应符合表 4-47。

表 4-47　拉开法附着力评定

拉开法附着力/MPa	评定分数 T_2
附着力≥5	100
4≤附着力<5	80

拉开法附着力/MPa	评定分数 T_2
3≤附着力＜4	60
2≤附着力＜3	40
1≤附着力＜2	20
附着力＜1	0

b. 涂膜划叉法按 X 形切割-胶带粘贴法进行测定　用划纸刀在涂膜上划 X，X 形切割线角度约 30°，两切割线长度约 40mm，每道切割线应划到钢材基体，并用宽 18～24mm 玻璃胶带紧贴划 X 部位，胶带长度约 50mm，并用橡皮块赶跑气泡。胶带粘贴 1～2min 后，与基体成 35°～45°方向迅速揭除胶带（约 0.5s）。评定应符合表 4-48 的规定。

表 4-48　附着力（划叉法）等级评定

划 X 部位状态	评定分数 T_2
无剥落	100
离划 X 部交点 0.5mm 内有剥落	80
离划 X 部交点 1.5mm 内有剥落	60
离划 X 部交点 3.0mm 内有剥落	40
划 X 线处剥落面积大于 50%有剥落	20
剥落面积大于划 X 部分	0

c. 涂膜开裂程度评定应符合表 4-49。

表 4-49　涂膜开裂程度评定

开裂深度	涂膜开裂大小	评定分数 T_3
没有穿透涂膜的表面开裂	只有在 10 倍放大镜下才能看见	100
穿透表面涂层，但只达到中间涂层或底涂层	用正常视力可以清楚地看见	80
穿透整个涂膜，可见基材	开裂宽度不超过 1mm	40
已露出大面积基材	开裂宽度超过 1mm	20

d. 涂膜起泡程度评定应符合表 4-50。

表 4-50　涂膜起泡程度评定

起泡程度	起泡密度/(个/m²)	评定分数 T_4
无泡	0	100
很少，几个泡	起泡数量≤5	80
有少量泡	5＜起泡数量≤10	60

起泡程度	起泡密度/(个/m²)	评定分数 T_4
有中等数量的泡	10<起泡数量≤15	40
有较多数量的泡	15<起泡数量≤20	20
密集型的泡	>20	0

e. 既有钢结构涂膜下锈点评定应符合表 4-51 的规定。

表 4-51　锈点（斑）数量评定

生锈状况	锈点数量/(个/m²)	评定分级 T_5
无锈点	0	100
很少,几个锈点	锈点数量≤5	80
有少量锈点	5<锈点数量≤10	60
有中等数量锈点	10<锈点数量≤15	40
有较多数量锈点	15<锈点数量≤20	20
密集型锈点	>20	0

f. 既有钢结构涂膜下基体腐蚀速率评定，应符合表 4-52。

表 4-52　涂膜下基体腐蚀速率评定

腐蚀速率/(μm/a)	评定分数 T_6
≤1.3	100
1.3<腐蚀速率≤25	80
25<腐蚀速率≤50	60
50<腐蚀速率≤80	40
80<腐蚀速率≤200	20
>200	0

（2）既有钢结构表面涂膜一般项目评定

① 既有钢结构涂膜变色程度评定　按《色漆和清漆　色漆的目视比色》（GB/T 9761）的规定将已有涂膜，按涂膜老化后颜色变化程度对比标准色样卡（或原产品色卡）进行评级，评定应符合表 4-53 的规定。

表 4-53　涂膜变色程度评定

变色程度	色差值	评定分数 T_7
与原色卡对比无变色	≤1.5	100
与原色卡对比很轻微变色	1.6～3.0	80
与原色卡对比有变色	3.1～6.0	60
与原色卡对比有明显变色	6.1～9.0	40

续表

变色程度	色差值	评定分数 T_7
与原色卡对比有较大变色	9.1～12.0	20
严重变色,不能辨别原涂膜颜色	>12.0	0

② 既有钢结构涂膜失光等级评定　清理干净被检测部位,平面采用光泽仪测量,曲面及不易测量的部位,采用目视比较,评定应符合表 4-54。

表 4-54　涂膜失光评定

失光状况	失光率/%	评定分数 T_8
基本无失光	4～15	100
轻微失光	16～30	80
明显失光	31～50	60
严重失光	51～80	20
完全失光	>80	0

③ 既有钢结构涂膜粉化评定　应符合表 4-55。

表 4-55　涂膜粉化评定

粉化情况	评定分数 T_9
无粉化	100
很轻微,试布上刚可观察到微量颜料粒子	80
轻微,试布沾有少量颜料粒子	60
明显,试布沾有较多颜料粒子	40
较重,试布上沾有很多颜料粒子	20
严重,试布上沾满大量颜料粒子,或样板出现露底	0

④ 既有钢结构涂膜霉点评定　应符合表 4-56 的规定。

表 4-56　涂膜霉点评定

长霉数量	霉点大小(最大尺寸)	评定分数 T_{10}
无霉点	无可见霉点	100
很少几个霉点	正常视力下可见霉点	80
稀疏少量霉点	<1mm 霉点	60
中等数量霉点	<2mm 霉点	40
较多数量霉点	<5mm 霉点	20
密集型霉点	≥5mm 霉点和菌丝	0

⑤ 涂膜系统设计调查　应符合表 4-57 的规定。

表 4-57　涂膜系统设计调查评定

调查内容	评定分数 T_{11}
按规范正常设计	100
基体除锈等级设计不符合规定	50
防腐蚀涂膜配套体系设计不符合规定	50

⑥ 涂装质量调查评定　应符合表 4-58 的规定。

表 4-58　涂装质量调查评定

	调查内容	分值	评定分数 T_{12}	
			是	否
1	是否按要求购进涂料	10	10	0
2	是否有产品说明书及施工指南	10	10	0
3	涂料进场是否有复检报告	10	10	0
4	涂装工艺各个环节是否有书面记录	35	35	0
5	是否有施工现场环境记录表	35	35	0

注：该项为累积计算分数。

(3) 腐蚀环境影响系数　腐蚀环境影响系数应符合表 4-59 的规定。

表 4-59　腐蚀环境影响系数

腐蚀性等级	普碳钢		腐蚀影响系数 Z
	质量损失/[$g/(m^2 \cdot a)$]	厚度损失/($\mu m/a$)	
微	≤10	≤1.3	≤3%
弱	10<质量损失≤200	1.3<厚度损失≤25	3%<Z≤5%
中	200<质量损失≤400	25<厚度损失≤50	5%<Z≤10%
强	400<质量损失≤1500	50<厚度损失≤200	10%<Z≤40%

(4) 既有钢结构表面涂膜综合评定值

① 确定项目编号。

主控项目编号应符合表 4-60 的规定。

表 4-60　主控项目编号

项目名称	涂膜厚度	附着力	开裂程度	涂膜起泡	锈点数量	涂膜下基层锈蚀速率
项目代号	T1	T2	T3	T4	T5	T6

一般项目编号应符合表 4-61 的规定。

表 4-61　一般项目编号

项目名称	变色	失光	粉化	霉点	涂膜系统设计调查评定	涂装质量调查评定
项目代号	T7	T8	T9	T10	T11	T12

② 根据指标因子在综合评定中的重要性，确定主控项目重要性分值为3、一般项目重要性分值为1，将上述12个指标每两个之间的重要性分值进行比较，得出成对比较矩阵，确定出上述12个指标的权重因子，应符合表4-62的规定。

表 4-62　权重因子

项目/T_i	主控项目						一般项目					
变量 i	1	2	3	4	5	6	7	8	9	10	11	12
权重因子	0.125						0.0417					

③ 考虑到项目（考虑权重因子）不及格（低于60）时对评定的影响，因此计算综合评定值 M 时加入减分，最终计算公式为：

$$M = \left(\begin{matrix} 0.125 \times \sum_{i=1}^{6} T_i + 0.0417 \times \sum_{i=7}^{12} T_i + \min_{1 \leqslant i \leqslant 6} \{T_i - 60, 0\} + \\ \dfrac{0.0417}{0.125} \times \min_{7 \leqslant i \leqslant 12} \{T_i - 60, 0\} \end{matrix} \right) \times (1 - Z)$$

$$(4-2)$$

式中　M——综合评定值；

　　　T_i——各单项评定分数；

　　　Z——腐蚀环境影响系数。

（5）既有钢结构防腐蚀涂装质量综合评定　综合评定结果应包括各单项检测结果及评定分数表，建立完整记录。综合评定结论应按表4-63的规定进行。

表 4-63　既有工业建（构）筑物钢结构防腐蚀涂装质量综合评定

综合评定值(M)	综合评定结论
100	合格
$90 \leqslant M < 100$	暂不需维修，观察，继续使用
$60 \leqslant M < 90$	经小修补后，观察，继续使用
$M < 60$	必须经大修后，才能继续使用

（6）既有钢结构腐蚀截面积检测及安全性评定

① 为保证钢结构的安全和耐久性，结合涂膜下钢结构基体腐蚀速率，可通过钢结构截面积减小预估对钢结构安全和耐久性的影响。

② 钢结构构件主体的保护涂膜破坏，基材腐蚀截面检测损伤大于10%，应对结构可靠性进行鉴定，并及时进行维修，满足设计要求。

③ 钢结构构件的基材腐蚀截面积检测小于10%，可通过式（4-3）预估该钢结构的自然腐蚀剩余年限 Y_{r1}。

$$Y_{r1} = \left(\frac{0.1t_0}{t_0 - t_r} - 1 \right) Y_0 \alpha_s \qquad (4-3)$$

式中　t_0——钢结构原钢材厚度；

　　　t_r——钢结构腐蚀后钢材的剩余厚度；

　　　Y_0——结构构件已使用年限；

　　　α_s——钢结构腐蚀系数。

其中钢构件腐蚀系数 α_s 取值按表 4-64 确定。

表 4-64　钢构件腐蚀系数 α_s 和钢结构腐蚀速率 V_{st}

腐蚀速率	$V_{st} = \dfrac{t_0 - t_r}{Y_0}$	$\leq 10\mu m/a$	$10 \sim 50\mu m/a$	$> 50\mu m/a$
腐蚀系数	α_s	1.20	1.00	0.80

④ 钢结构主要构件中的应力水平较高时，应考虑涂膜下钢结构应力影响的耐久性自然腐蚀剩余年限 Y_{r2}。可通过下列公式计算：

$$Y_{r2} = \left[\frac{0.5t_0}{t_0 - t_r} \left(1 - \frac{\sigma_0}{f_y} \right)^{\frac{1}{m}} - 1 \right] Y_0 \alpha_s \qquad (4-4)$$

式中　σ_0——钢构件主要杆件在常遇荷载下的最大主应力；

　　　f_y——钢构件主要杆件的屈服强度；

　　　m——钢结构考虑应力影响耐久性腐蚀的截面形状和受力系数，应符合表 4-65 的规定。

表 4-65　钢结构应力影响下的截面形状和受力系数 m

系数		截面形状及受力种类
m	1	薄板、受拉构件、λ（钢构件杆件的长细比）<100 的受压构件
	2	薄板、受弯构件
	3	薄板、λ（钢构件杆件的长细比）>100 的受压构件

参 考 文 献

[1] 杨熙珍，杨武. 金属腐蚀电化学热力学电位 pH 图及其应用. 北京：化学工业出版社，1991.

[2] 郭兵，雷淑忠. 钢结构的检测鉴定与加固改造. 北京：中国建筑工业出版社，2006.

[3] 中国腐蚀与防护学会建筑工程专业委员会. 2015 年全国海洋工程腐蚀与防护技术研讨会论文集. 海口，2015.

[4] 耿欧. 混凝土构件的钢筋锈蚀与退化速率. 北京：中国铁道出版社，2010.

[5] 中国腐蚀与防护学会建筑工程专业委员会. 第八届全国建筑工程腐蚀与结构耐久性学术交流会论文集. 福州，2013.

[6] 唐修生，黄国泓. 复合型钢筋阻锈剂试验研究. 新型建筑材料，2008（1）：60-62.

［7］ W. MORRIS A VICO and M. VAZQUEZ. The performance of a migrating corrosion inhibitor suitable for reinforced concrete. Journal of Applied Electrochemistry. 2003，33：1183-1189.

［8］ 王东林，等. 桥梁腐蚀防护与耐久性中国腐蚀与防护学会建筑工程专业委员会会议论文集. 2001.

［9］ 陈琳. 混凝土结构耐久性退化及耐久性描述. 第六届全国建筑腐蚀防护学术交流会论文集. 福州，2013：1-6.

［10］ R. Baboian. . Electrochemical techniques for corrosion：National Association of Corrosion Engineers，1977，8769（19）：9419-9427.

第5章
既有房屋建筑腐蚀耐久性可靠度评定

5.1 概述

5.1.1 基本概念

（1）房屋建筑结构应当具有的功能和性能

① 能承受在正常施工和正常使用时可能出现的各种作用（荷载及其他作用）；

② 在正常使用时具有良好的工作性能；

③ 在正常维护下具有足够的耐久性能；

④ 在偶然事件发生时及发生后，仍能保持必需的整体稳定性。

（2）房屋结构可靠度

结构在规定的时间内，在规定的条件下，完成预定功能的概率，称为结构耐久可靠度。

（3）既有房屋建筑结构的可靠性鉴定

既有房屋建筑结构的可靠性鉴定是环境对结构上的腐蚀作用、结构耐久性能及相互关系进行检查测定、研究判断取得结论的过程。

5.1.2 既有房屋建筑结构可靠性鉴定的目的

既有房屋建筑结构可靠性鉴定的目的是要环境对结构腐蚀作用及结构耐久性进行符合实际的分析判断，以利于结构的合理使用与加固处理。工程在加固、改扩建、事故处理、危房检查及施工质量事故裁决中经常要进行鉴定工作。

一般结构物从设计构思到建成验收，要想较深入了解它的可靠度，不经过鉴定是难以清楚的，这是因为：

① 建成后的结构物所承受的实际荷载与设计荷载往往有较大的差异。有的荷载只能在使用后才能合理确定。

② 实际建成的结构物与设计图纸有时也有所不同。

③ 结构的设计计算并不能代替实际结构的可靠度分析。典型工程的鉴定可以应用现代技术装备与理论，对结构进行深入的科学分析判断。

④ 一般结构经过一段时间的作用，遇到地震、火灾、严重腐蚀、地基不均匀压缩和基础不均匀沉陷、温度变化、龙卷风、爆炸、安装荷载、活动荷载……作用后，与新设计建造的结构有差别。

⑤ 更重要的是由于历史上和技术上的原因，在我国有相当数量的现存建筑物，存在着设计、施工、使用上的不正常、错误或制度不当，危及了建筑结构的正常使用，而这些建筑物正在经济建设中发挥重要的作用。如何确保这些建筑物在可靠性原理指导下控制使用，更需要科学鉴定。

5.1.3　可靠性鉴定思路

人们认识问题的角度经常不同，处理问题的差别就更大，因此，恰如其分地处理问题并不容易，它往往需要科学的检测、深入的理论分析和丰富的工程经验，一般工程技术人员只要能够做到思路和概念正确，工程失误的可能性也是很小的。

各种既有房屋建筑结构的腐蚀耐久可靠性鉴定方法大同小异，大都是分阶段进行的。根据鉴定的目的，由初级鉴定开始，逐级筛选出尚未定论的部分作深入的检测、分析、研究，直至取得最终解决。日本清水建研所鉴定手册的方法就是一个典型。本书根据对工程鉴定研究的结果和人们认识问题的规律，介绍一种近似逼近鉴定方法的思路。

近似逼近法是一种逐步搞清问题的比较好的方法。现以认识圆周率π比喻这种方法。如果有人问圆的周长是直径的多少倍，你可以简单回答大于 2，这个回答是对的，但不够准确。界限误差为 36.34％，搞设计往往就是根据规范，规定偏于安全考虑一个范围。但是，假如你做一个圆形板在直线上走一周，你会发现圆周率比 3.1 略大一点。此时的误差就降低到了 1.32％，这个 3.1 就有点儿像第一次鉴定的结果。如果你用精密仪器还可以测到 π＝3.1416，但这要花费较高的测试代价。这相当于第二次鉴定，如果你能请来数学家解决这个问题，应用数学方法可以推算出 π＝3.141592653589793… 就更精确了。上述方法就是近似逼近方法的做法。工程问题不像圆周率那样单纯。影响因素是多方面的。参数是变异的。解决工程问题要综合各方面分析的结果才能下结论。

近几年我们研究了国内外重大结构倒塌和工程事故，发现绝大多数工程结构事故都是由于施工、使用、设计的严重失误和不可抗力的因素（强地震、水灾、风灾、火灾……）造成的，其次则是尚未认识的腐蚀耐久性因素（钢结构潜在的残余应力、断裂、未预计到的结构强共振等）造成的。在正常设计、正常施工、正常使用的条件下，达到理论统计失效概率的工程几乎没有。规范规定的可靠度指标对统一指导工程建设是很重要的。但是，它只是一个控制指标，而不是实际结构满足四项功能要求的真正必需的最低指标。

5.2 房屋结构可靠度的判定

5.2.1 结构可靠度的判定方法

结构可靠度鉴定可以采用筛选的方法，逐级缩小详细鉴定的范围。以便针对病态结构或构件做出科学的诊断与处理。

一个建筑物群的鉴定，首先要根据鉴定程序和要求，由房屋主管部门提供建筑物的有关资料，审查设计、施工、使用、维修管理、存在问题、已有鉴定意见等文件资料，配合现场按一定程序的检查调研（核对实物与文件的符合程度；目测宏观异常，例如结构的开裂破坏、挠曲变形、锈蚀老化等；进行必要的仪器检测；询问结构使用有无异常反应等）进行厂房初步鉴定和分级。例如：Ⅰ级为设计、施工、使用质量良好；Ⅱ级为存在一般问题（实际上尚未超过有关规范标准）；Ⅲ级为局部超过规范标准，但尚未进入危险状态；Ⅳ级为关键部位达到了危险状态，然后对筛选出的Ⅲ、Ⅳ级的危险结构或危险构件作进一步鉴定。

鉴定计算中经常遇到结构使用了若干年，混凝土强度有些变化，钢结构也可能有轻微锈蚀，进行鉴定时能否按施工验收或已达到的规范数据进行验算的问题，这要具体分析。一般情况下只要外观没有严重缺陷，结构在常遇荷载下应力不高，在最大应力组合下也有安全储备时，可以考虑应用上述依据。不符合上述条件的结构则要进行专门的鉴定测试、分析、计算与判定。

关于使用规范的问题，我们可能遇到日伪时期、国民党时期、解放初期的结构物，初步鉴定它们用什么标准呢？对这些结构当然可以用当时的规定，但是经过几十年的工程实践和理论研究证实，随着科学技术的进步和工程经验的积累，总的趋势是人们对结构的认识水平越来越高，对荷载参数的统计越来越准，对结构抗力的计算越来越精，对可靠度处理越来越科学，逐渐走向艺高胆大的境界。虽然规范一次又一次地更新，但它毕竟是当时经验与理论、政策在工程控制标准中的应用，在基本理论没有严重错误又没有重大的实质性突破之前，结构尺度是不会有重大变化的，规范表达式的不同只是现象而不是本质。例如20世纪20年代的钢筋混凝土梁柱用80年代的理论和规范去衡量，必要的尺度修正是不大的，所以用近代理论去认识旧结构会更深刻、更精确。应用近代理论和规范去衡量旧结构是可行的。但是必须注意旧结构的材质参数与现代水平不同。还要考虑老化的影响，要根据实测数据和累积资料做类比变换。近年来的研究结果表明，早期的结构尽管容许应力水平很低，似乎有相当大的安全储备。但在结构材质和结构构造上存在不少问题，挖潜使用要慎重。分析旧建筑结构要注意所用规范系统的统一。如果用现行规范则要荷载、结构抗力都用现行规范，不能用50年代的荷载规范、70 年代的设计规范去计算。不同时代的结构安全度表达方式及公式含义是不一样的。另外鉴定计算取值上要有所斟酌。直接应用现代理论分析结构更是可取的。

5.2.2　可靠度计算的基本概念

结构的可靠度通常受各种荷载、材料性能、几何参数、计算公式精确性等因素的影响。这些因素一般具有随机性，称为"基本变量"。

记为
$$X_i(i=1,2,\cdots,n) \tag{5-1}$$

按极限状态方法鉴定建筑结构时，针对所要求的各种结构性能（如强度、刚度、抗裂度等），通常可以建立包括各有关基本变量在内的关系式。
$$Z=g(X_1,X_2\cdots,X_n)=0 \tag{5-2}$$

这一关系式称为"极限状态方程"。其中，$Z=g(\cdot)$ 称为结构的"功能函数"。

如以功能函数仅与两个正态基本变量 S、R 有关，且极限状态方程为线性方程的简单情况为例，来导出结构构件的可靠性指标。则结构的功能函数为：
$$Z=g(S,R)=R-S \tag{5-3}$$

式中，S 为结构的荷载效应，R 为结构抗力。

当 $Z>0$ 时，结构处于可靠状态。

当 $Z<0$ 时，结构处于失效状态。

当 $Z=0$ 时，结构处于极限状态。

可见，通过功能函数 Z 可以判别结构所处的状态。当基本变量满足极限状态方程
$$Z=R-S=0 \tag{5-4}$$

按概率论、结构的失效概率为：
$$P_f=P(Z<0) \tag{5-5}$$

因 S，R 为正态变量，故 Z 亦为正态变量。从而 P_f 可表达为：
$$P_f=P(<)=\phi(\cdot) \tag{5-6}$$

式中　$\phi(\cdot)$——标准正态分布函数。
$$\beta=\frac{\mu_Z}{\delta_Z}=\frac{\mu_R-\mu_S}{\sqrt{\delta_R^2+\delta_S^2}} \tag{5-7}$$

式中　δ_S，δ_R——S、R 的平均值和标准差；

μ_Z，δ_Z——Z 的平均值和标准差。

从而公式(5-6) 可为
$$P_f=\phi(-\beta)或\beta=\phi^{-1}(1-P_f) \tag{5-8}$$

公式(5-8) 表明，β 与 P_f 具有数值上的一一对应关系。已知 β 后，即求得 P_f，见表 5-1。由于 β 越大，P_f 就越小，即结构越可靠（表 5-1），因此 β 被称为"可靠指标"。

表 5-1 β 与 P_f 的对应关系

β	P_f	β	P_f
1.0	1.59×10^{-1}	3.0	1.35×10^{-3}
1.5	6.68×10^{-2}	3.5	2.33×10^{-4}
2.0	2.28×10^{-2}	4.0	3.17×10^{-5}
2.5	6.21×10^{-3}	4.5	3.40×10^{-6}

当已知两个正态基本变量的统计参数（平均值和标准差）后，即可按公式(5-7)直接求出 β 值。对于多个正态和非正态基本变量的情况，要做一些数学处理，但是基本概念是一样的。结构构建失效概率与可靠指标关系如果 5-1 所示。

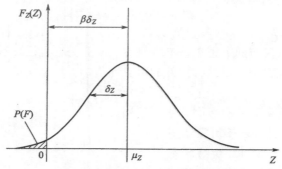

图 5-1 结构构建失效概率与可靠指标关系

由公式(5-7)可见，β 直接与基本变量的平均值和标准差有关（μ_Z 增大，σ_Z 减小均使 β 增大）。而且还可以考虑基本变量的概率分布类型。这就是说，它已概括了各有关基本变量的统计特性，从而可以较全面地反映各种影响因素的变异性。这是传统的安全系数所不能做到的。此外，β 是从结构功能函数 Z 出发，综合地考虑了荷载和抗力变异性对结构可靠度的影响。这与现行设计方法只在设计取值上部分和独自地考虑各种基本变量的变异性有区别。

5.2.3 结构可靠度的一般计算方法

结构可靠度的一般计算方法，目前国际上多采用国际"结构安全度联合委员会"（JCSS）推荐的方法。

直接应用这种方法计算结构通常是很复杂的，而且要靠专门的程序在计算机上进行。因此只有少量很重要的结构或重要的疑难结构可以考虑应用。

为了应用方便，可以根据上述原理，经过一定条件下的简化计算，归纳出实用简化公式列入规范和标准（包括已有建筑物可靠度鉴定标准）。近几年编制的结构规范，即是如此。

采用这种方法可以从理论上统一各种结构规范的可靠性尺度，但是如何正确应用，尚是值得研究的课题，因为 β 本身是个统计量值，它是以一定的物理力学概念和工程概念为基础的。错误的基础概念所求得的 β 并没有真正的可比价值。

参 考 文 献

[1]　民用建筑可靠性鉴定标准 GB 50292—2014.
[2]　工业建筑可靠性鉴定标准 GB 50144—2008.
[3]　建筑结构可靠度设计统一标准 GB 50068—2001.

第6章
提高和保障房屋建筑耐久性措施

6.1 材料、设计、管理及技术在提高和保障房屋建筑耐久性的作用

6.1.1 提高结构材料的耐久性

提高结构材料的耐久性，是保证结构使用年限的主要途径。近年来，我国在高性能混凝土的推广应用上已取得了一定成果。下面提出的一些方面需要政府有关部门从技术政策上采取措施或联合各部门加以解决。

（1）水泥生产 要限制水泥产品过分追求早强的倾向。此外，在水泥的强度标准上，除了规定最低强度要求外，还应像国外的标准那样，同时列入对最高强度的限制。对水泥的细度也应规定高限。这样才能保证同一品种的水泥产品具有比较稳定的质量，有利于配制耐久的混凝土。

（2）混凝土的粗骨料 国内市场上供应的用于配制混凝土的碎石多为颚式破碎机生产，石子的粒形不良，针、片状的颗粒含量大，级配也很差。用这种骨料配制的混凝土不仅需要更多的水泥填充骨料间的孔隙，而且拌和水的需用量大，配制出的混凝土耐久性不良。

（3）推广引气混凝土 引气混凝土有较好耐久性，为了推广引气混凝土，首先要扶植优质引气剂的生产，还要完善引气混凝土的质量控制与检验标准。

（4）开发耐锈钢筋品种 严酷环境下的混凝土结构，采用耐锈钢筋取代普通钢筋可以有效延长结构的使用寿命。耐锈钢筋的价格要比不锈钢低得多，在土建工程中有推广价值，需要提请冶金部门组织力量研究开发这类新的钢筋品种并组织生产。

（5）海砂混凝土的控制与利用 我国沿海地区因滥用海砂配制混凝土已造成不少危害。海砂中含有氯盐，能引起钢筋严重锈蚀，导致的后果很难改变，在世界范围内已有过许多教训。海砂使用前如果清洗不彻底，含盐量超标，则混凝土

中的钢筋可能在工程建成后几年内就出问题，也可能在十几年或几十年之后出问题。所以在推广应用海砂混凝土的地区，必须对混凝土用海砂制定非常严格的生产供应和质量检验标准。在土建工程特别是商品房的竣工验收中，必须列入从已建结构的混凝土构件中取样化验的强制检查规定，以检测混凝土的氯盐含量是否低于合格水准。凡氯盐含量超出规定的商品房绝对不许出售，凡超出规定过多的必须就地拆除重建。

6.1.2　重视耐久性设计，加强施工质量管理

在已往土建结构工程的设计文件中，主要的内容限于结构强度或承载力的分析与计算，没有环境作用下结构耐久性设计的独立章节，这种情况应该改变。为了达到设计寿命的预定目标，设计时还必须对结构材料的选用、结构施工工艺和施工质量控制以及今后使用过程中的正常维修与检测提出要求。对于重要的工程以及处于明显侵蚀环境下的各种结构工程（如冻融环境、海洋环境以及受各类盐、酸等化学物质侵蚀的环境等），还应该强制规定在结构设计中纳入耐久性设计的内容，至少应包括以下方面。

（1）环境作用的调查与描述，明确结构各部分所处的环境作用等级。

（2）结构及其构件的设计使用年限。对于正常环境下的房屋结构构件，其不需大修的设计使用年限应该取与结构的整体使用年限相同。

（3）提出材料的耐久性要求与指标。如混凝土的原材料选择，混凝土水胶比、强度等级和胶凝材料用量，混凝土的抗冻等级、氯离子扩散系数等。

（4）为保证耐久性而采取的结构构造措施。如混凝土保护层厚度、防水排水措施等。

（5）为保证耐久性而提出的施工工艺和施工质量控制要求。混凝土结构的耐久性在很大程度上取决于施工质量，尤其是构件表层混凝土的施工养护质量与钢筋的混凝土保护层厚度。现行施工技术规范在这些方面的要求满足不了耐久性的需要，应该专门从耐久性的角度对施工单位提出质量保证的具体要求，并规定相应的检测措施加以落实。

（6）提出使用过程中的正常维修与检测的要求。结构的使用寿命与使用期内的正常维修水平有关，设计人应对工程的业主、运营单位或用户提出使用期内的维修要求，还应在设计中为今后使用过程中的检查、维修和部件的替换预留条件。有人认为，根据结构物前 15 年使用期的表现，就可对其耐久性作出有把握的估计，而耐久性问题中的 60% 可在最初 3 年内就有所显示。设计人应特别提出使用过程中必须检查的结构关键部位和检查时间。对处于不利环境（如除冰盐）下的新建桥梁等建筑物，宜在使用 3～4 年后就进行耐久性评估。这样可以根据实际的使用条件和初始劣化的具体情况，及时采取补救措施。

目前，还急需组织力量编写耐久性设计的技术文件或标准。现行设计、施工

规范中有关耐久性的要求过于简略，有些条款甚至对耐久性有害，应该尽快予以纠正。

多年来，在总结正反两方面经验的基础上，有关单位分别制定、颁发或公布了各自的建筑防腐蚀设计技术规定、通用图集、手册、定额等类。多年编制的《工业建筑防腐蚀设计暂行技术规范（送审稿）》在国内广为流传，起到了指导建筑防腐蚀耐久性工程的作用。冶金部批准了《重有色冶金建筑防腐蚀设计规程》，之后其他行业也相继编制了一些类似的规程规定。国家经委批准出版《工业建筑防腐蚀设计规范》，该规范总结了我国已有经验，吸收了国外经验，结合国内材料、施工和设备制造水平，以及正常的生产条件和一般管理水平，并考虑工业水平的不断发展而编制的，在当前仍不失其重要意义。

高水平的设计应有相应的高水平的施工质量来保证。实践证明，施工细致认真，防腐蚀设计就能充分发挥作用，构件质量良好，使用效果满意。反之，设计再好，并使用优质材料，但如施工质量欠佳，则使用寿命必然不长，甚至一经投产即行破坏。我国的设计与施工单位，由于设计费较低以及投标中的恶性压价竞争，不能调动设计人员精心设计，尤其是不少施工企业在恶性压价竞争下入不敷出，无力在工人培训、技术改造等方面自我发展提高，甚至不得不偷工减料。这种局面十分不利于我国土建行业的健康发展。要提高从业人员素质，加强结构耐久性重要意义的宣传教育。在国内进行的鲁班奖、詹天佑奖等工程评奖活动和工程质量考核中，应该将耐久性作为一项重要的指标。在高校的土木工程教育和在职技术人员的继续教育中，也要增添结构耐久性的内容。

随着基本建设发展的需要，化工部和原建工部颁发了《工业建筑物和构筑物耐酸防腐工程施工及验收暂行技术规范》，在当时起了积极的作用，这是我国第一本有关建筑防腐蚀的部标技术文件。建筑防腐蚀耐久性工程的层次多，隐蔽工程多，任何一层做不好都会影响工程质量，所以各种类型的建筑，一经交付使用，国家每年要拨出相当数量的维修费用，但有些单位长期不搞维修，专款不能专用，导致建筑物破坏到难以维修不可收拾的地步，损失很大。有些单位认真维修，不仅节省数量可观的大修费用，还保证了正常生产，增加了产量，降低了消耗。可见加强防腐蚀耐久性工程管理和维修的重要性。

6.1.3　积极推动房屋建筑耐久性的技术发展

现在，我国在建筑防腐蚀方面已建立起自己的体系，拥有相当的设计、科研和施工力量，能解决常见的建筑防腐蚀问题，也可以集中力量解决一些难度较大的课题。但建筑防腐蚀技术的发展也是很不平衡的。在不断总结各地行之有效的经验的基础上，应通过多种渠道，采取各种手段，大力普及关于建筑腐蚀与防护耐久性的基本知识和实用的防腐技术。发展新型材料，探索各种材料的腐蚀机理，探索改善材料性能的方法，提高施工技术，使物尽其用、稳妥可靠。探索各种结构在不同工作条件下的腐蚀机理，弄清最优工作条件，提高建筑结构的耐久性。

提高建筑耐久性，研究各种保护层在不同基础层上在不同工作条件下的腐蚀机理以及提高使用效果的最优措施。这些都是面临的工作。

防腐蚀工程对防腐蚀材料的质量要求严格，防腐蚀施工技术牵涉的知识面也很广，技术也很复杂，还有一系列安全、防火、防毒、防爆等方面的严格的技术要求。三十几年来，我国在工业建筑防腐蚀中取得了一些成绩，却也暴露出不少新问题。在其他建筑如民用建筑中，某些老传统被弃，新设计多有不重视防腐蚀问题的，一方面是新材料新技术日新月异，另一方面是大自然受各种影响，主要是工业影响，污染日增。建筑工程部门都应把腐蚀问题提到日程上来研究，建筑腐蚀与防护受到各行各业的重视后才能发挥更大的社会经济效益。

6.2　制度建设是提高房屋建筑耐久性的有力保障

6.2.1　建立使用阶段的结构安全检测制度

为了保证结构使用期间的安全性，应对土建工程进行定期的安全检测。我国土建工程建设的施工管理水平和施工操作人员的素质相对较差，质量控制与质量保证制度不够健全，结构设计的安全设置水准又相对较低，加上不同历史时期修建的建筑物质量又受到各个时期经济形势和政治运动的影响，还有不少工程属于违章建设，所以更有必要进行工程的定期检测。

新加坡的建筑物管理法就强制规定：除业主自用的独立、半独立和单连的小型住宅和临时建筑物外，所有公寓、宿舍等居住建筑在建造后 10 年及以后每隔 10 年必须进行强制检测，其他的公共、商业、工业等建筑物则为建造后 5 年及以后每隔 5 年进行一次强制检测。这样的检测对多数建筑物都可通过目测调查完成，至于是否需要对结构作进一步的全面测试，则要根据目测发现的缺陷程度和可疑情况而定。在这一法规中还同时规定了从事检测工作的工程师资格要求以及具体开展这一业务的具体方法。在日本，通常要求建筑物服役 20 年后进行一次检测。鉴于对混凝土结构进行维护管理的重要性与实际需要，1999 年日本混凝土协会创立了"混凝土诊断师制度"，已在 2001 年和 2002 年举行了二次考试，有 2000 多人取得了执业合格证书。英国等国家有房屋测量师（检测师）的从业注册制度，提供房产及其设施的安全检测与资产评估等服务；政府对于体育场馆等人员密集的公共建筑，规定了强制的定期检测要求；不仅对工程中的承重结构要作检测，而且对外墙饰面（贴面砖、玻璃幕墙）也须进行定期的安全检测，以预防饰面的可能坠落所导致的人员伤亡事故。工程的检测也与维修有紧密的联系，欧美土建建设市场中的维修管理费用份额已达 50%或接近 50%；日本由于工程建设质量保证比较严格，城市现代化建设开始稍晚，目前的维修费用大约仅为15％。美国自20世纪70年代起，新建工程就开始不景气，而维修改造业日益兴旺，美国劳工部认为，维修工作将是全美最受欢迎的九个行业之一。

从近年的情况看，建筑物的检测、鉴定与加固已在各地发展成为一个新兴的行业。政府部门宜因势利导，及时制定相关的管理与技术标准，研究确定成立专职的安全检测工程师注册制度，并与建筑物定期检测的强制法规相配合。

6.2.2 完善技术标准及其管理模式

我国土建工程建设的技术标准体系及其管理模式是在过去计划经济年代中形成的，有些已不能适应当今社会主义市场经济条件下的需求，有必要作进一步的认识并修改完善。

土建工程建设需有一套完整的法规和技术标准体系。国际上的一般做法是，首先要有法，如土建工程建设管理法；其次是政府有关部门颁布的从属于法的种种规则或条例。这些都属于法规的范畴，都必须强制遵守。而技术标准如规范、规程、指南、工法等本身均不带有强制性质。我国过去的法规不够健全，于是技术规范的地位膨胀。需要作为立法确定的法规主要是工程建造、使用、维修、检测、拆除、搬移的基本规定与相关企业和人员的资质与责任，以及对违法、诉讼和处罚等的规定。

法规与技术标准还要具有可操作性。建筑工程质量管理条例中提出了工程质量终身负责的要求，这对加强设计施工企业和人员的责任感有其积极作用，但却较难操作实现。工程终身负责牵涉到工程的耐久性质量，后者还取决于使用条件。工程建造的设计者和施工者并不能对今后他们所不能控制的事件负责。在法规与技术标准管理上，要提倡和鼓励地方政府建立适合地方特点的地方法规与技术标准。我国幅员广阔，各地经济发展很不平衡，技术力量相差悬殊，环境条件各异，在工程建设的管理和标准上也很难划一。比如在工程的安全性和耐久性标准上，上海、北京、广州这些大城市应该高一些；而在抗震减灾要求上，更应区别对待。国家的法规与技术标准适用于全国，所以在安全设置水准等方面提出的最低要求应该是全国都能做得到的；而地方法规标准所提出的要求则可高于国家标准。国家的技术标准应能起到全国性的指导作用，所以不能过于具体。

6.3 既有房屋建筑工程保障修复材料及使用

（1）混凝土界面处理剂 混凝土界面处理剂又称界面黏结剂、界面剂，由水泥、骨料、高分子聚合物黏结材料及各种助剂配制而成。是一种由高聚物改性后的新型结合层处理材料，外观呈灰色固体粉末，经水化反应后能形成与混凝土有较大黏附力并具有一定韧性的高强硬化体，是应用于增强混凝土表面性能或赋予混凝土表面所需要功能的一种表面处理材料。界面剂主要用于处理混凝土等表面，解决这些表面由于吸水特性或光滑而引起面层不易黏结、抹灰层空鼓、开裂、剥落等问题，能够显著增强新旧混凝土之间以及混凝土与抹灰砂浆之间的黏结力，甚至有条件能够取代传统的凿毛工序、保证工程质量和加快施工进度等。它对光滑的混凝土表面和多孔的加气混凝土均有很好的黏附性。可广泛应用于各种混凝土内外墙面、天棚等部位的结合层处理，轻质砌块也可使用。混凝土基体面经用界面剂处理后可以有效防止砂浆抹灰层的空鼓、起壳等质量通病。黏结剂本质上是一种化合或合成材料，用于连接各个结构单元而无须机械固定。这些产品常用于各种不同的修补目的，如胶结老混凝土和新混凝土、喷射混凝土、水泥砂浆等，以达到牢固的黏结。两种主要的黏结剂是乳胶和环氧，主要原材料如下。

① 聚醋酸乙烯酯（PVA）　该商品材料是乳化聚合的共聚物。作修补用的主要有两大类，一种是非乳化 PVA，另一种是乳化 PVA。

非乳化 PVA 能形成一种膜，具有良好的抗水性、稳定性和良好的抗老化性能。由于它与水泥相容，广泛作为水泥胶结的水拌和涂料和防水涂层的黏结剂使用。

乳化 PVA 也能形成膜，但遇水会软化并能再产生黏结。这种乳胶作为某些水拌和面层材料（如水泥砂浆等）的界面黏结剂使用，可以提前涂刷在基层表面上，不必担心干燥、硬化的问题。但是，也正是因为遇水会软化，故只能用于某些湿度不会渗透出来的特殊环境。最常用作抹灰黏结剂，用于黏结混凝土表面上的石膏和波特兰水泥浆。

② 丙烯酸乳胶　丙烯酸乳胶由丙烯酸树脂生产，其原料可以是丙烯酸聚合物或丙烯酸酯的共聚物。这类树脂材料的物理性质变化范围很大，从软弹性体到硬塑性体都有，与 SBR 相似用于水硬性材料。

③ 环氧乳液　环氧乳液由液态环氧加固化剂而得。固化剂作为表面活化剂起乳化吸湿作用。乳液处于稳定态并在硬化前可用水稀释。工作时限为 1~6h，取决于所选择的固化剂以及加水量。大多数环氧乳液是现场调配并立即使用，而不是在工厂里制造，这样可避免制备好的乳液分相。固化时用一份环氧与一份等量的固化剂混合，将混合物拌和 2~5min，停放 15min 等其开始聚合，接着慢慢地加水，在机械搅拌下形成乳液。

还有的是聚合物乳胶与水泥浆结合的材料。许多工厂在水泥混合材料中，喷撒上干乳胶粉、砂和其他添加物制成半成品，在工地简单地拌和施工，用于处理混凝土基层。这种黏结砂浆尤其适用于做出粗糙的（键合）表面，以便随后施工的面层与基层充分地结合。这种黏结剂可使基层水分损失最小，防止水泥失水而影响黏结。尽管此类界面黏结剂提供了粗糙的键合作用，但是施工面层砂浆还是应该在黏结剂未干之前进行。

许多环氧黏结产品在 24℃施工时，其操作时间为 15~30min，只有在这段时间内进行拌和。低于-1℃时凝结时间大幅度延缓，要 4~7h。

（2）碳纤维复合材料加固法（简称 FRP） 碳纤维复合材料加固法是把碳纤维用含浸树脂系粘贴剂叠合在混凝土构件受力部位，使之与基体合为一体，从而提高结构构件的承载力，减少构件的变形和控制结构裂缝扩大的一种加固方法。

该方法具有以下优点：

① 具有很高的材料抗拉强度，且自重小，即比强度高。FRP 的拉伸强度约为钢材的 10 倍，而密度却只有其 1/4。纤维的拉伸强度大是因为纤维具有很小的直径，其内部缺陷要比块状形式的材料少得多。如块状玻璃的拉伸强度为 40～100MPa，而玻璃纤维的拉伸强度可达 4000MPa，约为块状玻璃的 40～100 倍。故强度高，对于航天、航空、造船、汽车、建筑、化工等部门都是很重要的。如用纤维复合材料对房屋结构进行加固，可基本不考虑纤维复合材料对原结构附加的荷载。

② 具有很高的比刚度（弹性模量与密度之比）。高弹模碳纤维的弹性模量可达钢材的 2～3 倍，弹性变形能力强。

③ 抗腐蚀性能和耐久性好。建筑工程用的 FRP 不仅能经得起水泥碱性的腐蚀，而且当应用于经常受盐害侵蚀等腐蚀性环境时，其寿命也较长，有很好的防水效果，能抑制混凝土的劣化和钢筋的锈蚀。芳纶纤维具有很大的韧性和耐久性，以往常用于防弹衣、防火衣、钢盔等军工产品，以及光纤补强、轮胎和橡胶补强等，当混凝土用芳纶片材包裹后，它可以提供永久的防护，并作为碳化的屏障，它特别适用于那些不可能经常检查的地方，如地下或深海基础工事等领域。

④ 抗疲劳能力强。在纤维方向加载时，在很高的应力水平上，FRP 对拉伸疲劳损伤仍不敏感，与普通钢筋混凝土相比，FRP 加固混凝土的抗疲劳性能有了很大的提高。实验研究发现，FRP 加固混凝土经过一定次数的疲劳循环荷载，再进行静载强度、挠度试验，与未经历疲劳循环荷载的对比试件相比，其强度及延性指标并没有显示出有所降低。而普通的钢筋混凝土试件经历同样的疲劳循环荷载后，其静载强度及延性指标会有不同程度的降低（根据试件的不同及疲劳循环荷载条件的不同而有所差异）。这主要是由于 FRP 材料本身抗疲劳性能优异，因此，在设计承受反复荷载的结构时，如考虑使用 FRP 材料，则会显示出很大的优势。另外，CFRP 在纤维方向受拉伸荷载的蠕变性能非常好，优于"低合金"钢。

⑤ 结构外观和尺寸不会出现明显变化，修复加固效果好。

⑥ 施工过程简便，大部分为手工操作，无需特殊的装备，如重型机械，不需要特别的技术工人，无需焊接，也没有噪声，而且无需较大的施工空间，可对结构的不同部位、各种形状和不同环境下的结构进行施工。FRP 加固还可用于某些用传统加固方法几乎无法施工的地方，施工质量也容易得到保证，工作量小，施工工期短。

⑦ FRP 加固体系的维修费用低。FRP 不易被腐蚀。

（3）聚合物砂浆　钢筋混凝土结构物破坏修复的最佳时期应当在混凝土表面没有破损之前的钢筋腐蚀初期阶段，即碳化深度已经到达钢筋表面；Cl^-含量已经超过"临界值"；钢筋表面已经处于活化状态，可用渗透型涂层简单处理。一旦出现顺筋裂缝，应当立即采取修补措施，因为顺筋裂缝属于"活裂纹"，随时都在扩展。

修补细裂纹可用聚合物（尿烷-氨基甲酸乙酯、丙烯酸胺等）灌浆法；粗裂缝应清除松动和不密实的混凝土后，用水泥聚合物砂浆修补，外用纤维增强材料包裹。常用于砂浆、混凝土的聚合物有：丙烯酸酯共聚乳液（丙乳 PAE）、氯丁乳胶（CP）、丁苯乳胶（SBP）、乙烯-醋酸乙烯共聚乳液（EVA）、水溶性聚氨酯浆料、丙烯酸胺（丙凝）浆料和甲凝灌浆材料等。维修工程需要具有优良性能的耐蚀砂浆，FC-01 防腐蚀砂浆就具备了多项防腐耐蚀功能，其突出特点是能把锈蚀钢筋重新回到钝化状态，从而保证了修复工程的质量及修复后的耐久性使用。FC-01 防腐蚀砂浆与普通聚合物水泥砂浆与水泥砂浆相比，具有更高的黏结力、抗渗性和耐腐蚀性。FC-01 防腐蚀砂浆为国内聚合物砂浆提供了一个新品种。

其特点：

① 与普通砂浆（混凝土）加外涂层相比较　FC-01 防腐蚀砂浆既耐腐蚀且施工简便周期短，综合费用低。

② 与树脂类修补材料和工艺技术相比较　国内外均有采用树脂类材料进行工程修补的实例，如人民大会堂的钢筋锈蚀修补，就是全部采用环氧树脂砂浆。每平方米工程造价超过千元，虽在可靠性和耐久性方面存在一定优势，但造价太高、施工困难，也还存在前面曾阐述过的问题，即树脂类仅起绝缘作用而不能钝化钢筋。而采用 FC-01 防腐砂浆，能钝化钢筋，可在潮湿基面上施工，施工简易，原材料价格仅相当于树脂材料的 1/10。

③ 与普通水泥聚合物砂浆相比较　普通水泥聚合物砂浆也是常用的修补材料，具有密实性好、黏结力强等优点，但对钢筋缺乏钝化作用，原则上是依靠其相对隔绝外界腐蚀环境达到保护钢筋的目的。相比之下 FC-01 型防腐蚀砂浆，在完全具备普通水泥聚合物砂浆的基础上，突出了对钢筋的再钝化和主动保护能力，而造价等同或略低于普通聚合物砂浆，施工方法则大致相同。

（4）环氧砂浆　该砂浆含纯或改性的低黏度环氧树脂，并混有硅砂及填料，颗粒大小为 40～200 目，混合物可涂抹，使用的厚度范围为 3～6mm（1/8～1/4in）。固化剂的种类很多，如聚氨酯、聚硫化合物，用这些固化剂可使树脂达到理想的产品参数。环氧与胺配合具有优良的耐溶剂和碱侵蚀性能，除作为强氧化剂外还能耐酸。但固化时不能有湿气，混合时也得十分小心。环氧聚氨酯要比聚氨酯的耐蚀性差，但物理性能比较好，韧性、柔性和黏结性能都比较好，且可以有湿气。聚硫化合物用得较少，原因是耐化学侵蚀性较差，且成本很高，由于它比另外两种韧性好，可用于地面接缝处的密封。

骨料一般是硅石、石英和金刚砂。骨料与环氧胶结料之比随骨料颗粒尺寸、要求的稠度（如干性砂浆、流动性等）而变化，通常为 3：1～8：1。颗粒细小可使表面平整，但环氧树脂需要量加大，加大填料比表面积会使造价提高。30目以上的粗颗粒可使表面防滑性更好，环氧基质混合更容易，且涂抹性好，因而这种尺寸的骨料使用最广。在需要着色的场合，耐蚀性颜料可以与环氧或固化剂混在一起，也可以与骨料干混。

环氧砂浆化合物和面层使用范围很广，除地面外还用于筒仓建筑和修补机场跑道、冷却塔壁以及路面、桥面、坡道和船坞的防滑等。

（5）结构加固用水泥基灌浆料　灌浆料是以高强度材料作为骨料，以水泥作为结合剂，辅以高流态、微膨胀、防离析等物质配制而成。它在施工现场加入一定量的水，搅拌均匀后即可使用。灌浆料具有自流性好，快硬、早强、高强、无收缩、微膨胀；无毒、无害、不老化、对水质及周围环境无污染，自密性好、防锈等特点。在施工方面具有质量可靠、降低成本、缩短工期和使用方便等优点。建构筑物结构加固从根本上改变设备底座受力情况，使之均匀地承受设备的全部荷载，从而满足各种机械，电器设备（重型设备高精度磨床）的安装要求。

金属骨料灌浆料，这类灌浆料含有铁质填料，以增加韧性。用三氧化铁等助氧化剂产生膨胀以补偿硬化收缩和干缩。若要达到其应有强度和稳定性，必须将灌浆料灌入有刚性制约的空隙中。在干湿循环和带电的场合不适用。

聚合物灌浆料，有机聚合物灌浆料通常用于设备基础或修补混凝土，尤其适用于化学侵蚀、冻融、冲击应力或快速恢复使用特别重要的场合。类型有聚酯、环氧、乙烯基树脂以及用于灌注混凝土裂缝的液态灌浆料。由于它们的组成类似于聚合物混凝土和砂浆，因而使用条件和目的也相似。大多数这类灌浆料为三组分材料。第一是液态树脂；第二是流态活性固化剂（俗称"硬化剂"），第三是干的填料（一定级配的骨料）。在某些场合也将固化剂与骨料一起装袋，作为双组分产品供应、使用。

（6）纤维增强水泥基砂浆　纤维增强水泥基复合材料，是在水泥基材料基体中均匀分散一定比例的特定纤维，使水泥基材料的韧性得到改善，抗弯性和抗压比得到提高的一种水泥基复合材料。在水泥基材料中掺入纤维是目前改善水泥基材料向轻质、高强、高韧性等方向发展较为有效的方法之一，其逐渐成为一种新型建筑材料——纤维增强水泥基材料，在国内外得到了迅速的发展与应用，例如应用在矿山、隧道、铁道、公路路面、工业与民用建筑、水利水电、防爆抗震和维修加固等工程。

纤维增强灌浆料：这类灌浆料用聚丙烯、钢或玻璃纤维分散在波兰特水泥或收缩补偿水泥砂浆中，掺入量一般分别为水泥重量的 4%～6%、2%～3%和 2%～4%。纤维增强能显著提高抗冲击性能和抗弯强度，产生裂纹所需的应力也相应显著增加。灌浆料在开裂后仍能保持完好，这样就防止了灾难性破坏。这类材料的最大缺点是需要专门操作人员来施工，振动压实会使纤维聚集。

纤维具有优良的阻裂、强化等作用，不仅可以大大地减少水泥基材料内部的原生裂缝，并能有效地阻止裂缝的引发和扩展，将脆性破坏转变为近似于延性断裂。在受荷（拉、弯）初期，水泥基体与纤维共同承受外力且前者是主要受力者；当基体发生开裂后，横跨裂缝的纤维成为外力的主要承受者，即主要以纤维的桥联力抵抗外力作用。若纤维的体积掺量大于某一临界值，整个复合材料可继续承受较高的荷载，并产生较大的变形，直至纤维被拉断或从基体中拔出，以致复合材料破坏。因此，纤维的加入明显地改善了水泥基材料的抗拉、抗弯、抗剪等力学性能，以及抗裂、耐磨等长期力学性能，尤其是高弹性模量的纤维还可以大大增强水泥基材料的断裂韧性和抗冲击性能，显著地提高水泥基材料的抗疲劳性能和耐久性。

（7）纤维材料　用于水泥基复合材料的纤维种类繁多，按其材料可分为：金属材料，如不锈钢纤维和低碳钢纤维；无机纤维，如石棉纤维、玻璃纤维、硼纤维、碳纤维等；合成纤维，如尼龙纤维、聚酯纤维、聚丙烯等纤维；植物纤维，如竹纤维、麻纤维等。按其弹性模量的大小可分为高弹模纤维，如钢纤维、碳纤维、玻璃纤维等；低弹模纤维，如聚丙烯纤维、某些植物纤维等。高弹性模量的纤维主要是提高复合材料的抗冲击性、抗热爆性能、抗拉强度、刚性和阻裂能力，而低弹性模量的纤维主要是提高水泥复合材料的韧性、应变能力以及抗冲击性能等与韧性有关的性能。按其长度可分为非连续的短纤维和连续的长纤维，如玻璃纤维无捻粗纱、聚丙烯纤化薄膜等。目前用于配制纤维水泥基材料的纤维主要增强材料是短纤维，使用较普遍的有钢纤维、玻璃纤维、聚丙烯纤维和碳纤维，主要用于改善水泥基材料力学及其他应用性能，包括抗拉强度、抗压强度、弹性模量、抗开裂耐久性、疲劳负荷寿命、抗冲击和磨损、抗干缩及膨胀、耐火性及其他热性能。

（8）非振捣高性能混凝土　非振捣混凝土是由日本首先研究开发并付诸应用的一项新型修补混凝土技术，其基本特征是其具有优良的工作性能，在浇筑施工时可靠自身重力，无须任何振捣而成形，并形成匀质、密实的硬化混凝土。非振捣修补混凝土的优点为，一方面可以大幅提高混凝土施工效率、降低施工成本，另一方面还可以改善混凝土工程施工环境，降低噪音；另外，对于钢筋密集、截面复杂狭窄的混凝土结构，非振捣修补混凝土往往可以提高工程质量。

非振捣修补混凝土区别于普通混凝土，它强调特别优良的工作性能，包括流动性能和抗离析性能。为了达到这里所要求的性能，非振捣修补混凝土需要采用有别于普通混凝土的配合比设计。然而，到目前为止，对非振捣修补混凝土配合比设计没有形成统一、规范的方法。由于非振捣修补混凝土的工作性能与各组分的体积有密切的相关性，因此，在进行非振捣修补混凝土配合比设计时通常采用体积法进行。

高性能非振捣修补混凝土优良工作性能的基础是自由流动的超细浆体，其流动性随环绕固体粒子的浆膜层的厚度增大而提高。而浆膜层的厚度只有在浆体充满固体颗粒间的空隙后才能形成。浆体量可以分为两部分，一部分用以包裹粗细骨料的表面，另一部分处于被包裹的骨料粒子之间起到润滑作用。对于浆体除了要求具有较好的流动性，还需要具有足够高的稠度，成为高稠性的牛顿液体，才能防止拌合物发生离析。也就是说，高性能非振捣修补混凝土应当具有低的屈服剪应力和足够的稠聚性。

非振捣修补混凝土工作性能的测试方法较多，通常采用的方法有坍落度筒、J环、流动仪、Orimet仪、V形漏斗、U形管等。

非振捣修补混凝土自研制以来逐渐得到了推广和应用，目前在公路、铁路、桥梁、隧道、房屋建筑，以及预制构件当中都有成功应用的实例，比如：日本明石大桥、美国西雅图双联广场、瑞典Sodra Lanken地下工程等。国内对非振捣修补混凝土的研究和应用也正在逐步推广之中。

非振捣修补混凝土生产对质量管理体系要求较高，在实际工程中应严格控制原材料的质量和制备、施工环节。搅拌时投料顺序宜先投入粉体、超塑化剂、水，再投入细骨料，最后投入粗骨料等，而且搅拌时间应当适当延长，保证新拌混凝土的匀质性。非振捣修补混凝土浇筑施工一般采取泵送的方法，也有的使用浇筑料斗。浇筑时出料口离浇筑面不应太高，以免引起离析现象，必要时应采取串筒等措施防止离析。

非振捣修补混凝土自出现以来取得了长足的发展，但也还存在大量的问题需要进行深入的研究，包括完善非振捣修补混凝土的配比设计方法，探明非振捣修补混凝土组分颗粒级配与其流变性能、力学性能和耐久性能的相关性，研究轻集料非振捣修补混凝土、掺纤维非振捣混凝土、微膨胀非振捣混凝土、低成本非振捣混凝土，开发新的高效减水剂、稠度调节剂，还包括非振捣混凝土配比设计的计算机化、硬化非振捣修补混凝土数字模型化等。

（9）结构胶　结构胶是以环氧树脂为主剂。选用环氧树脂具有如下优点：

① 环氧树脂具有很高的胶黏性，对诸如金属、混凝土、陶瓷、石材、玻璃等大部分材料都有很好的黏结力。

② 环氧树脂有良好的工艺性，可配制成很稠的膏状物或很稀的灌注材料，使用期及固化时间可根据需要进行适当调整，贮存性能稳定。

③ 固化的环氧胶有良好的物理、机械性能，耐介质性能好，固化收缩率小。

④ 环氧树脂材料来源广，价格较便宜，基本无毒。

环氧树脂只有在加入固化剂后才会固化。单独的环氧树脂固化物呈脆性，因此必须在固化前加入增塑剂、增韧剂，以改变其脆性，提高塑性和韧性，增强抗冲击强度和耐寒性。

环氧树脂的固化剂种类很多，常用的有乙二胺、二乙醇三胺、三乙醇四胺、多乙醇多胺等。增塑剂不参与固化反应，常用的有邻苯二甲酸二丁酯、邻苯二甲酸二辛酯、磷酸三丁酯等。增韧剂（即活性增塑剂）参与固化反应，一般用聚酰胺、丁腈橡胶、聚硫橡胶等。

此外，为减小环氧树脂的稠度，还需加入稀释剂，常用的有丙酮、苯、甲苯、二甲苯等。

目前，市场上出售的结构胶均为双组分。甲组分为环氧树脂并添加了增塑剂一类的改性剂和填料，乙组分由固化剂和其他助剂组成。使用时，按一定比例调配即可。

结构胶指强度高（压缩强度＞65MPa，钢-钢正拉粘接强度＞30MPa，抗剪强度＞18MPa），能承受较大荷载，且耐老化、耐疲劳、耐腐蚀，在预期寿命内性能稳定，适用于承受强力的结构件粘接的胶黏剂。结构胶强度高、抗剥离、耐冲击、施工工艺简便。用于金属、陶瓷、塑料、橡胶、木材等同种材料或者不同种材料之间的粘接。可部分代替焊接、铆接、螺栓连接等传统连接形式。结合面应力分布均匀，对零件无热影响和变形。在工程中结构胶应用广泛，主要用于构件的加固、锚固、粘接、修补等；如粘钢，粘碳纤维，植筋，裂缝补强、密封，孔洞修补、道钉粘贴、表面防护、混凝土粘接等。

（10）钢筋混凝土阻锈剂

① 掺入型 DCI：掺加到混凝土中，主要用于新建工程，也可用于修复工程。

掺入型是研究开发早、技术比较成熟的阻锈剂种类，在美国、日本和原苏联等国，已经有 30 多年的应用历史（国内也有近 20 年大型工程应用历史）。作用原理虽然复杂而说法不尽一致，但"成膜理论"是主要论点。以亚硝酸盐为例，它与钢筋发生作用的表达式：

$$Fe^{2+} + OH^- + NO_2^- = NO + \gamma FeOOH$$

亚硝酸根（NO_2^-）促使亚铁离子（Fe^{2+}）生成具有保护作用的钝化膜（$\gamma FeOOH$）。当有氯盐存在时，氯盐离子（Cl^-）的破坏作用与亚硝酸根的成膜修补作用竞争进行，当"修补"作用大于"破坏"作用时，钢筋锈蚀便会停止。

美国经过长期的工程验证和有对比的试验表明，在相关钢筋阻锈剂产品中，亚钙基产品是效果最可肯定的，相关应用规范也是以亚钙基产品为基础制定的。我国《钢筋阻锈剂使用技术规程》（YB/T 9231）也是如此。

混凝土中掺入钢筋阻锈剂能起到两方面的作用：一方面推迟了钢筋开始生锈的时间，另一方面，减缓了钢筋腐蚀发展的速度（如图 6-1 所示）。混凝土越密实掺用钢筋阻锈剂后的效果就越好。

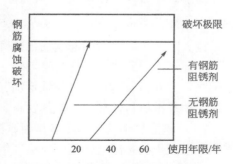

图 6-1 阻锈剂延长使用年限示意图

使用得当可达到设计年限的要求。

② 渗透型：涂到混凝土表面，渗透到混凝土内并到达钢筋周围，主要用于已有工程的修复。

渗透型阻锈剂是近些年在一些国家发展起来的新型阻锈剂类型，已经进入国内市场，国内也有单位在研制开发。该类阻锈剂的主要成分是有机物（脂肪酸、胺、醇、酯等），它们具有挥发、渗透的特点，能够渗透到混凝土内部；这些物质可通过"吸附""成膜"等原理保护钢筋，有些品种还有使混凝土增加密实的功能。

当前，中国是世界建筑规模最宏大的国家（世界水泥用量的 55％在中国），而在一些发达国家中，新建工程已经很少了，主要转移到已有工程的修复方面。国外人工费昂贵，"破损型"修复花费大，因此，非破损型修复得到重视和发展，于是，"渗透型"阻锈剂便应运而生。国外腐蚀监控、检测技术应用较普遍，当发现混凝土中钢筋开始"脱钝"，或氯离子浓度可能达到"临界值"的时候，在混凝土表面（非破坏）涂刷渗透型阻锈剂，期望达到阻止、减缓钢筋锈蚀的目的，同时也是省工、省力、节俭的方法。如果钢筋已经严重破坏、混凝土开裂、剥落，此种"渗透型"方式的优越性就难以体现了。破损型，修复中，"掺入型"钢筋阻锈剂更为合用。

（11）涂层钢筋　在钢筋表面静电喷涂一层环氧树脂粉末，形成具有一定厚度的一层坚韧不渗透的连续绝缘层，可以隔离钢筋与腐蚀介质的接触，即使有氧和氯离子侵入混凝土，对氯离子也具有极低的渗透性且没有化学反应。从 20 世纪 70 年代起美国联邦公路管理局（FHWA）就开始采用这种钢筋防止桥面板钢筋腐蚀。美国有 46 个公路部门明文规定冬季采用除冰盐的桥面都应采用这种钢筋。在欧洲、中东、日本等国也推荐在海洋环境、使用除冰盐及其他强腐蚀条件下使用环氧涂层钢筋。据调查，采用环氧涂层钢筋的工程使用寿命可延长 20 年左右，目前我国也制定有相关的产品标准，并在一些工程中应用。

使用这种钢筋应该注意涂层应有最小厚度遮盖钢筋表面缺陷，但又不能太厚以免影响正常固化和与混凝土的黏结作用。这种钢筋在运输、加工、存放、绑扎和浇捣混凝土过程中要严防涂层破坏，注意涂层的保护。一旦涂层破坏钢筋锈蚀后，其锈蚀速率可能会加快，因为在涂层过程中曾喷砂清除钢筋表面氧化膜，极易形成大阴极小阳极而引起钢筋加速腐蚀。

除环氧涂层钢筋外，还有聚乙烯缩丁醛涂层钢筋、镀锌钢筋、包铜钢筋、合金钢筋，并开始研究采用抗腐蚀钢筋、不锈钢钢筋以及纤维增强复合材料（玻璃钢棒、碳纤维棒材）等作为配筋材料。

① 环氧涂层钢筋　当环境作用非常严重和极端严重时（E 或 F 级），可在优质耐久混凝土的基础上选用环氧涂层钢筋。环氧涂层钢筋可与钢筋阻锈剂联合使用，但不能与阴极保护联合使用。

环氧涂层钢筋的原材料、加工工艺、质量检验及验收标准，应符合现行行业标准《环氧树脂涂层钢筋》（JG 3042）的有关规定，不符合质量与验收标准者不得使用。环氧涂层钢筋在运输、吊装、搬运和加工过程中应避免损伤涂层，钢筋的断头和焊接热伤处应在 2h 内用钢筋生产厂家提供的涂层材料及时修补。在整个施工过程中，应随时检查涂层损伤缺陷并及时修补。如发现单个面积大于 25mm 的涂层损伤缺陷，或每米长的涂层钢筋上出现多个损伤缺陷的面积总和超过钢筋表面积的 0.1％，不容许再修补使用。

② 镀锌钢筋（热浸锌）　在碳化引起钢筋锈蚀的一般环境下，可选用镀锌钢筋延长结构物的使用年限。对于钢丝网，某些预埋件，也可选用热浸锌的方法加强防护。镀锌钢筋的质量应符合相关规定。镀锌钢筋作为一种经济有效的护筋措施，有资料介绍始于 20 世纪 30 年代，但工程实践表明，处于海洋环境中的结构，并不一定能够提供长期可靠的保护。钢筋镀锌层有两种，一种是在不含硅的钢上迅速冷却，其表面存在一层有一定厚度的纯锌层，称为光亮的热浸镀锌层（简称光亮镀锌层）；另一种是含硅的钢在热浸锌后缓慢冷却，使纯锌层过多地消耗转化为锌/铁层，使纯锌层很薄，失去光泽，称为灰锌镀层。由于锌是一种两性金属，当 pH 值小于 6 或大于 13 时，都会发生反应而遭腐蚀；在两值之间时，因锌腐蚀产物使表面密封而受到保护。镀锌钢筋浇筑到混凝土中后，锌与混凝土中碱性组分间的反应，在混凝土硬化后就停止。

目前，镀锌层的性质及其微观结构对镀锌钢筋在混凝土中腐蚀行为的影响，已得到了广泛的研究。结果表明：为了使镀锌层钝化，表明具有足够的纯锌储备是重要的，亦即光亮镀锌层的性能明显优于灰镀锌层；相对而言，镀锌层去钝化的氯离子浓度比普通钢的高出 2.5 倍以上；若混凝土质量较差，环境腐蚀条件恶劣，则整个镀锌层在使用期内衰减得很多，寿命很短，不足以提供长期保护的效果。反之，若混凝土质量较高，环境侵蚀性较弱，则镀锌层可显著地提高混凝土结构的使用寿命。

（12）耐蚀钢筋和不锈钢钢筋　采用耐腐蚀钢种为材质的钢筋，可在腐蚀环境中选用，其耐蚀性能应事先得到确认。在特别严重的腐蚀环境下，要求确保百年以上使用年限的特殊重要工程，可选用不锈钢钢筋。它具有高的抗氯离子腐蚀的能力，不依赖于用于保护钢筋的混凝土；可以降低混凝土保护外层的厚度，减少混凝土密封剂，如硅烷的使用量；简化混凝土配合比，满足结构设计需要；提高耐用性能，降低维护和维修成本，免去日后处置成本；可用于高风险部件，并可完全回收。但不锈钢钢筋不得与普通钢筋电连接。

（13）非金属纤维增强塑料筋（FRP 筋）　非金属材料配筋混凝土结构是解决目前钢筋锈蚀问题最好的办法，是配筋混凝土结构发展的方向。FRP 由高性能的纤维和基材组成。基材为聚酯（与玻璃纤维一起使用）、环氧等。而纤维一般为 5～20μm 直径的连续纤维。纤维的种类有碳纤维、玻璃纤维和芳纶纤维等。

现在常使用的 FRP 筋有以下三种：玻璃纤维增强塑料（GFRP）筋、碳纤维增强塑料（CFRP）筋、芳纶纤维增强塑料（AFRP）筋。因筋中纤维占 60%～65%，其余为基材。基材对 FRP 筋的抗拉强度没有贡献，因而 FRP 筋的强度和弹性均小于用来制造它们的纤维的强度和弹性模量。

6.4　既有建筑工程保障修复工法

6.4.1　粘贴钢板加固法

粘贴钢板加固法，是指用胶黏剂把钢板粘贴在构件外部的一种加固方法。常用的胶黏剂是在环氧树脂中加入适量的固化剂、增韧剂、增塑剂配成的所谓"结构胶"。

近年来，粘贴钢板加固法在加固、修复结构工程中的应用发展较快，趋于成熟。美国已制定了建筑结构胶的施工规范，日本有建筑胶黏剂质量标准，我国也已将此法收入《混凝土结构加固技术规范》中。

（1）粘贴钢板加固法有如下优点　胶黏剂硬化时间快，工期短。因此，构件加固时不必停产或少停产。工艺简单，施工方便，可以不动火，能解决防火要求高的车间构件的加固问题。

胶黏剂的黏结强度高于混凝土、石材等，可以使加固体与原构件形成一个良好的整体。受力较均匀，不会在混凝土中产生应力集中现象。

粘贴钢板所占的空间小，几乎不增加被加固构件的断面尺寸和重量，不影响房屋的使用净空，不改变构件的外形。

（2）结构胶的黏结强度　钢板能否有效地参与原构件的工作，主要取决于钢板与混凝土之间的抗剪强度及抗拉强度。

（3）黏结抗剪强度　在 C40 级立方试块的两对面上，用结构胶粘合两块大小相同的钢板，待结构胶完全固化后进行剪切试验。结果表明，剪切破坏发生在混凝土，而不在黏结面上。混凝土的剪切破坏面约相当于黏结面的 2 倍，有实验也得到了破坏面发生在试块混凝土上的同样结论。这些都说明了黏结面的抗剪强度大于混凝土的抗剪强度。

（4）黏结抗拉试验　综合国内外的试验资料，大致可以得到如下结论：

把两块钢板对称地黏结在 C40 级混凝土立方试块的两个对应面上，然后进行抗拉试验。破坏后发现，拉断面发生在混凝土试块上，而黏结面完好无损，破坏面积大于黏结面。这说明了黏结面的抗拉强度大于混凝土的抗拉强度。

（5）粘贴钢板加固梁　经粘贴钢板的加固梁的开裂荷载可得到大幅度的提高。这是因为钢板处在受拉区的最外缘，可有效地约束混凝土的受拉变形，对提高梁的抗裂性远较梁内钢筋有效。

外粘钢板制约了保护层混凝土的回缩，抑制了裂缝的开展，使裂缝开展速度较普通梁慢。

粘贴板加固的梁的抗弯刚度得到提高，挠度减小。

加固梁的截面承载力得到提高。提高的幅度随粘钢截面积及钢板的锚固牢靠度的增大而提高。

（6）混凝土柱采用外包钢法加固时，应符合如下构造要求

① 外包角钢的边长，不宜小于 25mm；缀板截面不宜小于 25mm×3mm，间距不宜大于 20r（r 为单根角钢截面的最小回转半径），同时不宜大于 500mm。

② 外包角钢需通长、连续，在穿过各层楼板时不得断开，角钢下端应伸到基础顶面；用环氧砂浆加以粘锚，角钢两端应有足够的锚固长度，如有可能应在上端设置与角钢焊接的柱帽。

③ 当采用环氧树脂化学灌浆外包钢加固时，缀板应紧贴混凝土表面，并与角钢平焊连接。焊好后，用环氧胶泥将型钢周围封闭，并留出排气孔，然后进行灌浆黏结。

④ 当采用乳胶水泥砂浆粘贴外包钢时，缀板可焊于角钢外面。乳胶含量应不少于 5％。

型钢表面宜抹厚 25mm 的 1∶3 水泥砂浆保护层，亦可采用其他饰面防腐材料加以保护。

6.4.2　增大截面加固法

增大截面加固法，也称外包混凝土加固法，是传统的加固方法，采用同种材料增大构件截面面积以保护原有结构的保护层，同时提高结构的承载能力及耐久性。由于它具有工艺简单、使用经验丰富、受力可靠、加固费用低廉等优点，很容易为人们所接受，广泛应用于梁、板、柱、墙、基础、屋架等混凝土结构的加固。但它的固有缺点，如湿作业工作量大、养护期长、占用建筑空间较多等，也使得其应用有一定限制。

在实际工程中，如果对于混凝土强度等级非常低的构件用增大截面法进行加固，新旧混凝土界面的黏结强度往往很难得到保证。若采用植入一摩擦筋来改善结合面的黏结抗剪和抗拉能力，也会因基材强度过低而无法提供足够的锚固力，因此，要求原构件的混凝土强度等级不低于 C10。当遇到混凝土不仅强度等级低，而且密实性差，甚至还有蜂窝、空洞等缺陷时，不应直接采用增大截面法进行加固，而应先置换有局部缺陷或密实性太差的混凝土，然后再进行加固。

6.4.3　置换混凝土加固法

当采用置换混凝土法加固梁等受弯构件时，为了确保置换混凝土施工全过程中原结构、构件的安全，必须采取有效的支顶措施，使置换工作在完全卸荷的状

态下进行。这样做还有助于加固后结构更有效地承受荷载。当加固柱、墙等构件时，如对构件完全支顶有困难，应对原结构、构件在施工全过程中的承载状态进行验算、观测和控制，置换界面处的混凝土不应出现拉应力。若控制有困难，应采取支顶等措施进行卸荷。

6.4.4 绕丝加固法

通过对混凝土构件缠绕钢丝及各种纤维丝（碳纤维、玻璃纤维等），能够约束混凝土，阻止表面裂缝的生成和扩展，有效防止混凝土中性化及氯离子渗透，显著地提高钢筋混凝土构件的斜截面承载力，另外由于绕丝引起的约束混凝土作用，还能提高轴心受压构件的正截面承载力。从实用的角度来说，绕丝特别是机械绕丝的效果，对受压构件使用阶段的承载力提高的增量不明显，在工程上一般仅用于提高钢筋混凝土柱位移延性的加固。此方法不改变构件的外形及使用空间，保持原结构形貌，但对于非圆形构件作用不明显。

绕丝法因限于构造条件，其约束作用不如螺旋式间接钢筋，在高强混凝土中其约束作用更是显著下降，因而采用绕丝法时，原构件按现场检测结果推定的混凝土强度等级不应低于 C10 级，但也不得高于 C50 级。参照螺旋筋和碳纤维束的构造要求，在采用绕丝法时，若柱的截面为方形，其长边尺寸 h 与短边尺寸 b 之比，应不大于 1.5。采用绕丝法加固的构件可按整体截面进行计算。

6.4.5 钢筋混凝土屋架修复法

混凝土屋架的加固方法，一般分补强和卸载两类。前者通常适用于屋架部分杆件的加固，后者往往用于保障整个屋架的承载安全。当屋盖结构损坏严重，完全失去加固意义时，应将其拆除，更换新的。具体加固方法分类归纳如图 6-2 所示。

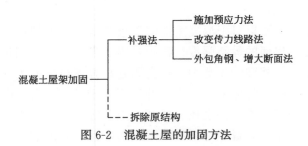

图 6-2 混凝土屋的加固方法

图 6-2 所述方法的选用，应根据混凝土屋架问题的大小及施工条件确定。

（1）施加预应力法 施加预应力加固法是屋架加固最常用的方法，它具有施工简便、用材省和效果好等特点。因为屋架中的受拉杆易出问题，其中下弦杆出问题的比例较多。施加预应力能使原拉杆的内力降低或承载力提高，裂缝宽度缩小，甚至可使其闭合。另外，施加预应力可减小屋架的挠度，消除或减缓后加杆件的应力滞后现象，使后加杆件有效地参与工作。

预应力筋的布置形式有直线式、下沉式、鱼腹式和组合式等。

（2）外包角钢加固法 无论是受拉杆件还是受压杆件，当其承载力不足时，皆可采用外包角钢法加固。对于受拉杆件，应特别注意外包角钢的锚固。对于受压杆件，除锚固好外包角钢外，还应注意缀条的间距，以避免角钢失稳。

① 外包角钢加固法对提高屋架杆件承载力的效果是十分显著的，但对拉杆中的裂缝减小作用很小，尤其是采用干式外包钢加固法。

② 外包角钢加固混凝土屋架的步骤如下：

a. 计算其荷载作用下各杆的内力。

b. 利用《混凝土结构设计规范》验算各杆的承载力。

c. 对于承载力不足的杆件，采用外包角钢法加固。被加固的腹杆和下弦杆的承载力应经验算。

（3）改变传力线路加固法 当上弦杆偏心受压承载力不足时，除了采用外包角钢法加固外，还可采用改变传力线路的加固方法。这种方法又分为斜撑法和再分法。

斜撑法为采用斜撑杆来减小上弦杆的节间跨度和偏心弯矩的方法。斜撑杆的下端直接支撑在节点处，上端则支撑在新增设的角钢托梁上。为了防止角钢托梁滑动而导致斜杆丧失顶撑作用，在施工时应在托梁与上弦之间涂一层环氧砂浆或高强砂浆。托梁的上端应顶紧节点，并用 U 形螺栓将其紧固在上弦上。斜撑杆可以焊接在托梁上，也可以用高强螺栓固定。随后用钢楔块敲入斜杆下端和混凝土间的缝内，以建立一定的预顶力。

采用斜撑法加固屋架，增加了屋架的腹杆，从而减小了外弯矩，改善了斜杆附近的腹杆受力。但是，这种方法有时会改变斜撑附近腹杆的受力状态，从而产生不利影响。因此，采用斜撑法时，应对加固后的屋架结构重新分析、计算内力。

（4）减轻屋面荷载法 减轻屋面的荷载即可减小屋架每根杆件的内力，有效地提高屋架的安全度，全面地解决屋架抗裂性及承载力问题。减轻屋面荷载的方法主要是拆换屋面结构和减轻屋面自重。例如，将大型屋面板改为瓦楞铁或石棉水泥瓦，将屋面防水层改用轻质薄层材料等。

6.4.6 聚合物砂浆修复法

钢丝绳网片-聚合物砂浆外加层加固法在我国应用时间不长，现有试验数据主要只针对钢筋混凝土受弯和大偏心受压构件。此方法也只适用于以上两种构件，其他受力种类的构件还有待于继续研究。而混凝土构件、包括纵向受力钢筋配筋率低于现行国家标准《混凝土结构设计规范》规定的最小配筋率的构件也不适用于此方法。

在实际工作中，有时会遇到原结构的混凝土强度低于现行设计规范规定的最低强度等级的情况。如果原结构混凝土强度过低，它与复合砂浆的黏结强度也必然很低，此时极易发生呈脆性的剪切破坏或剥离破坏。故使用钢丝绳网片-聚合物砂浆外加层加固法时，原结构、构件按现场检测结果推定的混凝土强度等级不应低于 C15 级，且混凝土表面的正拉黏结强度不应低于 1.5MPa。

由于以黏结方法加固的承重构件最忌在复杂的应力状态下工作，故采用钢丝绳网片-聚合物砂浆外加层加固混凝土结构构件时，应将网片设计成仅承受拉应力作用，并能与混凝土变形协调、共同受力。

在构造方式方面，对于梁和柱，只有在采取三面或四面围套外加层的情况下，才能保证混凝土与复合砂浆外加层之间具有足够的黏结力，而不致发生黏结破坏。而对于板和墙，可采用单面的外加层构造，也可采用对称的双面外加层构造。根据砂浆、混凝土和常温固化聚合物的性能，确定采用本方法加固的混凝土结构，其长期使用的环境温度不应高于 600℃。对于像腐蚀介质环境、高温环境等特殊环境下的混凝土结构，其加固不仅应采用耐环境因素作用的聚合物配制砂浆，而且还应遵守现行国家标准《工业建筑防腐蚀设计规范》（GB 50046）的规定，要求供应厂商出具符合专门标准合格指标的验证证书。与此同时还应考虑被加固结构的原构件混凝土以及聚合物砂浆中的水泥和砂等成分是否能承受特殊环境介质的作用。

混凝土结构加固用的聚合物砂浆，其黏结剪切性能必须经湿热老化检验合格。湿热老化检验应在 50℃ 的温度和 95％ 的相对湿度环境条件下，采用钢套筒黏结剪切试件。老化试验持续的时间：重要构件不得少于 90d；一般构件不得少于 60d。老化结束后，在常温条件下进行的剪切破坏试验，其平均强度降低的百分率（％）对于重要构件用的聚合物砂浆不得大于 10％；对于一般构件用的聚合物砂浆不得大于 15％。

6.4.7 混凝土及砌体裂缝修复法

混凝土及砌体裂缝的种类可分为三种，即静止裂缝、活动裂缝和正在发展的裂缝。静止裂缝是由过去的事件引起的（如干燥收缩），并且不会再发生，它们的宽度保持稳定，而且可以通过填入刚性材料来修补。活动裂缝的宽度不能保持稳定，随着结构荷载或者混凝土中的湿热变化时开时合，用来修补活动裂缝的材料必须具有足够的柔韧性，可承受裂缝运动或者能消除裂缝运动。正在发展的裂缝的宽度在时时增加，因为促使裂缝产生的原因一直存在，如持续的基础沉陷或者钢筋锈蚀。对于发展中的裂缝，无论用何种修补措施都必须消除开裂的隐患，以防止结构进一步开裂。

针对裂缝的修补技术，主要是为了隔绝环境影响，保护钢筋不被锈蚀以提高结构的耐久性能。现有的研究成果表明，对因承载力不足而产生裂缝的结构、构件而言，开裂只是其承载力下降的一种表面征兆和构造性的反应，而非导致承载力下降的实质性原因，故不可能通过单纯的裂缝修补来恢复其承载功能。对承载力不足引起的裂缝，除应修补裂缝外，还应采用其他加固方法进行加固。修补裂缝作用可以分为以下 5 类：

① 抵御诱发钢筋锈蚀的介质侵入，延长结构实际使用年数；

② 通过补强保持结构、构件的完整性；

③ 恢复结构的使用功能，提高其防水、防渗能力；

④ 消除裂缝对人们形成的心理压力；

⑤ 改善结构外观。

由此可以界定修补裂缝技术的适用范围及其可以收到的实效。裂缝的修补必须以结构可靠性鉴定结论为依据。它通过现场调查、检测和分析，对裂缝起因、属性和类别做出判断，并根据裂缝的发展程度、所处的位置与环境，对受检裂缝可能造成的危害做出鉴定。据此，才能有针对地选择适用的修补方法进行防治。经可靠性鉴定确认为必须修补的裂缝，应根据裂缝的种类进行修补设计，确定其修补材料、修补方法和时间。

裂缝修补方法应符合下列要求：

表面封闭法：利用混凝土表层微细独立裂缝（裂缝宽度≤0.2mm）或网状裂纹的毛细作用吸收低黏度且具有良好渗透性的修补胶液，封闭裂缝通道。对楼板和其他需要防渗的部位，尚应在混凝土表面粘贴纤维复合材料以增强封护作用。

注射法：以一定的压力将低黏度、高强度的裂缝修补胶液注入裂缝腔内；此方法适用于 0.1～1.5mm 静止的独立裂缝、贯穿性裂缝以及蜂窝状局部缺陷的补强和封闭。注射前，应按产品说明书的规定，对裂缝周边进行密封。

压力注浆法：在一定时间内，以较高压力将修补裂缝用的注浆料压入裂缝腔内；此法适用于处理大型结构贯穿性裂缝、大体积混凝土的蜂窝状严重缺陷以及深而蜿蜒的裂缝。

填充密封法：在构件表面沿裂缝走向骑缝凿出槽深和槽宽分别不小于 20mm 和 15mm 的 U 形沟槽，然后用改性环氧树脂或弹性填缝材料填充，并粘贴纤维复合材以封闭其表面（图 6-3）；此法适用于处理大于 0.5mm 的活动裂缝和静止裂缝。填充完毕后，其表面应做防护层。当为活动裂缝时，槽宽应按不小于 15mm+5f 确

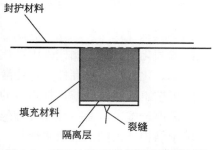

图 6-3　裂缝处开 U 形槽填充修补材料

定（f 为裂缝最大宽度）。

除了考虑开裂的原因和程度，在裂缝修补过程中还应当考虑裂缝的现存条件，否则可能会导致使用不适当的、相对不很有效的修补方法。修补方法的选择不仅受开裂原因和程度的影响，还同样受裂缝所处位置和环境的影响。例如，对在干湿交替、工业以及海水条件下产生缺陷的修补所要求的材料和方法与那些装饰性修补全然不同。同样，依靠重力将材料灌入缝的技术可以成功地应用于水平表面而对于垂直表面几乎无效。如果裂缝中存在湿气、水或者其他污物，则在采取修补措施时要给予必要的考虑。

6.4.8 植筋法

植筋的工艺流程为：钻孔→孔洞处理→钢筋表面处理→配胶→灌胶→插筋→钢筋固定养护。

（1）孔洞处理　孔洞处理包括三方面的内容，即清孔、孔干燥和孔壁除尘。清孔就是清除孔内粉尘积水等杂物，设备一般采用空压机；由于环氧类胶黏剂不适应潮湿的基层，植筋施工时应对孔洞进行干燥处理。孔壁周边黏附一层微薄的粉尘，这部分粉尘难于被空压机清除，应采取高挥发性的有机溶剂清洗孔壁，方可除去。

（2）钢筋表面处理　钢筋表面锈蚀或不清洁，会降低钢筋与结构胶的胶结摩阻力。故植筋前应对钢筋进行除锈、除油和清洁处理。清洗应采用丙酮等有机溶剂，杜绝用水清洗。

（3）配胶及灌胶　胶应按使用的结构胶要求配制，配制时搅拌应均匀，配好的胶液控制在 40～60min 内使用完毕。灌胶应一次完成，并以孔外溢出结构胶为最佳状态。在种植水平钢筋时，最后可用堵孔胶封堵孔口，以免造成孔内结构胶外溢。堵孔胶应有较高的稠度，可利用配好的结构胶中加入水泥作堵孔胶，其配合比为：结构胶：水泥＝2：1。

（4）插筋　应以一个方向，缓慢地将钢筋插入灌了胶的孔内。

（5）养护　在结构胶完全固化前，应避免扰动种植的钢筋。

6.4.9 化学灌浆补强法

化学灌浆补强是将预先配制成的浆液，用灌浆设备，把浆液灌入缝隙内，经过胶凝或固化把开裂结构构件固结成整体，并具有足够的强度，恢复结构构件的原有功能。化学灌浆可灌性好，能灌 0.05～0.1mm 的微细裂缝，浆液的胶凝固化时间可按工程需要调节，补强后的结构件外形尺寸不变，施工工艺简单，占地小，不需停产施工，是一种比较理想的结构补强方法。

用于结构补强的化学灌浆材料，主要是环氧树脂和甲基丙烯酸酯类材料，其主要技术要求如表 6-1：

表 6-1　主要结构补强灌浆材料表

类别	主要成分	起始黏度（CP）	可灌缝宽/mm	黏结强度/MPa	灌浆方式
环氧树脂	环氧树脂,胺类稀释剂	0～10	0.1	1.2～2.0	单液
甲基丙烯酸酯类	甲基丙烯酸甲酯、丁酯	0.7～1.0	0.05	1.2～2.2	单液

① 浆液是真溶液，黏度小，可灌性好。

② 浆液的胶凝或固化时间可按需要调节。

③ 凝胶体或固结体的耐久性好。不受稀酸、稀碱或其他外界因素的影响，如某些微生物的侵蚀等。

④ 浆液在胶凝或固化时的收缩小。

⑤ 凝胶体或固结体有良好的抗渗性。

⑥ 浆液在胶凝过程中，其黏度的增长有较明显的突变过程。

⑦ 固结体的抗压、抗拉强度高，特别是与被灌体有较好的黏结强度。

⑧ 浆液无毒或低毒，对环境的污染较少。

⑨ 灌浆工艺较简单。

⑩ 浆材货源广、价格低、贮运方便。

目前已有的化学灌浆材料中，其性能一般仅部分地符合上述要求，因此应用时要按不同工程要求选择适宜的灌浆材料。

6.4.10　混凝土钢筋腐蚀修复方法

缓蚀剂的应用已经有上百年的历史，钢筋阻锈剂是缓蚀剂在混凝土中的应用，是一种既古老又新型的应用技术。

目前，世界上还没有公认一致的钢筋阻锈剂标准、规范。一些国家有产品标准，如日本的《混凝土用防腐剂》、美国《混凝土阻蚀剂》《阻锈剂产品技术规定》；一些国家有使用技术规定，如美国《亚钙基阻锈剂使用规定》、《阻蚀剂》和我国《钢筋阻锈剂使用技术规范》。

我国已经纳入的规范包括：《工业建筑防腐蚀设计规范》、《海工混凝土结构技术规范》、《海工混凝土防腐蚀规范》、《盐渍土建筑规范》和公路外加剂规范等。最近出版的《混凝土结构耐久性设计与施工指南》（中国工程院项目），也把钢筋阻锈剂作为防腐蚀措施的组成部分纳入其中。

关于钢筋阻锈剂的适用范围，国外规定用于腐蚀环境（以氯盐为主）中的钢筋混凝土、预应力混凝土、后张预应力灌注砂浆等；我国相关规范对使用钢筋阻锈剂的环境和条件作了如下规定：

① 海洋环境：海水侵蚀区、潮汐区、浪溅区及海洋大气区；

② 使用海砂作为混凝土用砂，施工用水含氯盐超出标准要求；

③ 采用化冰（雪）盐的钢筋混凝土桥梁等；

④ 以氯盐腐蚀为主的工业与民用建筑；

⑤ 已有钢筋混凝土工程的修复；

⑥ 盐渍土、盐碱地工程；

⑦ 采用低碱度水泥或能降低混凝土碱度的掺合料；

⑧ 预埋件或钢制品在混凝土中需要加强防护的场合。

总体说来，钢筋阻锈剂已经成为一项通用技术，但由于发展快、品种多、成分复杂等，国内外检验方法、规程、规范的研究、编制，仍然是一项艰巨的任务。

RI-1 系列钢筋阻锈剂是国内开发最早、工程应用最广的研究成果和产品，30 年来经历了艰苦、坎坷的发展历程，对国内出现阻锈剂良好发展势头，起到了一定带动作用。RI-1 系列钢筋阻锈剂已经有数百个工程应用，并部分出口用于海外工程。以下是在海洋环境中的典型工程应用事例。

山东三山岛金矿工程为国家重点工程，始建于 1985 年，首次在混凝土中大量使用了 RI 阻锈剂。不仅解决了使用海砂、施工用水含盐超标等现实问题，而且在海洋环境中，使用 RI 钢筋阻锈剂确实起到了良好的防护作用（已经被 30 年的实际考验所证明）。本工程也是我国首次大量使用海砂的建筑群体，证明使用钢筋阻锈剂可以使海砂"变废为宝"，为海砂资源的开发利用提供了成功先例。

6.4.11 电化学渗透保护法

目前，国内外的重要建筑，或者处于严重环境作用（可能遭受严重氯离子侵蚀）的建筑物中，部分采用了阴极保护作为钢筋锈蚀的预防措施。这种保护方法由一个阳极系统、一个直流电源和探测器以及导线组成。阴极保护技术中最重要的是阳极的选择。目前，常用的阳极材料系统包括覆盖于混凝土表面的导电涂层，放于混凝土覆盖层中的用混合金属氧化物涂覆的网片、导电砂浆覆盖层，以及放在长缝中带涂层的钛金属带或放在混凝土孔洞中的各种导电材料。

6.4.12 碱骨料反应的控制方法

著名理论——碱骨料反应也叫碱硅反应，是指混凝土中的碱性物质与骨料中的活性成分发生化学反应，引起混凝土内部自膨胀应力而开裂的现象。碱骨料反应给混凝土工程带来的危害是相当严重的。因碱骨料反应时间较为缓慢，短则几年，长则几十年才能被发现。

发生碱骨料反应需要具有三个条件：第一是混凝土的原材料水泥、混合材、外加剂和水中含碱量高；第二是骨料中有相当数量的活性成分；第三是潮湿环境，有充分的水分或湿空气供应。

延缓碱骨料反应要求混凝土的拌制尽量采用二次搅拌法、裹砂法、裹砂石法等工艺，提高混凝土拌合料的和易性，保水性，提高混凝土强度，减少用水量；大体积混凝土的浇筑振捣应控制混凝土的温度裂缝、收缩裂缝、施工裂缝，建立混凝土的浇筑振捣制度，提高混凝土密实度和抗渗性，重视混凝土振捣后的表面工序，并加强养护，以减少混凝土裂缝。混凝土的施工过程对控制构件外观裂缝、施工裂缝至关重要，应加强施工质量管理，特殊季节施工的混凝土结构应采取特殊措施。

我国目前规范、标准中预防 ASR 相关情况：

按标准规范要求，对重要工程中使用的砂、石的碱活性需作检测，此条文已被列入 2002 年版的"工程建设标准强制性条文"。

中国砂石协会组织编写的 GB/T 14684—1993 和 GB/T 14685—1993 两项国标中专门有对粗、细骨料的技术要求，即不允许骨料有超过限值的膨胀活性，其试验方法与 JGJ52 和 JGJ53 类似，为 180d 的砂浆棒法。近几年来，编制组为适应需要，组织力量修订了此两项标准，新版 GB/T 14684—2001 和 GB/T 14685—2001 已于 2002 年 2 月 1 日起正式实施，在骨料活性的检测方法上新增了"快速碱活性试验方法"。这是我国首次在国家标准中采用此种在国际上影响最大的快速试验法。

6.4.13　冻融损伤修复

混凝土冻融破坏，是由于混凝土中的水受冻结冰后体积膨胀，在混凝土内部产生应力，由于反复作用或内应力超过混凝土抵抗强度致使混凝土破坏。

主要防治措施：①提高混凝土密实度（防止环境水进入混凝土内部）；②提高混凝土含气量（需要形成封闭的微小气泡）；③提高混凝土强度。

途径：减少水灰比、掺加外加剂、掺入粉煤灰等掺合料。冻融环境混凝土耐久性评定需按照以下原则：

① 以明显冻融损伤（构件表层水泥砂浆脱落、粗骨料外露）作为混凝土耐久性极限状态；

② 考虑冻融损伤加速钢筋锈蚀对钢筋锈蚀耐久性评定的影响。

长期使用中未发生冻融破坏的构件，冻融耐久性等级可评为 a 级；当结构经历数十年尚未发生冻融损伤时，依据工程经验该结构不会发生冻融破坏。已出现明显冻融损伤的构件评为 C 级。

6.5　既有钢结构修复方法

（1）钢结构加固连接方法，即焊接、铆钉、普通螺栓和高强度螺栓连接方法的选择，应根据结构需要加固的原因、目的、受力状态、构造及施工条件，并考虑结构原有的连接方法确定。

（2）在同一受力部位连接的加固中，不宜采用刚度相差较大的，如焊缝与铆钉或普通螺栓共同受力的混合连接方法，但仅考虑其中刚度较大的连接（如焊缝）承受全部作用力时除外。如有根据，可采用焊缝和摩擦型高强螺栓共同受力的混合连接。

（3）加固连接所用材料应与结构钢材和原有连接材料的性质匹配，其技术指标和强度设计值应符合《钢结构设计规范》的规定。

（4）负荷下连接的加固，尤其是因采用端焊缝或螺栓的加固而需要拆除原有连接，和扩大、增加钉孔时，必须采取合理的施工工艺和安全措施，并经核算以保证结构（包括连接）在加固负荷下具有足够的承载力。

参 考 文 献

[1] 吕西林. 建筑结构加固设计. 北京：科学出版社，2001.

[2] 上官子昌. 钢结构加固设计与施工细节详解. 北京：中国建筑工业出版社，2012.

[3] 范锡盛，等. 建筑物改造和维修加固新技术. 北京：中国建材工业出版社，1999.

[4] 洪乃丰. 建筑腐蚀与可持续发展. 北京工业建筑，2006，36（13）：76-79.

[5] （美）亚历山大钮曼. 建筑物的结构修复——方法细部设计实例. 惠云玲，译. 北京：中国建筑工业出版社，2008.

[6] ［日］日本土木学会. 混凝土结构耐久性设计指南及算例. 向上，译. 北京：中国建筑工业出版社，2010.

[7] 混凝土耐久性专业委员会. 第五届全国混凝土耐久性学术交流会论文集. 大连，2000.

[8] ［加］Noel Mailvaganam 著. 混凝土结构的修复与防护. 姜迎秋等，译. 天津：天津大学出版社，1995.

[9] Xing 锋. 混凝土结构耐久性设计与应用. 北京：中国建筑工业出版社，2011.

[10] 陈绍 fan，顾强 钢结构 北京：中国建筑工业出版社，2003.

[11] 雷宏刚. 钢结构事故分析与处理. 北京：中国建筑工业出版社，2003.

[12] 王国凡，霍玉双，等. 钢结构加工工程检验与验收. 北京：化学工业出版社，2005.

[13] 湖南大学，等. 土木工程材料. 北京：中国建筑工业出版社，2002.

[14] 袁海军，姜红，等. 建筑结构检测鉴定与加固手册. 北京：中国建筑工业出版社，2003.

[15] 北京土木建筑学会. 钢结构工程施工操作手册. 北京：经济科学出版社，2004.

[16] 侯伟生. 建筑工程质量检测技术手册. 北京：中国建筑工业出版社，2003.

第7章
既有房屋建筑耐久性评估与保障工程实例

7.1 房屋建筑腐蚀调查

　　本章着重于近年来我们所做的房屋建筑耐久性诊断及调查。根据不同的地理、气候条件，我们的调查尽可能地涵盖了全国各地区域和不同的气候区间，以及山区、平原、沿海地区、内陆地区，既有边远城镇乡村，也有滨海城市和重工业城市、超大型城市等的各种具有代表性的建筑物。包括的历史古迹有北京涛贝勒府、哈尔滨索菲亚大教堂、山西平遥古城、北京段祺瑞执政府等历史古建，也有抚顺铝厂日伪时期建造的车间。还有华北制药厂葡萄糖生产车间、中央戏曲学院、中国人民大学小红楼等一批建国初期的苏式建筑。还有人民大会堂，鸟巢、水立方等一大批标志城市现代化的建筑。从我国最东边的黑龙江抚远，到西北的甘肃金昌，北到呼伦贝尔，南到福建沿海湄洲岛，都进行了有针对性的调查。图 7-1 是我们在全国调查的分布示意图。

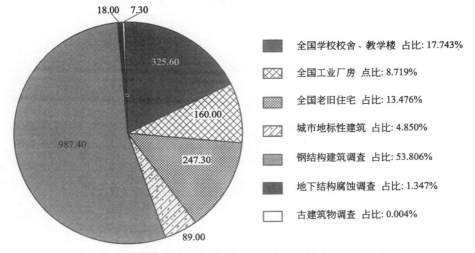

图 7-1　房屋建筑耐久性检测调查示意图（单位：万平方米）

根据不完全的统计，调查情况如下：全国中小学校舍房屋建筑 325.6 万平方米，合计建筑物 3174 栋单体，全国老旧楼房 247.3 万平方米，合计建筑物 798 栋单体。腐蚀耐久性钢筋混凝土结构老厂房 160 万平方米，建筑物 235 栋单体。城市地标性建筑 89 万平方米，钢结构现场调查 987.4 万平方米，合计建筑物 1631 栋单体。地下结构杂散电流腐蚀调查 18 万平方米。古建筑调查 78000 平方米。国外建筑 15 万平方米。

图 7-1 是房屋建筑耐久性检测调查示意图。

7.2 学校校舍房屋安全耐久性调查典型案例

通过对全国不同地域和不同年代的中小学校舍和老旧小区楼房调查发现，地处北方的建筑与南方的建筑一样，混凝土中性化随着时间的推移，都存在加深的趋势。北方的 1980 年以前的砌筑砂浆普遍存在质量较差，风化严重，特别是农村校舍的砌筑砂浆几乎已失去黏结力。南方校舍的砌筑砂浆强度也较差。其建筑中构造柱和圈梁内钢筋也有不同程度的腐蚀。既有框架结构建筑的混凝土保护层厚度普遍不足，混凝土中钢筋也存在不同程度的腐蚀。我们已根据国家统一规定，建议采取不同的耐久性加固维修方法进行处理，在 20 世纪 70 年代以前建造，经耐久性鉴定，可继续使用的既有建筑，经加固维修后继续使用年限不少于 30 年。在 80 年代建造的既有建筑可使用 40 年或更长，且不少于 30 年。在 90 年代建造的既有建筑后续使用年限不应少于 40 年，条件许可时可使用 50 年。在 2001 年以后建造的既有建筑，后续使用年限宜使用 50 年。

本节以房屋砖混结构——某大学留学生楼为例

(1) 工程概况 (表 7-1)

表 7-1 某大学房屋砖混结构工程概况表

工程名称	某大学留学生楼		
工程地质	北京地区		
建筑面积	1350m²	建设时间	20 世纪 80 年代初
建筑层数	地上：五层；地下：0	建筑总高度	14.55m
结构类型	多层砌体结构	建筑各层高度	一层：5.1m 二层：3.0m 三层：3.0m 四层：3.0m 五层：3.0m
楼、屋盖形式	装配式混凝土	基础类型	—
墙体材料	砖、砂浆	原设计楼屋面活荷载值	—
砌筑砖强度	一层：MU7.5 二层：MU7.5 三层：MU7.5 四层：MU7.5	混凝土强度	一层：C25 二层：C25 三层：C25 四层：C25

续表

工程名称	某大学留学生楼		
砌筑砂浆强度	一层：M7.5 二层：M7.5 三层：M5.0 四层：M5.0	构造柱布置	四角处和纵横墙交点
圈梁布置	每层均设	其他	纵横墙承重

（2）调查内容及结论　见表 7-2。

表 7-2　房屋砖混结构调查检测内容及结论

调查项目	调查结果		
地基基础	地基基础无静载缺陷		
砌体结构外观质量	完好		
挑檐、女儿墙等部位	与屋面连接完好		
房屋的高度和层数	现行标准要求	现场检查检测	鉴定结论
房屋的高度和层数	19m 和 6 层	14.55m，四层	满足要求
高宽比	2.0	符合	符合要求
纵横墙的平面布置	平面内应闭合	平面内闭合	满足要求
检测项目	现行标准要求	现场检查检测	鉴定结论
钢筋混凝土构造柱的构造与配筋	—	主筋 Φ12 螺纹钢；箍筋间距为 200mm	—
钢筋混凝土圈梁的构造与配筋	—	主筋 Φ12，箍筋间距为 200mm	—
构件混凝土强度	≥C15	C25	满足要求
砖或砌块强度	≥MU7.5 或≥MU10.0	MU7.5	满足要求
砌筑砂浆强度	≥M2.5	M7.5 或 M5.0	满足要求
结构是否遭受灾害、非正常环境侵蚀、人为损伤	未遭受灾害、非正常环境侵蚀、人为损伤		
钢筋混凝土构件钢筋的保护层厚度	钢筋混凝土构件钢筋的保护层厚度平均为 25mm		
钢筋混凝土构件保护层碳化深度和内部钢筋锈蚀情况	混凝土碳化深度＞6mm，钢筋轻度腐蚀		
本次鉴定的建筑后续使用年限	部分构件采取加固处理及维护措施，后续能满足耐久性使用寿命 40 年		

（3）修复方案　本工程拟采用的主要加固方法：喷射混凝土加固方法见图 7-2、图 7-3。

① 墙体存在裂缝时，应先对裂缝进行压力灌浆处理。

② 工艺流程：基层表面处理→钢筋网绑扎固定→喷射细石混凝土。

第一步：先剔除墙面旧抹灰层，用钢丝刷除灰粉，以清水冲洗干净，再喷涂素水泥浆一道。

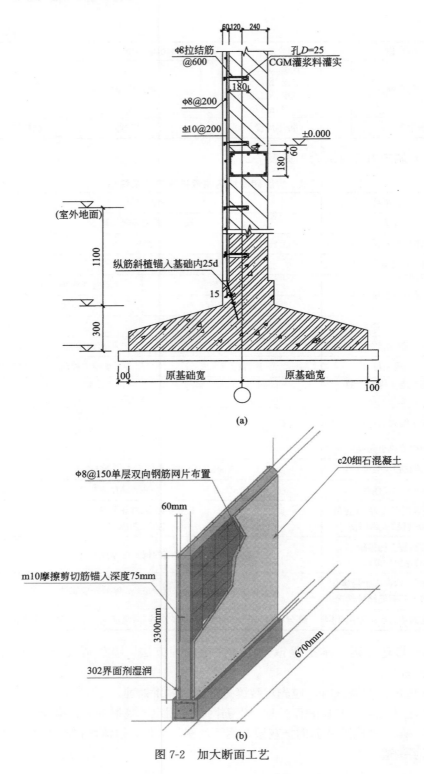

图 7-2 加大断面工艺

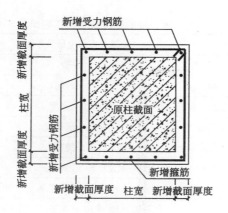

(a) 柱扩大截面加固

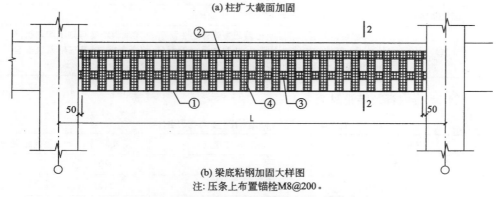

(b) 梁底粘钢加固大样图
注: 压条上布置锚栓M8@200。

图 7-3　柱扩大截面加固与梁底粘钢加固示意

第二步：钢筋网片采用 E43 焊条点焊，钢筋网片与墙体连接固定，连接采用拉结钢筋。拉结钢筋用 M15 水泥砂浆植于墙内（植入混凝土构件时，采用植筋胶）。钢筋网片宜在墙面喷一层混凝土后铺设。

第三步：细石混凝土面层采用喷射法工艺施工。

a. 喷射作业应分段分片依次进行，喷射顺序应自下而上；

b. 分层喷射时，后一层喷射应在前一层混凝土终凝前进行，若终凝 1h 后，再进行喷射时，应先用风水清洗喷层表面；

c. 喷射混凝土板墙前必须对门窗及室内不便移走的物品采取有效的保护措施，可采用先用彩条布包裹门窗再用废旧木板遮挡，室内不便移走的物品应尽量移到房间的中部再用彩条布包裹等措施，施工单位在递交施工组织设计时必须说明门窗的保护措施。

7.3　民用建筑老旧楼房屋耐久性调查典型案例

以下为房屋框架结构——某电视台生活服务楼的调查案例。

（1）工程概况见表 7-3。

表 7-3 某生活服务楼房屋框架结构工程概况表

工程名称	某电视台生活服务楼		
工程地质	—		
建筑面积	15838m²	建设时间	—
建筑层数	地上：7层 地下：3层	建筑总高度	—
结构类型	框架结构	建筑各层高度	—
楼、屋盖形式	现浇混凝土	基础类型	—
墙体材料	砖、砂浆	原设计楼屋面活荷载值	—
砌筑砖强度	—	混凝土强度	地下3层,地上7层;C45
砌筑砂浆强度	—	构造柱布置	—
圈梁布置	—	其他	—
地基检查	经过现场观测,该建筑基础的整体稳定性较好,未发现因地基基础不均匀沉降引起上部结构构件过大倾斜、开裂和受损等情况,综合考虑,地基基础系统安全性评定为 A_u 级		

（2）调查内容及结论见表 7-4。

表 7-4 房屋框架结构调查内容及结论

鉴定项目		鉴定标准规定值	实际值	鉴定结果
建筑类别		—	丙类	—
一般规定	房屋高度	不超过100m	34m	满足要求
	外观和内在质量	见《建筑抗震设计规范》(GB 50011—2010)规定	满足规范要求	满足要求
	楼梯设置			
	填充墙拉结			
结构体系、结构构件的纵向钢筋和横向箍筋的配置	框架体系	双向	双向	满足要求
	梁截面	见《建筑抗震设计规范》(GB 50011—2010)第6.3.1条规定:梁截面宽度不宜小于200mm;截面高宽比不宜大于4;净跨与截面高度之比不宜小于4	满足规范要求	满足要求
	梁的钢筋配置	见《建筑抗震设计规范》(GB 50011—2010)第6.3.3和6.3.4条规定	主筋10Φ25;箍筋Φ10@200/100	满足要求
	柱截面	见《建筑抗震设计规范》(GB 50011—2010)第6.3.5条规定	满足规范要求	满足要求
	柱轴压比	0.85	满足规范要求	满足要求
	中柱纵向受力钢筋配筋率	见《建筑抗震设计规范》(GB 50011—2010)第6.3.7和6.3.8条规定	满足规范要求	满足要求

续表

鉴定项目		鉴定标准规定值	实际值	鉴定结果
结构体系、结构构件的纵向钢筋和横向箍筋的配置	框架角柱的总配筋率	见《建筑抗震设计规范》(GB 50011—2010)第 6.3.7 和 6.3.8 条规定	满足规范要求	满足要求
	框架柱的箍筋配置	见《建筑抗震设计规范》(GB 50011—2010)第 6.3.7 条规定和 6.3.9 条规定	Φ12@100	满足要求
填充墙构造		见《建筑抗震设计规范》(GB 50011—2010)第 13.3.4 条规定	满足规范要求	满足要求
结构是否遭受灾害、非正常环境侵蚀、人为损伤		未遭受灾害、非正常环境侵蚀、人为损伤		
钢筋混凝土构件钢筋的保护层厚度		钢筋混凝土构件钢筋的保护层厚度平均为 30mm		
钢筋混凝土构件保护层碳化深度和内部钢筋锈蚀情况		混凝土碳化深度＞6mm，钢筋轻度腐蚀		
本次鉴定的建筑后续使用年限		该建筑主要抗震构造措施满足《建筑抗震设计规范》(GB 50011—2010)的要求；经抗震计算，该结构抗震承载力满足现行规范要求		

（3）框架结构加固方案　根据本工程存在的主要问题采用如下加固方案：

① 对柱配筋不足较为轻微的构件进行粘钢加固处理；

② 对缺少配筋较多的构件采取扩大截面或包钢加固处理，也可同时采用一定数量的阻尼器进行辅助加固，或采用隔震技术进行加固处理，主要工艺节点如下：

a. 对混凝土构件，可用硬毛刷蘸高效洗涤剂，刷除表面油垢污物后用冷水冲洗，压缩空气吹除粉粒。待完全干燥后用脱脂棉沾丙酮擦拭表面即可。

b. 钢板黏结面，须进行除锈和粗糙处理，可用喷砂、砂布或平砂轮打磨，直至出现金属光泽，打磨粗糙度越大越好，打磨纹路应与钢板受力方向垂直，用脱脂棉蘸丙酮擦拭干净。

c. 黏结剂使用前应进行现场质量检验，合格后方能使用，按产品使用说明书规定配制。注意搅拌时避免雨水进入容器，按同一方向进行搅拌，容器内不得有油污。

d. 黏结剂配制好后，用抹刀同时涂抹在已处理好的混凝土表面和钢板面上，厚度为 1～3mm，中间厚边缘薄，然后将钢板贴于预定位置。粘好钢板后，用手锤沿粘贴面轻轻敲击钢板，如无空洞声，表示粘贴密实，否则应剥下钢板，补胶，重新粘贴。

e. 钢板粘贴好后立即用夹具夹紧，或用胀栓固定。并适当加压，以使胶液刚好从钢板边缝挤出为度。

f. 钢材经除锈处理后应涂防锈漆，两道底漆、两道面漆。

7.4 住宅阳台腐蚀调查典型案例——北京市某小区住宅楼

对 1120 个阳台的调查显示，阳台构造中保护层偏薄，钢筋存在不同程度腐蚀。个别住户擅自拆除配重墙，给阳台结构安全造成严重隐患。

（1）工程概况 该建筑建造年代时间较长，业主为了了解该建筑阳台的结构安全耐久性性能，特委托检测机构对该建筑的阳台（图 7-4）进行结构安全耐久性的检测鉴定，为是否满足改造的要求提供可靠依据。

（2）调查的内容

① 混凝土强度。

② 钢筋保护层厚度、钢筋配置。

③ 钢柱锈蚀：检查检测房屋的主要受力构件是否出现锈蚀现象。

④ 检测阳台板厚度。

⑤ 检查阳台的结构布置。

（3）结果及分析

① 柱锈蚀检查结果。根据现场检查发现部分钢柱出现锈蚀现象，建议对锈蚀的钢立柱进行除锈及防腐处理。

② 从计算的结果和现场检测的结果看，该建筑目前符合 77G37 图集和原设计图纸要求阳台满足承载力和抗倾覆的要求。但从现场检测情况看，部分阳台将门连窗的墙体拆除，这样会降低阳台的安全性能，不符合原设计图纸的要求。

（4）定结论及加固处理建议

① 经检测结果与计算分析可知，符合 77G37 图集和原设计图纸要求的阳台的安全性能满足要求，可以更换为双层玻璃的塑钢窗。

② 部分拆除门连窗处墙体的阳台，经检测结果和分析可知，该部分阳台虽然满足安全性能的要求，可以更换为双层玻璃的塑钢窗，但拆除门连窗处的墙体会降低阳台的安全性能，不符合原设计图纸，建议恢复墙体后进行更换双层玻璃的塑钢窗。

③ 进行安全排查，对其将门连窗墙体拆除的阳台进行恢复。

④ 由于该建筑阳台建造年代时间较长，建议在使用期间不要超过其设计荷载 2.5kN/m^2。

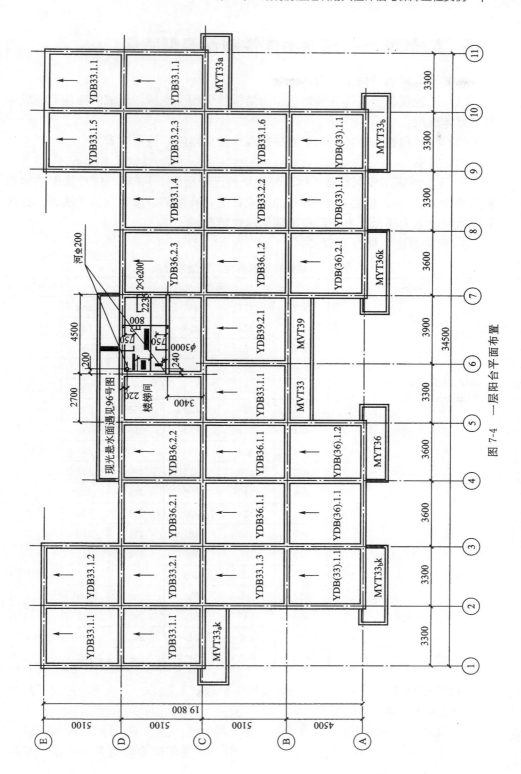

图 7-4 一层阳台平面布置

7.5 建筑钢结构腐蚀耐久性调查典型案例

以某体育场钢结构工程为例。

（1）工程概况　某体育场钢结构为结构组件相互支撑，形成网格构架组成体育场整体造型。

（2）检测内容　现场检测了涂层外观、涂层厚度、涂层附着力。

（3）数据

① 涂层外观　现场检查，体育场钢结构已经历了7~8年，体育场钢结构涂装原设计为25年，但经过7~8年的风吹日晒，有些部位涂装出现了损毁，有些部位涂层附着力降低，有些部位出现了锈蚀情况。

② 涂层厚度　见表7-5。

表7-5　某体育场钢结构工程涂层厚度

构件号		测点厚度/μm					平均值/μm
原漆面加涂 FCT TS-2000 银灰自干面漆	1	567	477	487	536	508	513
		492	538	498	498	587	
		471	469	510	566	493	
	2	286	372	273	338	285	292
		265	311	244	263	346	
		295	243	284	265	313	
	3	431	411	439	396	405	421
		434	419	408	442	392	
		470	470	415	400	390	
原漆面	4	247	248	250	243	359	276
		246	233	392	256	224	
		257	216	321	311	330	
	5	431	355	392	344	341	372
		352	305	348	425	316	
		320	390	388	389	490	
	6	267	282	246	281	263	258
		262	242	246	265	267	
		248	242	249	268	240	

（4）结果　检测机构对体育场钢结构涂料翻新工程进行了检测，检测了其外观、涂层厚度和涂层的附着力。

① 旧漆面的涂层外观　现场检查，体育场钢结构涂装原设计为25年，但经过7~8年的使用，有些部位涂装出现了损毁，有些部位涂层附着力降低，有些

部位出现了锈蚀情况。因此需对此建筑进行必要的维修维护，以提高该建筑的耐久性。

② 涂层厚度检测了 6 个构件　这 6 个构件是 3 个原漆膜厚度和 3 个原漆面加涂 FCT TS-2000 银灰自干面漆厚度。涂层厚度基本上满足设计要求，检测数据见表 7-6。

现场对原漆面加涂 FCT TS-2000 银灰自干面漆进行附着力检测，检测 3 处共计 15 个测点，其中一处 3 个测点满足标准规范（≥5MPa）要求，其他测点未达标。检测数据见附表 7-6。

表 7-6　对原漆面加涂 FCT TS-2000 银灰自干面漆进行附着力检测

构件号		附着力/MPa	破坏形式	备注
原漆面加涂 FCT TS-2000 银灰自干面漆	1	3.27	50%新漆面与原漆面附着破坏	
		0.55	50%新漆面与原漆面附着破坏	
		0.66	40%新漆面与原漆面附着破坏	
		0.62	80%新漆面与原漆面附着破坏	
		1.12	50%新漆面与原漆面附着破坏	漆膜涂装 7d 后
	2	6.30	100%新漆面与原漆面附着破坏	
		5.26	100%新漆面与原漆面附着破坏	
		5.86	100%新漆面与原漆面附着破坏	
		1.97	80%新漆面与原漆面附着破坏	
		3.30	100%新漆面与原漆面附着破坏	
原漆面（修补处）加涂 FCT TS-2000 银灰自干面漆	3	3.10	90%新漆面与原漆面附着破坏	
		2.21	95%新漆面与原漆面附着破坏	
		3.45	95%新漆面与原漆面附着破坏	
		3.62	90%新漆面与原漆面附着破坏	
原漆面	4	2.38	50%漆的面层附着破坏	
		2.16	60%漆的面层附着破坏	
		1.83	40%漆的面层附着破坏	
		1.73	20%漆的面层附着破坏	
		1.90	20%漆的面层附着破坏	

根据现场检测情况看出，如果严格按施工方案实施，做得好的附着力是可以达到标准规范（≥5MPa）要求的，但是做不好，附着力就会达不到要求，从而出现新旧涂层不能形成一体的现象，将会导致脱层掉皮，不仅不美观，对于钢结构还起不到耐久防护作用。

初步判定现场可以按此方案施工，但要严格控制施工质量。按施工方案实施，做到基层打磨处理，去掉已老化、附着力不好的旧漆膜，对锈蚀局部特殊处理，补底漆再涂面漆。依据相关标准，体育场钢结构防腐涂装完成需要进行第三方监测，最终以保证体育场钢结构防腐涂装工程的完整性、耐久性为目的。

（5）工程照片　见图7-5。

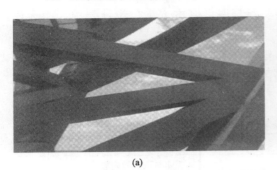 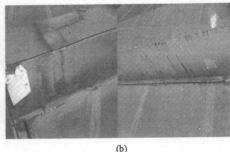

(a)　　　　　　　　　　　　　　　　　(b)

图7-5　某体育场钢结构工程照片

7.6　工业建筑钢结构腐蚀调查案例

7.6.1　某机场机库

（1）工程概况　某机场机库于1979年设计。屋顶网架结构为双层立体交叉结构，上弦多节点支撑，杆件均为单/双肢角钢，表层涂装防锈漆，屋顶高度20m左右，屋顶平面形状为矩形，水平投影尺寸为49m×54m＝2646m²。屋面板为加气混凝土块，屋架下弦有两部悬挂吊车。由于使用年久，应甲方要求，需要对该结构进行全面的检测，对结构的正常使用性进行鉴定，并提出相应的处理建议。

（2）调查的内容　由于未能查到相关详细的设计、施工图纸资料，本次检测以现场测量为基础，对各支座轴号进行了编号，以便于对杆件的定位与发现问题位置的描述，根据实测结果绘制了网架的平面图，如图7-6所示。

该屋顶钢网架整体结构见图7-7。

依据委托方要求，现场综合检测项目如下：

① 结构腐蚀外观检查；

② 结构防腐涂装厚度检测；

③ 结构防腐涂装附着力检测；

④ 节点构造及构件截面几何参数检测；

⑤ 连接及支座锚固检测；

⑥ 节点焊缝质量检测。

（3）检测检查内容

① 初步调查

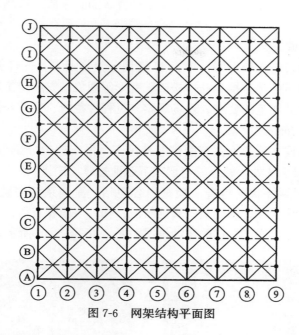

图 7-6　网架结构平面图

(a)　　　　　　　　　　　(b)

图 7-7　屋顶网架结构

a. 查阅原始资料。

通过与甲方沟通，未找到详细的相关设计、施工资料，仅查询到一张结构平面图和机库大门钢结构设计相关图纸，无关于屋架的具体资料。

b. 调查网架使用条件。

本网架为飞机修理库的屋顶结构，下方为大空间的飞机修理车间，该车间南面为大面积的钢框架玻璃幕墙大门，东西向为混凝土立柱构成的墙体围护结构，结构完好，屋顶未见漏水渗水现象，屋架杆件表面有涂层，目测未见大面积的脱落掉皮现象。

c. 现场核对调查

该网架平面布局比较规则，单元 N 格划分整齐划一；杆件施工时安装质量较好，未发现明显杆件连接和杆件松动、变形等现象。支座定位基本准确，杆件节点尺寸符合相关规范的要求。现场观察未见杆件截断、修补和损伤现象，但少数杆件和节点存在锈蚀现象。

现场调查发现在屋架下弦有两部悬挂吊车，吊车轨道分别位于②-⑤两轴和⑥-⑧两轴的屋架下弦处，轨道梁与屋架下弦通过螺栓连接。

② 结构外观腐蚀状况检查　检查内容包括：涂装系统完整性、涂装缺陷、涂装系统腐蚀老化状况；屋面板的腐蚀状况；构件表面积灰等。

a. 网架连接杆。连接杆件的锈蚀情况如图 7-8～图 7-11 所示。

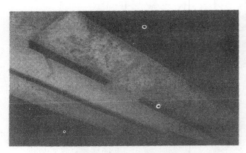
图 7-8　连接杆涂层起泡、表面泛锈

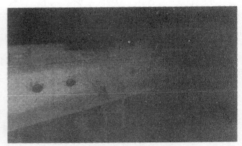
图 7-9　南门上端连接件螺杆、螺母严重锈蚀

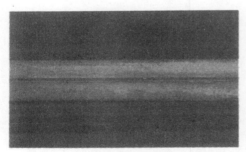
图 7-10　下弦杆涂层起泡、锈迹斑斑

图 7-11　吊车梁连接杆件焊接处钢材锈蚀

b. 网架节点。

通过对结构的外观腐蚀状况的检查，可以发现：整体上看屋面板、网架结构、吊车梁的腐蚀状况较轻，但局部的涂装系统老化、构件腐蚀现象明显且不容忽视，尤其是连接构件节点处的涂装系统和屋面板的防水系统。

③ 结构防腐涂装厚度检测　据 JGJ 78—91《网架结构工程质量检验评定标

准》中防腐涂装工程的有关要求，对该修理库的网架结构的防腐涂装厚度进行了现场检测。

a. 防腐涂装厚度检测结果。

b. 网架结构防腐涂装涂层厚度的允许偏差。

对防腐涂装涂层厚度的允许偏差的要求如表 7-7 所示。

表 7-7　防腐涂装涂层厚度的允许偏差

项目	要求厚度/μm	允许偏差/μm
干漆膜厚度	室内 125 室外 150	−25

c. 网架结构防腐涂装涂层厚度检测结果分析（表 7-8）。

表 7-8　涂层厚度检测结果分析

构件		平均厚度/μm	构件		平均厚度/μm
上弦节点	1 号	250	南门上 1 号	7 号	230
	2 号	200		8 号	210
	3 号	220		9 号	220
下弦节点	4 号	240	南门上 2 号	10 号	190
	5 号	190		11 号	260
	6 号	230		12 号	200
吊车梁	16 号	300	南门上 3 号	13 号	200
				14 号	180
				15 号	190

由于现存的设计图纸不全，网架结构防腐涂装的设计厚度已无从考证，但从检测结果来看，防腐涂装的厚度控制不能满足国家标准中防腐涂装工程涂层厚度的允许偏差。

④ 结构防腐涂装附着力检测　《色漆和清漆　漆膜的划格试验》按照（GB/T 9286—1998）的要求，利用漆膜划格器对网架结构的节点和杆件进行了划格试验（表 7-9）。此试验评价了涂层从底材上脱离的抗性，是涂层附着力的间接体现。

表 7-9　试验结果分级

分级	说明
0	切割边缘完全平滑,无脱落
1	在切口交叉处有少许涂层脱落,但交叉切割面积受影响不能明显大于 5%
2	在切口交叉处和/或沿切口边缘有涂层脱落,受影响的交叉切割面积明显大于 5%,但不能明显大于 15%
3	涂层沿切割边缘部分或全部以大碎片脱落,和/或在格子不同部位上部分或全部剥落,受影响的交叉切割面积明显大于 15%,但不能明显大于 35%

续表

分级	说明
4	涂层沿切割边缘大碎片剥落,和/或一些方格部分或全部出现脱落。受影响的交叉切割面积明显大于35%,但不能明显大于65%
5	剥落的程度超过四级

注:表中给出了六个级别的分级,对于一般性的用途,前三级是令人满意的。要求评定通过/通不过时也采用前三级。

检测评级结果见表7-10。

表 7-10   检测评级结果

构件位置	检测评级			
	①	②	③	总评级
上弦	三级	三级	五级	无效
下弦	三级	三级	三级	三级
杆件1号	二级	二级	二级	二级
杆件2号	二级	二级	二级	二级
杆件3号	二级	二级	三级	三级
吊车梁	二级	二级	三级	三级

从结构防腐涂装附着力检测评级的5个结果来看,附着力满意的有2处,不满意的有3处。从总体上分析,该网架结构防腐涂装的附着力已经降级到影响继续使用的地步。

⑤ 节点构造及构件截面几何参数检测　根据该网架结构的构造,现场对4个典型节点的节点构造和构件截面尺寸进行了检测。

a.上弦节点检测

上弦节点由上弦双向桁架杆和双向斜腹杆交汇组成,通过节点板和十字焊板连接成一个整体,上弦杆为双肢角钢带加劲杆构成桁架杆,腹杆为等边双肢角钢。节点构造如图7-12所示,节点构件几尺寸如表7-11所示。

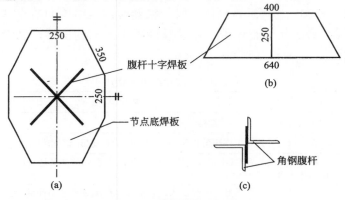

图 7-12　上弦节点构造几何尺寸

表 7-11　上弦节点板厚度测量

序号	节点构件	厚度/mm				平面形式
		测量值			平均值	
1	节点底焊板	10.67	10.80	11.51	10.99	见图 7-12 中(a)
2	腹杆十字焊板	7.91	7.94	7.99	7.95	见图 7-12 中(b)
3	双肢腹杆(L90×90)	8.68	8.43	8.57	8.56	见图 7-12 中(c)
	双肢腹杆(L64×64)	6.40	6.38	6.28	6.35	见图 7-12 中(d)

　　b. 下弦中节点。

　　下弦节点由双向下弦杆和双向斜腹杆交汇组成,通过节点板和十字焊板连接成一个整体,下弦杆和腹杆为双肢等边角钢杆。节点构造如图 7-13～图 7-15 所示,节点构件几尺寸如表 7-12～表 7-14 所示。

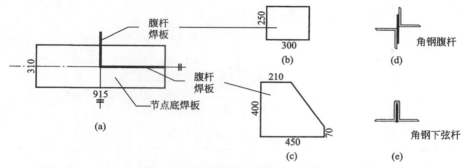

图 7-13　下弦中节点构造几何尺寸

表 7-12　下弦中节点板厚度测量

序号	节点构件	厚度/mm				平面形式
		测量值			平均值	
1	节点底焊板	10.01	10.28	9.79	10.03	见图 7-13 中(a)
2	腹杆焊板	10.31	10.84	9.93	10.36	见图 7-13 中(b)
3	双肢腹杆(L90×90)	8.18	7.93	8.09	8.07	见图 7-13 中(c)
	双肢腹杆(L64×64)	6.20	6.55	6.04	6.26	见图 7-13 中(d)
4	下弦杆(L80×80)	6.11	6.39	6.25	6.25	见图 7-13 中(e)

　　某机场飞机修理库屋顶钢网架结构检测报告,具体数据见表 7-13 和图 7-14。

表 7-13　下弦节点板厚度测量 (1)

序号	节点构件	厚度/mm				平面形式
		测量值			平均值	
1	节点底焊板	12.11	11.98	11.79	11.96	见图 7-14 中(a)

序号	节点构件	厚度/mm				平面形式
		测量值			平均值	
2	腹杆焊板	10.27	11.24	9.88	10.46	见图 7-14 中（b）
	腹杆焊板	9.61	9.84	10.93	10.13	见图 7-14 中（c）
3	双肢腹杆（L90×90）	8.34	7.53	8.49	8.12	见图 7-14 中（d）
	双肢腹杆（L80×80）	6.14	6.75	6.02	6.30	见图 7-14 中（d）
4	下弦杆（L80×80）	6.18	6.59	6.77	6.51	见图 7-14 中（e）

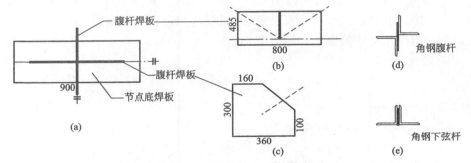

图 7-14　下弦节点构造几何尺寸（1）

表 7-14　下弦节点板厚度测量（2）

序号	节点构件	厚度/mm				平面形式
		测量值			平均值	
1	腹杆焊板	10.21	10.64	11.29	10.71	见图 7-15 中（a）
	腹杆焊板	7.81	8.11	8.27	8.06	见图 7-15 中（b）
2	双肢腹杆（L86×86）	8.38	7.86	8.29	8.18	见图 7-15 中（c）
	双肢腹杆（L62×62）	6.00	5.95	6.24	6.06	见图 7-15 中（c）
	双肢腹杆（L60×60）	6.80	6.95	6.44	6.73	见图 7-15 中（c）
3	下弦杆（L120×120）	10.31	9.89	10.15	10.12	见图 7-15 中（d）

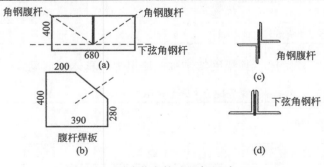

图 7-15　下弦节点构造几何尺寸（2）

⑥ 连接及支座锚固检测　本次检测对网架的部分支座进行了检查，网架支座安装就位情况良好，没有螺栓和螺母的缺少现象。各节点板或支座板处角钢均为双面焊接，端部有螺栓锚固，质量较好。

⑦ 节点焊缝质量检测　按照 JB/T 6061—92 标准，采用磁粉探伤法，对屋架上下弦节点和支座角钢焊缝进行了现场检测，共检测 100 条焊缝，所检焊缝均未发现磁痕缺陷，全部为Ⅰ级合格。

（4）网架正常使用性鉴定评级

① 使用性鉴定分级标准　根据 GB 50292—1999《民用建筑可靠性鉴定标准》，对所检测结构进行了正常使用性鉴定，按构件、子单元和鉴定单元各分三个层次，每一层次分为三个使用性等级，各层次分级标准件按表 7-15 规定采用。

表 7-15　使用性鉴定分级标准

层次	鉴定对象	等级	分级标准	处理要求
一	单个构件	a_s	使用性符合本标准对 a_s 级的要求，具有正常的使用功能	不必采取措施
		b_s	使用性略低于本标准对 4 级的要求，尚不显著影响使用功能	可不采取措施
		c_s	使用性不符合本标准对 A 级的要求，显著影响使用功能	应采取措施
二	子单元	A_s	使用性符合本标准对 A_s 级的要求，不影响整体使用功能	可能有极少数一般构件应采取措施
		B_s	使用性略低于本标准对 B 级的要求，尚不显著影响整体使用功能	可能有极少数构件应采取措施
		C_s	使用性不符合本标准对 C 级的要求，显著影响整体使用功能	应采取措施
三	鉴定单元	A_{ss}	使用性符合本标准对 A_{ss} 级的要求，不影响整体使用功能	可能有极少数一般构件应采取措施
		B_{ss}	使用性略低于本标准对 A_{ss} 级的要求，尚不显著影响整体使用功能	可能有极少数构件应采取措施
		C_{ss}	使用性不符合本标准对 A_{ss} 级的要求，显著影响整体使用功能	应采取措施

当钢结构构件的正常使用性按其锈蚀（腐蚀）的检查结果评定时，其评级标准按表 7-16 规定评级。

表 7-16　钢结构构件和连接的锈蚀（腐蚀）等级的评定

锈蚀程度	等级
面漆及底漆完好，漆膜尚有光泽	a_s 级
面漆脱落（包括起鼓面积），对普通钢结构不大于 15%；对薄壁型钢和轻钢结构不大于 10%；底漆基本完好，但边角处可能有锈蚀，易锈部位的平面上可能有少量点蚀	B_s 级

续表

锈蚀程度	等级
面漆脱落(包括起鼓面积),对普通钢结构大于15%;对薄壁型钢和轻钢结构大于10%;底漆锈蚀面积正在扩大,易锈部位可见到麻面状锈蚀	c_s级

② 网架使用性鉴定评级　对网架结构进行正常使用性鉴定评级,考虑构件腐蚀和杆件变形两个子项,具体评级内容见表7-17。

表 7-17　网架结构使用性鉴定评级

构件位置	构件评级		子单元评级	鉴定单元评级
	变形	腐蚀		
①-②/E-F下弦节点,平面图坐标节点	a_s	b_s	B_s	
①-@/B-C上弦节点	a_s	b_s	B_s	
②/C-D下弦节点	a_s	b_s	B_s	
②-③/E-F上弦节点	a_s	b_s	B_s	
③/E-F下弦节点	a_s	b_s	B_s	
⑨/A-B下弦节点	a_s	b_s	B_s	B_{ss}
⑨/B-C下弦节点	a_s	b_s	B_s	
⑨/C-D下弦节点	a_s	b_s	B_s	
⑨/D-E下弦节点	a_s	b_s	B_s	
⑨/E-F下弦节点	a_s	b_s	B_s	
⑤/I-J下弦节点	a_s	b_s	B_s	

(5) 检测总结及处理意见

① 检测结论　此次检测的主要结果有:

a. 工程缺乏完整的结构设计、施工、竣工图纸;

b. 整体上看,屋面板、网架结构、吊车梁的腐蚀状况较轻,但局部的涂装系统老化、构件腐蚀现象明显且不容忽视,尤其是连接构件节点处的涂装系统和屋面板的防水系统;

c. 从结构防腐涂装附着力检测评级的5个结果来看,附着力满意的有2处,不满意的有3处。从总体上分析,该网架结构防腐涂装的附着力评定为三级,建议重新涂装;

d. 本次检测对网架的部分支座进行了检查,网架支座安装就位情况良好,没有螺栓和螺母的缺少现象,各节点板或支座板处角钢均为双面焊接,端部有螺栓锚固,质量较好;

e. 对屋架上下弦节点和支座角钢焊缝进行了现场检测,所检焊缝均未发现磁痕缺陷,全部为Ⅰ级合格;

f. 该网架结构节点构造合理，焊缝质量完好。

② 处理意见　针对以上结论，建议如下：

a. 网架结构杆件涂装防腐层有小面积的锈蚀现象，网架结构防腐涂装的附着力评定为三级，建议重新涂装；

b. 屋架下弦有悬挂吊车，建议拆除，以保证屋架整体安全性；

c. 该结构屋面板有漏水痕迹，建议对屋顶防水系统进行修补处理。

7.6.2　某钢厂钢结构厂房腐蚀调查

彩色涂层钢板（以下简称彩涂板）是近 30 年来国际上迅速发展起来的一种新型带钢预涂产品，在高速连续化机组上经化学预处理、初涂、精涂、烘烤等工艺精制而成，具有优异的装饰性、成型性、耐腐蚀性和涂层附着力。彩涂板经辊压冷弯加工成 V、U 形或其他形状的制品，用于工业与民用建筑的围护结构和装饰工程，具有自重轻、建设周期短、抗震性能优越、不需设防水层、色彩鲜艳、表现力强等特点，因而深受建筑师的青睐。某钢厂建设中从日本、英国进口了大量彩涂板，成型面积达 60 万平方米，主要用于炼钢、连铸、初轧、电厂及热轧等主厂房和炼铁部分厂房。这是我国最早大量使用彩涂板的单位。为了总结彩涂板的使用经验，掌握彩涂板的劣化规律与维修技术，分析彩涂板的劣化原因，1992 年开始对该钢工程使用的彩涂板进行了全面的腐蚀调查，对其使用环境条件进行定量检测和分析，获得了大量数据。在此基础上，对彩涂板的劣化规律、劣化原因作定量分析和评价，提出相应的维修对策。

（1）某钢厂彩涂板应用情况　某钢厂一期工程从国外进口了二种类别的彩涂板，用于炼钢、初轧、电厂及炼铁部分厂房，某钢厂成型面积 37 万平方米；二期工程从国外进口的彩涂板用于连铸、热轧主厂房，成型面积 22 万平方米，具体应用情况见表 7-18。

表 7-18　进口彩涂板类别及应用一览表

名称	材质	板厚/mm	涂层特性	使用年限/a	波形	应用地点
G. G. S. S 丙烯酸涂层镀锌钢板	镀锌钢板 JISG3302 锌附着量 Z25、Z27	屋面 0.8，墙面 0.6	丙烯酸树脂涂料双涂、双烘烤漆，两面涂层厚度均为 25μm	8	W-550（屋面），V-115N（墙板）	炼钢初轧，炼铁部分
C. A. A. S. S 彩色石棉沥青涂层钢板	镀锌钢板 锌附着量 200g/m²	屋面 0.5，0.8	化学处理层加强性能结合层，加石棉沥青绝缘层，加合成树脂涂层，涂层厚度 250～450μm，表面凸凹状	8,10	V-115N	切焦机室破碎厂房电厂

名称	材质	板厚/mm	涂层特性	使用年限/a	波形	应用地点
SCG2A 聚酯涂层镀锌钢板	镀锌钢板 JISG3312 锌附着量 275g/m²（双面）	屋面 0.8, 0.6	聚酯树脂涂料双涂双烘烤漆；涂层厚度：外表面为 25μm，内表面为 10μm	5	W-550 V-115N	连铸热轧

（2）彩涂板调查方法的确定　在现场对彩涂板进行劣化状态调查以目视检查为主，其检查方法参考了国外有关专业团体标准。检查过程中配套相应的仪器：微电脑涂膜测厚仪、漆膜阻抗测试仪（测试 Tanδ 值）、放大镜及其他简易工器具，并在检查过程中拍摄近距离照片。检查项目有：涂膜外观三个指标（光泽、粉化、变退色）、涂膜厚度、锈蚀率、涂层附着力、tanδ 值。

锈蚀率检查以美国 ASTM-610-85 锈蚀率标准图作基准进行评估。

（3）彩涂板腐蚀调查结果　在现场调查过程中，将彩涂板按使用部位分屋面、墙板内壁、墙板外壁、气楼内外壁进行检查与数据统计、处理。同时考虑到压力加工对彩涂板的影响，每检查一处都同时检查 3 个点位，即压型板的波峰、波谷和腹板，对变形部位作重点检查。

① 涂板的外观劣化状况

钢厂使用的 3 种彩涂板，其中一期工程的丙烯酸涂层 C. G. S. S 板和沥青石棉厚涂层 C. A. A. S. S 板，使用年限已达 8～10 年，二期工程的聚酯涂层板也已使用 5 年。经过 8～10 年的使用，丙烯酸涂层板涂膜外观已明显变化，光泽明显减退，其屋面、楼内壁几乎完全失去光泽，涂膜粉化以屋面、墙板和楼外壁等直接承受紫外线作用及受高温粉尘作用，涂膜变退色十分明显，炼钢主厂房楼内壁由于受高温粉尘作用几乎已辨不出原色。

一期工程用于电厂及炼铁厂部分厂房的 C. A. A. S. S 板，其中电厂使用效果相对较好，使用年限已达 10 年，除光泽下降明显外，粉化和变退色均不十分严重，但漆膜普遍龟裂，部分露出锌层。用于炼铁厂部分厂房的 C. A. A. S. S 板由于屋面积灰严重，C. A. A. S. S 板表面凸凹不平，积灰不易被雨水冲刷掉，外观已无法检查。

二期工程连铸、热轧用彩涂板使用年限已有 5 年，除光泽有不同程度减退外，粉化、变退色均很轻微。

② 涂板的锈蚀状况　从检查汇总结果看，一期丙烯酸涂层板锈蚀率达到或超过 0.3%，其中以炼钢主厂房气楼内壁锈蚀最为严重，锈蚀率达 1%。从全厂的调查结果看，处于室内环境的墙板内壁、气楼内壁的锈蚀率均超过 0.3%，而处于室外环境的墙板外壁、楼外壁锈蚀率均低于 0.3%，屋面锈蚀率在 0.3% 左右。说明处于室内环境的彩涂板普遍较室外彩涂板锈蚀严重。丙烯酸涂层板的锈

蚀特征表现为小气泡（锈泡）、小点锈及压型部位的线状锈蚀，一般气泡、点锈的直径在 0.5~1.0mm，压型部位涂膜厚度减薄明显。

CAASS 板为厚膜型沥青石棉绒涂层板，按外方推荐这种板可用于积灰严重、环境条件恶劣的厂房，耐蚀性和耐候性比丙烯酸涂层板优异。但用于炼铁厂切焦机室、破碎厂房的 CAASS 板使用效果并不理想，不到 8 年时间，切焦机室屋面 CAASS 板锈蚀率达 10%，部分基板锈穿，漆膜下锈蚀十分严重；用于电厂的 CAASS 板涂膜普遍龟裂露出锌层，有白锈产生，部分出现红锈。

二期工程连铸、热轧的聚酯涂层板，使用年限 5 年，连铸主厂房楼内壁锈蚀率接近 0.3%，热轧加热炉墙板内壁锈蚀率部分也接近 0.3%，其他部位彩涂板没有出现锈蚀，压型部位没有线状锈蚀，也没有出现涂层减薄。二期彩涂板的锈蚀同样有室内彩涂板较室外彩涂板锈蚀严重的现象。

7.7　地下建筑结构杂散电流腐蚀调查实例

以下是西北某厂电解车间结构物腐蚀破坏的非破坏性检查的介绍。

西北某厂车间几年前曾发现杂散电流对厂房结构物严重腐蚀并在使用 6 年后不得不加固处理。以往是开挖检查。在去年安全大检查过程中，我们对厂房主要结构物（承重柱、阳极支柱等）的地下部分进行检测，然后选择 4 种类型进行开挖检查（即不腐蚀、轻腐蚀、严重腐蚀、阴极破坏），打开后观察钢筋腐蚀和混凝土破坏情况，与电位检测所预示情况完全一致（表 7-19）。

经过对近厂房承重柱的检测表明，其中有六分之一受到严重阳极腐蚀或阴极破坏。引起厂方高度重视并立即采取措施，以免发生不测事故。

表 7-19　电位预示与开挖检查对比

承重柱代号	测得电位/mV	据测量所做的判断	开挖后检查
1	+1400	重腐蚀	严重腐蚀混凝土开裂
2	+1780		
3	+400		
4	+580	轻腐蚀	钢筋有腐蚀混凝土层完好
5	+670		
6	−350	不腐蚀	不腐蚀
7	−780		
8	−2300	极破坏	混凝土严重开裂
9	−11200		

（1）车间结构物电位检测　某厂车间准备大修，对地下结构物是否遭受电流腐蚀及腐蚀程度不甚了解。我们前往进行了测量（表 7-20），结果表明：除个别承重柱测得＋390mV 电位外，其余基本处于正常状态。考虑该车间仅生产三年，虽有杂散电流影响但尚不严重。于是建议大修重点应是地上结构及地面防护工程

等，而对地下结构可不处理。但要加强管理和维护，这样可以节约投资并保证安全，为该厂制定大修方案提供了参考。

表 7-20　西北某厂车间结构物电位检测结果

结构物名称	钢筋电位/mV	备注
厂外电线杆 大门钢支承	−270 −270	没有外电流影响 钝化状态
1号承重柱	−340	此处未生产
2号承重柱	+390	受到阳极电流影响
其余承重柱	0～−450	基本正常

（2）车间杂散电流的可能形式及其影响因素　凡直流系统，由于绝缘不好或其他因素均可造成部分电流散失到地下，而车间的直流系统，电压较高（400～800V），电流很大（8万安培以上），故造成杂散电流的可能性更大。根据现场调查，有以下几种途径：

① 电解槽、母线接地所造成的杂散电流　某些厂的电解槽是直接坐落在地上的，虽有绝缘层，但难免破坏，其母线沟被大量污物充填，造成许多漏电机会。某些厂的电解槽是架空的，这是减少杂散电流的较好设计，但仍因绝缘不好、表面沾污及料堆等造成漏电途径。图 7-16 示意表明，若 A、B 两个电解槽因绝缘不好而接地，则会有杂散电流注经地梁和柱脚造成腐蚀。实际检查表明，靠近负母线回归端的地下结构腐蚀最严重，这正是因为此区域中最有可能使杂散电流由结构物中流到土壤中再回到负母线，这个区域的结构物处于阳极区，因而腐蚀严重。

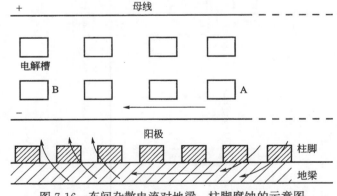

图 7-16　车间杂散电流对地梁、柱脚腐蚀的示意图

② 钢吊车及与结构物接触的其他体所造成的杂散电流　图 7-17 表示吊车绝缘不好时，可能造成的漏电现象。据工人反映，的确有这种情况存在。

③ 意外接地的间接影响　不应接地的部位一旦出现接地点，则其周围会造

成电位梯度，处在该电梯度内的金属结构物不同部位会出现电位差，从而引起电化学腐蚀（见图 7-18）。

④ 变电所的影响　直流供电设备绝缘损坏，或存在非正常接地点，也能造成电流散失，甚至杂散电流可以在邻近的几个变电所之间互相沟通，造成该区域内电缆、其他金属结构物的损坏。

⑤ 磁场的影响：接地电位梯度对地下结构腐蚀的影响　车间周围有很强的磁场，致使金属结构物磁化，促使腐蚀产物定向排列。已有资料指出强磁场有可能促使金属腐蚀，但其影响有多大，值得进一步研究。

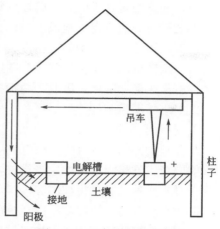

图 7-17　天车漏电造成腐蚀

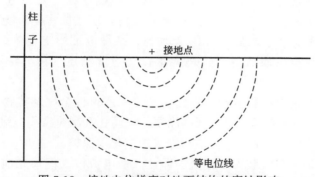

图 7-18　接地电位梯度对地下结构的腐蚀影响

⑥ 环境因素的影响　根据欧姆定律，在电压固定时，电流与电阻成反比，绝缘性好（电阻大）能阻止电流的漏散，相反，凡降低周围介质绝缘性能的因素，均有促使杂散电流加大的可能，如地下构筑物混凝土质量、土壤含水率、地下水位高低、土壤中其他腐蚀因素的含量等（如 Cl^-、SO_2^-、O_2 等）均对造成杂散电流腐蚀有直接影响。

（3）电位法实地测量分析　曾用电位法对车间进行过初步测量，结果表明，电位法能判明杂散电流的存在与否，对结构物影响程度等。如在一车间温暖的地下结构物中的钢筋的电位，在不同的区域，电位有很大差异（－202～＋0.66V），说明杂散电流影响的存在，而凡电位处于正值的部位（阳极区），其钢筋均有较严重腐蚀，而电位在－400mV 左右的钢筋，均无腐蚀现象。这与理论分析是一致的。在检查中发现，阴极区（电位超过－1.0V）也有腐蚀现象存在，这可能因为过于负的电位，促使氢离子放电生成氢气，从而迫使混凝土保护层开裂，使钢筋直接遭受大气腐蚀所致。

上述测量只能是定性地说明问题，测量过程还应考虑电磁场干扰、外路电阻的影响等，因此，更精确的测量方法及测试仪器，尚应进一步研究。

（4）杂散电流的防护措施 如前所述，杂散电流的实际影响和途径是较复杂的，具有许多影响因素，因此，防护措施必须结合实际情况有针对性地进行，现在，仅提出如下原则性建议：

① 最大限度地防止漏电

a. 合理设计：凡有可能杂散电流腐蚀的直流系统及其相应的建筑物，在设计阶段就应考虑到最大限度的绝缘措施，选地适当，地基处理合理，如某厂第一期工程（日本所建）在厂房柱脚和地梁周围以干沙填充，厂房外有很宽的混凝土地坪，以防渗水和雨水浸灌到车间，这就加强了绝缘，故至今未发现杂散电流腐蚀现象，而该厂第四期工程，因地势较低，无上述措施，虽然年限最短，但已有腐蚀出现。

b. 严格生产操作，定期检查维护：

某些厂生产管理不严，违犯操作规程，乱积污物，人为造成一些漏电根源，长时期以来电耗很高，不仅造成能源浪费，而且损害建筑物和设备。某铝厂，经过一次现场清理之后电耗即有改观，杂散电流影响也势必减少，说明，与杂散电流作斗争应该从生产管理入手，还应该制定检测方法和定期的维护制度。

② 对地下金属结构物进行必要的防护 一般可在金属结构物表面涂以绝缘防腐层，或在混凝土表面涂以适当的涂层，以防止和减少杂物电流的侵入，在特殊情况下，也可考虑对某些金属结构物采用电化学保护。

③ 采用导流或排流装置 导流法即让杂散电流按人们预先铺设的线路返回电源，从而不再流经地下结构物。如当电解槽底与地绝缘不好是造成杂散电流的唯一原因时，除加强绝缘外，可在槽体下铺设一金属导体，并通过适当的电阻与电源负极相连，使杂散电流沿金属导体返回负极。

将所有地下结构物实行电器连接，在适当的部位引出头来，通过适当的电阻与电源负极相连，使流入结构物中的杂散电流，通过引头排出，这样杂散电流就不再由结构物到介质（土壤）中，也就不再形成阳极腐蚀。

7.8 工业建筑钢筋混凝土结构腐蚀调查及维修案例

7.8.1 某汽车厂房大体积混凝土基础耐久性调查

（1）检测目的 钢筋混凝土基础底板，板厚为 1.4m，混凝土设计强度等级为 C40 防水混凝土，钢筋保护层厚度 40mm，钢筋直径 $\phi 25mm$，在基础底板周边外铺两层 SBS 防水卷材，其外铺设两遍聚苯乙烯挤塑泡沫板。施工验收时强度等级在 C20，基础底板强度不满足设计要求，但荷载较大部位通过旋喷桩和相应的防水处理已满足使用要求，我方对基础底板钢筋混凝土进行耐久性评估，评估钢筋混凝土的耐久性是否满足相关要求。

（2）内容　依据现行国家规范的内容要求，对该基础底板进行全面检测、调查分析。对于所列的相关检测、检查项目，以整体普查和重点详查相结合的方式来进行，具体取样依照相关标准执行。

① 混凝土检测　在选定的代表区域，检测混凝土中性化程度。通过混凝土渗透性测试仪，评价混凝土质量等级。

② 构件外观检测　混凝土外观普查：基础底板是否存在孔洞、漏筋、疏松区、腐蚀、剥离、裂缝、脱落等现象。

③ 钢筋配置的检测　以设计图纸的钢筋配置为参考，选择有代表性的区域，采用钢筋位置测定仪进行连续扫描，确定钢筋的位置和保护层厚度。

④ 钢筋锈蚀的检测　依据《建筑结构检测技术标准》（GB/T 50344—2004），用钢筋锈蚀测量仪对基础底板的钢筋锈蚀电位、锈蚀发展趋势及钢筋混凝土阻抗进行现场检测。

（3）现场结果

① 环境腐蚀影响因素调查　经车间地质勘探报告及地下水质分析报告得出，车间基础底板处于弱腐蚀性水环境。

② 混凝土配比与防水保温措施　根据提供的报告，基础底板的混凝土原始水胶比 0.39，水泥掺量 373kg/m³。并按刚性防水混凝土制作。外铺两层 SBS 卷材防水，其外铺设两层欧文斯科宁聚苯乙烯挤塑泡沫板。混凝土强度经取芯检测达到强度 C20。

③ 地基底板混凝土腐蚀检测　依据《混凝土结构耐久性评定标准》对混凝土中性化深度进行检测，结果如表 7-21：

表 7-21　某汽车厂房地基底板混凝土中性化深度

测区	碳化深度/mm						平均值
51-52/E2-E3	1.4	1.8	1.5	1.5	1.8	1.8	1.6
51-52/E2-E3	1.5	1.9	1.6	1.9	1.5	1.7	1.7
51-52/E1-E2	1.7	1.4	1.4	1.7	1.8	1.4	1.6
51-52/E1-E2	1.6	1.4	1.7	1.5	1.5	1.5	1.5
51-52/E1-E2	1.5	1.5	1.8	1.6	1.8	1.6	1.6

从表 7-21 中可以得出：检测区域的混凝土中性化平均深度为 $x_c = 1.6$mm，为混凝土耐久性评估提供计算依据。

④ 地基底板钢筋锈蚀电位、混凝土阻抗检测　按照《建筑结构检测技术标

准》标准检测要求，我们在现场进行了混凝土中钢筋锈蚀电位和混凝土阻抗检测，检测结果如图 7-19：

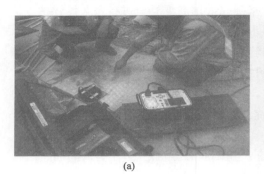

(a)　　　　　　　　　　　　　　　　　(b)

图 7-19　现场检测照片

经检测分析判定钢筋处于钝化状态，无锈蚀。钢筋锈蚀电位检测详细数据见表 7-22，钢筋锈蚀电位与钢筋锈蚀状况的判别见表 7-23。

表 7-22　钢筋锈蚀电位

测区	锈蚀电位 CSE/mV								平均值/mV
51-52/ E2-E3	−207	−182	−195	−177	−201	−184	−205	−188	−193
	−203	−177	−208	−196	−194	−187	−195	−191	
51-52/ E2-E3	−207	−161	−203	−170	−162	−209	−182	−183	−185
	−165	−165	−210	−192	−169	−199	−167	−208	
51-52/ E1-E2	−197	−181	−186	−178	−172	−185	−193	−187	−183
	−179	−174	−167	−189	−208	−174	−167	−194	
	−159	−182	−197	−179	−180	−152	−176	−189	

表 7-23　钢筋电位与钢筋锈蚀状况判别

序号	钢筋电位状况/mV	钢筋锈蚀状况判别
1	−350～−500	钢筋发生锈蚀的概率为 95%
2	−200～−350	钢筋发生锈蚀的概率为 50%，可能存在坑蚀现象
3	−200 或高于−200	无锈蚀活动性或锈蚀活动性不确定,锈蚀概率 5%

经现场检测综合分析，钢筋锈蚀速率很低。混凝土电阻率的检测详细数据见表 7-24，混凝土电阻率与钢筋锈蚀状态判别见表 7-25。

表 7-24　混凝土电阻率

测区	电阻/(kΩ·cm)						平均值/(kΩ·cm)
51-52/E2-E3	87	72	81	49	55	77	70
51-52/E2-E3	58	60	60	81	59	72	65

续表

测区	电阻/(kΩ·cm)						平均值/(kΩ·cm)
51-52/E1-E2	82	53	52	62	73	75	66

表 7-25　混凝土电阻率与钢筋锈蚀状态判别

序号	混凝土电阻率/(kΩ·cm)	钢筋锈蚀状态判别
1	>100	钢筋不会锈蚀
2	50～100	低锈蚀速率
3	10～50	钢筋活化时,可出现中高锈蚀速率
4	<10	电阻率不是锈蚀的控制因素

⑤ 地基底板混凝土渗透性检测

参考 SN 505 252/1 标准 Annex E 方法进行检测，判别混凝土渗透性为一般，检测详细数据见表 7-26。

表 7-26　混凝土渗透性与混凝土质量判别

混凝土渗透质量	指标	渗透单位 $kT(10^{-16}m^2)$
非常坏	5	>10
坏	4	1.0—10
一般	3	0.1—1.0
好	2	0.01—0.1
很好	1	<0.01

⑥ 地基底板混凝土保护层厚度检测　依据《建筑结构检测技术标准》、《电磁感应法检测钢筋保护层厚度和钢筋直径技术规程》和《混凝土结构工程施工质量验收规范》，使用钢筋扫描仪对基础底板的钢筋配置进行检测。

检测结果：基础底板的平均钢筋直径达到 $\phi 25mm$，保护层厚度平均 40mm±5mm，钢筋间距 150mm（图 7-20）。详见表 7-27。

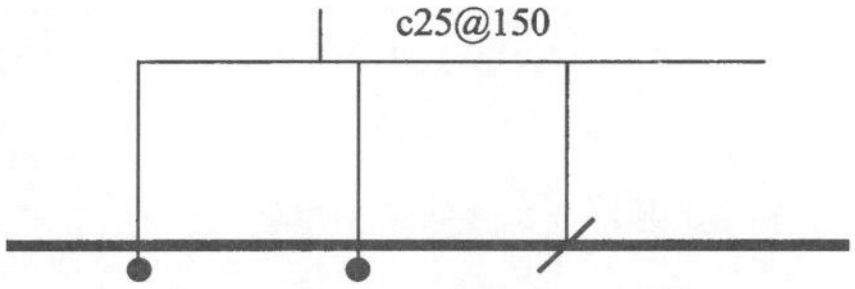

其检测结论如下：

所检基础底板的钢筋混凝土保护层厚度符合设计要求，所检基础底板的钢筋直径符合设计要求。

图 7-20　检测位置示意图

表 7-27　基础底板钢筋配置检测结果

构件名称	钢筋序号	1	2	3	4	5	6	7	8	箍筋直径间距
51-52/ E2-E3	钢筋直径及间距/mm	横向 Φ25@150,纵向 Φ25@150								—
	短向钢筋保护层厚度/mm	43								

构件名称	钢筋序号	1	2	3	4	5	6	7	8	箍筋直径间距
51-52/ E2-E3	钢筋直径及间距/mm	横向 Φ25@150,纵向 Φ25@150								—
	短向钢筋保护层厚/mm	41								
51-52/ E1-E2	钢筋直径及间距/mm	横向 Φ25@150,纵向 Φ25@150								—
	短向钢筋保护层厚/mm	40								
	短向钢筋保护层厚/mm	44								

⑦ 地基底板混凝土外观质量检测 依据《建筑结构检测技术标准》和《混凝土结构工程施工质量验收规范》，对基础底板的混凝土外观质量进行检测。检测结果见表 7-28。

表 7-28 外观检测结果

外观现象 构件名称位置	孔洞	漏筋	疏松脱落	腐蚀	裂缝
51-52/E2-E3	无	无	无	无	无
51-52/E2-E3	无	无	无	无	无
51-52/E1-E2	无	无	无	无	无

外观检查结果如下：

结合普查和抽检基础底板的外观质量，可判断：符合设计要求，其中未发现孔洞、漏筋、疏松脱落、腐蚀和贯通裂缝。

（4）地基底板混凝土耐久性综合分析

① 耐久性评估公式 采用保护层锈胀开裂时间作为基础底板耐久性评估指标：

$$t_{cr} = t_i + t_m$$

式中 t_i——结构建成至钢筋开始锈蚀的时间，a；

t_m——钢筋开始锈蚀至保护层胀裂的时间，a。

钢筋开始锈蚀的时间计算公式：

$$t_i = 15.2 K_k K_c K_m$$

式中 K_k, K_c, K_m——分别为碳化速度、保护层厚度、局部环境对钢筋开始锈蚀时间的影响系数。

钢筋开始锈蚀至保护层胀裂的时间计算公式：

$$t_c = A H_e H_f H_d H_t H_{RH} H_m$$

式中 A——特定条件下构件自钢筋开始锈蚀到保护层胀裂的时间，对室外杆件 $A=1.9$，室外墙、板 $A=4.9$；对室内杆件取 $A=3.8$，室内墙、板取 $A=11.0$；

$H_e, H_f, H_d, H_t, H_{RH}, H_m$——分别为保护层厚度、混凝土强度、钢筋直径、环境温度、环境湿度、局部环境对锈胀开裂时间的影响系数。

② 耐久性系数确定

a. K_k 碳化速度影响系数确定：碳化系数 k 根据 $k=\dfrac{x_c}{\sqrt{t_0}}$，计算 $k \approx 2$，碳化速度影响系数 $K_k=1.54$。

b. K_c 保护层厚度影响系数确定：保护层厚度为 40mm，保护层厚度影响系数：$K_c=2.67$。

c. K_m 局部环境影响系数确定：局部环境系数 $m=4.0$，局部环境影响系数 $K_m=0.68$。

A，H_e，H_f，H_d，H_t，H_{RH}，H_m 分别为保护层厚度、混凝土强度、钢筋直径、环境温度、环境湿度、局部环境对锈胀开裂时间的影响系数

a. 特定系数 A 的选取：选取 A 的值为 4.9。

b. H_e 保护层厚度影响系数确定：保护层厚度为 40mm：$H_e=4.62$。

c. H_f 混凝土强度影响系数确定：混凝土强度为 20.3MPa，混凝土强度影响系数：$H_f=0.76$。

d. H_d 钢筋直径影响系数确定：直径为 $\phi 25$，钢筋直径影响系数：$H_d=1.02$。

e. H_t 环境温度影响系数确定：环境温度为 16℃，环境温度影响系数：$H_t=1.17$。

f. H_{RH} 环境湿度影响系数确定：湿度为 0.85，环境湿度影响系数：$H_{RH}=0.97$。

g. H_m 局部环境影响系数确定：局部环境系数 $m=4.0$，局部环境影响系数：$H_m=0.78$。

③ 耐久性计算结果　参数分别代入各公式计算，计算结果为：$t_i=42$ 年，$t_c=15$ 年。

由上述计算可给出基础底板的混凝土耐久失效评估年限为 57 年。

（5）综合结论

① 结论

a. 经地质勘探报告及地下水质分析报告得出基础底板钢筋混凝土处于弱腐蚀性水环境。

b. 经检测，基础底板混凝土的中性化程度为 1.6mm。其中钢筋锈蚀电位经检测在 −170～−200mV 之间。按建筑结构检测技术标准，钢筋基本处于钝化状态。经检测混凝土电阻率在 60～77kΩ·cm 之间。按建筑结构检测技术标准评估，钢筋锈蚀速率很低。综合评定为钢筋处于钝化状态。

c. 经检测本车间基础底板混凝土渗透性，参考 SN 505 252/1 标准，混凝土质量判别混凝土渗透性为一般。

d. 经对基础底板钢筋混凝土的现场检测分析和相关检测报告综合验算后，基础底板评估结论为：本基础底板的钢筋混凝土满足设计使用50年的寿命要求。

② 建议

a. 经综合分析和验算评估，虽然基础底板混凝土基本满足耐久性的一般要求，为保证在今后服务期使用寿命，我们建议对本基础底板的表面喷涂钢筋混凝土保护剂，以期达到本工程长期安全使用的目的。

b. 定期进行观察及检测基础底板钢筋混凝土，如出现缺陷等应及时维修。

7.8.2 某企业混凝土结构厂房腐蚀调查

（1）工程概况　由于车间是采用稀硫酸对蓄电池板进行处理的车间，在其生产工艺中产生大量的酸雾和含酸废水，使厂房长期处于酸性环境中，且冲洗水中含有的大量酸性物质渗漏到地下，导致相关结构部位发生严重腐蚀和破坏。

该车间主厂房设计为单层三跨排架结构（图7-21），跨度18m，排架柱柱距为6m，均系钢筋混凝土矩形截面柱，屋架、天窗架、屋面板、水平支撑系杆均为预制混凝土构件，围护结构采用烧结普通砖砌体填充墙，基础为柱下独立基

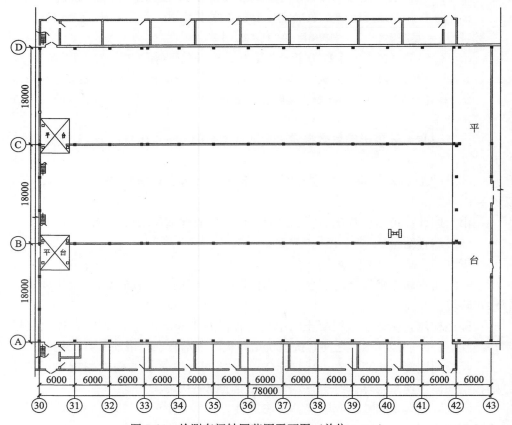

图 7-21　检测车间轴网范围平面图（单位：mm）

础，无吊车。

该厂房已使用近 47 年，在长期的使用期间，该工程主要结构构件已发生不同程度的损坏和累积损伤，地基土渗入大量酸性液体，导致部分基础的混凝土和钢筋严重腐蚀。

（2）内容　对于该工业厂房结构进行现场检查，重点检查生产环境的腐蚀性等级、混凝土中性化深度、构件钢筋配置及腐蚀情况、结构排架结构的几何尺寸、基础腐蚀、承重构件的混凝土强度、结构布置和支撑系统等。

结构鉴定内容分为三个环节：初步调查、现场检查、可靠性鉴定评级。

① 初步调查　依据资料到现场进行核对和勘查，该厂房结构体系基本完整。形成初步调查表（见表 7-29）。

表 7-29　单层工业厂房初步调查表

	名称	1 号车间主厂房	原设计者		设计院分院
建筑概况	地址		原施工者		—
	用途	车间	使用者		
	竣工日期	1960 年	抗震烈度/场地类别		7 度/Ⅲ
建筑	建筑面积	约 4212m²	厂房柱距		6m
	平面形式	排架结构、独立柱基础	下弦标高		+6.0m
	厂房长度	78m	轨顶标高		
	厂房跨度	18m	屋面防水		沥青卷材
结构地基	屋面	预制大型屋面板(标准图集)	地基		天然地基
	天窗屋架	预制构件(标准图集)	基础		柱下独立基础
	柱子	矩形柱	墙体		非承重
	吊车梁	—	坡屋结构		随屋架坡度
图纸及资料	工艺图	—	地质资料		设计基础资料(卷 2 上)
	建筑图	有部分	设计变更		1989 年加固设计
	结构图	有部分	施工记录		—
	水、暖、电图	—	竣工记录		—
	已有调查资料	部分结构施工图纸、地质资料、抗震设防要求、基础腐蚀检测报告等			
	标准规范	相关规范			
吊车	吊车位置	无	特殊环境	热	—
	吨位工作图	—		振动	—
	台数	—		腐蚀介质	曾处于高酸性环境中
历史	用途变更	有变更,但相关资料不全	设计用途符合实际否		符合
	改扩建资料	不全	灾害		—
	修建资料	—	其他		—

② 现场检查　主要内容如下：

a. 结构使用环境的腐蚀性等级评定。

b. 钢筋混凝土构件外观状况检查（损伤、蜂窝、夹渣、裂缝、孔洞、露筋、疏松、掉皮、剥离）。

c. 混凝土构件中性化深度检测。

d. 采用电化学的方法检测主厂房中的基础、承重柱钢筋的腐（锈）蚀情况。

e. 采用回弹法检测排架柱、屋架、天窗架的混凝土强度，并钻取柱的混凝土芯样，用混凝土芯样的抗压强度对回弹法测试结果进行修正。

f. 抽检排架柱和屋架的截面尺寸，并与原设计进行校核。

g. 采用钢筋探测仪非破损法抽检排架柱的配筋情况和保护层厚度，对少数柱进行凿开验证，并与原设计进行校核。

h. 抽检墙体是否设有拉接钢筋及钢筋的直径、数量、间距和长度。

i. 检查屋面是否有裂缝及漏水现象。

j. 检测整栋厂房是否有不均匀沉降、是否倾斜。

k. 采用钻芯法抽检独立柱基础的混凝土抗压强度；测量基础尺寸，查看基础是否有开裂、酥松等缺陷。

（3）使用环境腐蚀性等级评定

① 自然环境见表 7-30 和表 7-31。

表 7-30　气象数据——气温

月份	平均气温/℃	平均最高气温/℃	平均最低气温/℃	绝对最高气温/℃	绝对最低气温/℃
1	−1.5	1.8	−10.4	−22.4	14.9
2	−1.6	4.7	−7.4	−19.2	19.6
3	5.3	12.0	−1.0	−13.9	30.3
4	14.3	21.0	7.0	−2.2	35.0
5	20.6	27.8	13.3	5.0	39.6
6	25.5	32.3	18.8	9.0	42.0
7	27.0	32.5	22.1	14.8	43.7
8	25.2	30.5	20.9	14.0	37.4
9	20.6	27.5	14.6	5.4	34.9
10	13.4	21.0	6.7	−3.2	30.7
11	4.5	11.0	−0.8	−11.6	25.0
12	−3.0	3.5	−8.0	−20.2	15.6

表 7-31　气象数据——天气状况

月份	平均相对湿度/%	有霜日数平均/d	结冰日数平均/d	最大积雪深度/cm	土壤冻结深度/cm
1	56	12.5	30.9	7.1	55
2	58	9.1	26.6	4.8	49

续表

月份	平均相对湿度/%	有霜日数平均/d	结冰日数平均/d	最大积雪深度/cm	土壤冻结深度/cm
3	57	7.5	18.5	9.0	31
4	47	0.3	0.5	—	—
5	56	—	—	—	—
6	61	—	—	—	—
7	74	—	—	—	—
8	78	—	—	—	—
9	70	—	—	—	—
10	67	4.9	1.6	—	—
11	70	16.4	17.5	7.0	9
12	63	18.5	30.3	4.0	38
年平均	64	—	—	—	—
年总计	—	69.2	125.9	—	—

注：数据来自该厂设计基础资料——气象资料。

由表 7-31 可知该厂的年平均相对湿度为 64％，根据《大气环境腐蚀性分类》中关于大气环境湿度分类部分，评判该厂为普通型环境。

② 生产环境　《初步设计书》中显示化成车间内化成用硫酸的浓度为 1∶100，由于化成工艺的特殊性，使得车间内产生了大量的有害物：硫酸，水蒸气等。根据车间的实际生产情况，分别对气态介质、腐蚀性水、污染土等进行了调查分析。

a. 腐蚀性介质调查。

（a）气态介质。环保部门记录的车间内腐蚀性气体监测数据如表 7-32 所示：

表 7-32　车间硫酸雾监测数据

监测时间		化成车间南跨	化成车间北跨
年份	季度	硫酸雾浓度/(mg/m³)	硫酸雾浓度/(mg/m³)
2001	一季度	1.82	1.78
	二季度	1.59	1.67
	三季度	1.16	1.68
	四季度	1.46	1.30
2002	一季度	1.76	1.28
	二季度	1.83	1.56
	三季度	1.62	1.48
	四季度	1.29	1.78

监测时间		化成车间南跨	化成车间北跨
年份	季度	硫酸雾浓度/(mg/m³)	硫酸雾浓度/(mg/m³)
2003	一季度	1.32	1.69
	二季度	1.88	1.45
	三季度	1.33	1.48
	四季度	1.61	1.45
2004	一季度	1.78	1.80
	二季度	1.40	1.79
	三季度	1.30	1.60
	四季度	1.64	1.79

（b）腐蚀性水。由于现场检测时化成车间已经停产，所以从管道残留溶液的 pH 值来推测生产时期溶液的腐蚀性。三种试样的 pH 值参见表 7-33。

表 7-33　试样的 pH 值

试样编号	测试项目	测试值	试样编号	测试项目	测试值
1 号	pH 值	2	2 号	pH 值	2
3 号	pH 值	2			

（c）污染土。

对 4 个基坑中不同深度处土样中腐蚀性离子进行分析见表 7-34。

表 7-34　基坑不同深度土壤中腐蚀性离子含量

基坑位置	土壤取样深度/m	离子含量/(mg/kg)		
		Cl^-	NO_3^-	SO_4^{2-}
A32	0.0	5.60	11.54	527.09
	0.5	5.38	2.84	1123.27
	1.0	46.44	18.12	12633.78
B40	0.0	9.15	6.93	527.10
	0.5	8.05	8.12	922.86
	1.0	7.93	23.62	2658.96
D33	0.0	21.46	41.15	6760.24
	0.5	14.25	21.73	11051.65
	1.0	15.81	14.52	16320.60
D38	0.0	5.78	45.74	1547.11
	0.5	6.96	62.92	2286.75
	1.0	14.93	28.22	6989.12

注：土壤取样深度是指从地坪±0.00m 开始向下的距离。

b.腐蚀性分级。各种介质对建筑结构长期作用下的腐蚀性,可分为强腐蚀、中等腐蚀、弱腐蚀、无腐蚀四个等级。分别对气态介质、腐蚀性水、污染土对建筑物的腐蚀性进行等级评定。

分级依据见表 7-35～表 7-37。

表 7-35　气态介质对结构的腐蚀性等级评定

介质名称	介质含量/(mg/m³)	环境相对湿度/%	钢筋混凝土	素混凝土	砖砌体
硫酸酸雾	大量作用	>75	强	强	中
	少量作用	>75	中	中	弱
		<75	弱	弱	弱

表 7-36　污染土对结构的腐蚀性等级评定

介质组分	指标	钢筋混凝土	素混凝土
硫酸根离子含量 /(mg/kg 土)	>6000	强	强
	1500～6000	中	中
	400～1500	弱	弱
氯离子含量 /(mg/kg 土)	>7500	中	弱
	750～7500	弱	无
	400～750	无	无

表 7-37　腐蚀性水对建筑结构的腐蚀性等级评定

介质组分	指标	钢筋混凝土	素混凝土	砖砌体
氢离子指数 pH 值	1～3	强	强	强
	3～4.5	中	中	中
	4.5～6	弱	弱	弱

腐蚀性等级判定结果见表 7-38～表 7-39。

表 7-38　污染土对建筑结构的腐蚀性等级评定

腐蚀介质		深度/m	基坑中取样位置							
			A32		B40		D33		D38	
			钢筋混凝土	素混凝土	钢筋混凝土	素混凝土	钢筋混凝土	素混凝土	钢筋混凝土	素混凝土
污染土	硫酸根离子	0.0	弱	弱	弱	弱	强	强	中	中
		0.5	弱	弱	弱	弱	强	强	中	中
		1.0	强	强	中	中	强	强	强	强
	氯离子	0.0	无	无	无	无	无	无	无	无
		0.5	无	无	无	无	无	无	无	无
		1.0	无	无	无	无	无	无	无	无
总评级		—	强	强	中	中	强	强	强	强

表 7-39　腐蚀介质对建筑结构的腐蚀性等级综合评定

腐蚀介质	腐蚀性等级		
	钢筋混凝土	素混凝土	砖砌体
气态介质	强	强	中
腐蚀性水	强	强	强
污染土	强	强	—

注：按照《岩土工程勘察规范》，腐蚀性等级综合评定的原则为腐蚀等级中，只出现弱腐蚀，无中等腐蚀或强腐蚀时，应综合评价为弱腐蚀；腐蚀等级中，最高为中等腐蚀时，应综合评价为中等腐蚀；腐蚀等级中，有一个或以上为强腐蚀时，应综合评价为强腐蚀。

按照《工业建筑防腐蚀设计规范》分别对车间的气态介质、腐蚀性水、污染土等介质的腐蚀性等级进行了综合评价。

判定结果显示：

（a）虽然有局部排风系统，但该车间内的建筑物仍处于强腐蚀性的气态生产环境中；

（b）从管道内残留溶液的 pH 值来看，排水、排污管道飞溅出的溶液对建筑物具有强腐蚀性。

（c）通过对基坑不同深度处土样的有害离子含量分析可知：由于渗漏等原因车间的土壤对混凝土结构具有强腐蚀性。

（4）钢筋混凝土结构腐蚀调查检测

① 外观状况检查　本报告主要对化成车间的南跨、中跨、北跨的柱、墙面、屋架梁、屋面板、天窗支撑等部位的外观状况进行了普查，普查内容为：有无损伤、露筋、蜂窝、孔洞、夹渣、疏松、掉皮等等。

混凝土柱腐蚀情况见图 7-22。

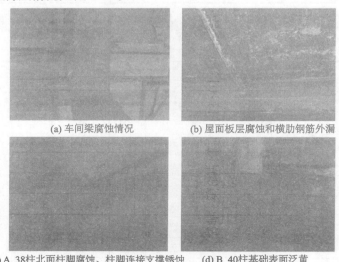

(a) 车间梁腐蚀情况　　(b) 屋面板层腐蚀和横肋钢筋外漏

(c) A_38柱北面柱脚腐蚀、柱脚连接支撑锈蚀　(d) B_40柱基础表面泛黄

图 7-22　混凝土柱腐蚀情况

调查结果显示：

a. 整体上看，南、北两跨的腐蚀程度高于中跨。

b. 地坪至地坪线以上 1.5m 范围内，柱和墙面的腐蚀最为严重，柱脚位置处混凝土粉化、疏松、损伤现象明显；天窗支撑上的梁和屋面板局部的腐蚀程度较为严重；两者间部位的构件腐蚀程度相对较轻。

c. 混凝土柱、砖砌墙面上的抹灰面部分脱落，个别位置大面积脱落；防腐涂层已经基本老化，部分位置涂层起皮、起泡、开裂。

② 混凝土的腐蚀检测　正常情况下的混凝土呈碱性，当混凝土被酸化后，混凝土的碱度开始下降，变为接近中性，这个过程称为混凝土中性化。混凝土的中性化深度常用 pH 值指示剂来检测。对南跨、中跨、北跨的混凝土柱 1.5m 高度处混凝土中性化深度检测结果见表 7-40。

表 7-40　混凝土中性化深度值　　　　单位：mm

构件位置		中性化深度	轴线平均值	跨平均值
化成车间南跨	A_31 北面	25.5	25.9	25.9
	A_33 北面	26.0		
	A_35 北面	37.0		
	B_31 南面	29.5	25.9	
	B_33 南面	32.0		
	B_35 南面	21.0		
化成车间中跨	B_32 北面	10.5	17.7	21.5
	B_36 北面	19.5		
	B_39 北面	23.0		
	C_34 南面	22.0	25.3	
	C_41 南面	28.5		
化成车间北跨	C_32 北面	29.5	28.4	25.2
	C_35 北面	19.5		
	C_38 北面	22.5		
	D_31 南面	25.0	22.1	
	D_35 南面	23.5		
	D_37 南面	14.5		

由以上数据分析可知：南跨和北跨的混凝土中性化深度较大，中跨的混凝土中性化深度较轻；混凝土结构设计保护层厚度为 35mm，但实际测量的混凝土保护层厚度为 25.0mm，由此可知混凝土的中性化深度已接近或者达到甚至超过了钢筋表面。

③ **基础、承重柱混凝土中钢筋的腐（锈）蚀情况检测**

a. 半电池原理检测钢筋电位。

在结构服役过程中，钢筋的电位值与钢筋混凝土结构中钢筋的锈蚀程度之间存在着一一对应关系。通常情况下，可以通过钢筋电位值的检测来评价钢筋的锈蚀情况。工程实际中常用常规的半电池电位法来检测钢筋的电位，即通过测量钢筋和一个放在混凝土表面的参比电极之间的电位差来完成。

钢筋锈蚀状况判别依据：根据《建筑结构检测技术标准》来评价混凝土结构中钢筋的锈蚀情况，见表7-41～表7-44。

表 7-41   钢筋电位与钢筋锈蚀状况判别

序号	钢筋电位状况/mV	钢筋锈蚀状况判别
1	$-350\sim-500$	钢筋发生锈蚀的概率为95%
2	$-200\sim-350$	钢筋发生锈蚀的概率为50%,可能存在坑蚀现象
3	-200 或高于-200	无锈蚀活动性或锈蚀活动性不确定,锈蚀概率5%

表 7-42   南跨钢筋腐蚀评价

构件位置	钢筋电位(CSE)/mV	钢筋发生腐蚀概率
柱 A_35 北面	-408	95%
柱 A_37 北面	-413	95%
柱 A_39 北面	-493	95%
柱 A_41 北面	-453	95%

表 7-43   中跨钢筋腐蚀评价

构件位置	钢筋电位(CSE)/mV	钢筋发生腐蚀概率
柱 B_32 北面	-430	95%
柱 B_36 北面	-371	95%
柱 D_37 南面	-249	50%
柱 D_39 南面	-403	95%
柱 D_41 南面	-185	5%

表 7-44   混凝土柱基础中钢筋腐蚀评价

构件位置	钢筋电位(CSE)/mV	钢筋发生腐蚀概率
基坑 A-32	-559	95%
基坑 A-32	-412	95%
基坑 D-38	-486	95%

b. 极化电极原理检测钢筋锈蚀电流和混凝土电阻率。

综合考虑环境腐蚀性等级评定结果、外观检查结果和钢筋电位检测结果，选择性抽取北跨 D_39 混凝土承重柱（腐蚀严重的构件），检测钢筋锈蚀电流以及混凝土电阻率。

检测结果：利用 Gecor8 钢筋锈蚀速率综合测试仪对混凝土中钢筋的腐蚀电流以及混凝土的电阻率进行检测，检测结果见表 7-45。

表 7-45　钢筋锈蚀电流和混凝土电阻率

构件位置	钢筋锈蚀电流/($\mu A/cm^2$)	混凝土电阻率/($k\Omega \cdot cm$)
D_39	0.10	17.49

钢筋锈蚀状况判别依据：根据《建筑结构检测技术标准》来评价混凝土结构中钢筋的锈蚀情况，见表 7-46。

表 7-46　钢筋锈蚀电流与钢筋锈蚀速率和构件损伤年限判别

序号	钢筋锈蚀电流/($\mu A/cm^2$)	钢筋锈蚀速率	保护层出现损伤年限
1	<0.2	钝化状态	—
2	0.2~0.5	低锈蚀速率	>15 年
3	0.5~1.0	中等锈蚀速率	10~15 年
4	1.0~10	高锈蚀速率	2~10 年
5	>10	极高锈蚀速率	不足 2 年

钢筋锈蚀状况判定结果：对照钢筋锈蚀状况判别依据可知：从钢筋的腐蚀电流来看，钢筋暂时处于钝化状态，但混凝土的电阻率较低，当钢筋活化时可出现中高锈蚀速率（表 7-47）。

表 7-47　混凝土电阻率与钢筋锈蚀状态判别

序号	混凝土电阻率/($k\Omega \cdot cm$)	钢筋锈蚀状态判别
1	>100	钢筋不会锈蚀
2	50~100	低锈蚀速率
3	10~50	钢筋活化时，可出现中高锈蚀速率
4	<10	电阻率不是锈蚀的控制因素

c. 综合判定钢筋锈蚀状况。

由以上分析可知：混凝土中钢筋的腐蚀风险为 95％的构件数占检测构件总数的 26％；钢筋的腐蚀风险为 50％的构件数占检测构件总数的 44％；钢筋腐蚀风险为 5％的构件数占检测构件总数的 30％。

比较而言，南跨的腐蚀程度较高，北跨的腐蚀程度次之，中跨腐蚀程度较低，这与外观状况检查的结果基本上相吻合。

由于车间内混凝土保护层厚度和混凝土中性化深度的局部性差异，钢筋的锈蚀情况并没有明显的区域性。

7.9 古建筑耐久性调查案例

北京某古建筑旧址耐久性为例。

(1) 工程概况　北京某古建筑始于清末。建造成三组砖木结构的楼群：中间的主楼为欧洲古典式灰砖楼，东、西、北各有一座楼房，该处为国家级重点文物保护单位。该建筑东西向长约 27m（纵向），南北向宽约 7m（横向），一层房间分割的横墙为烧结普通砖砌筑承重墙，二层内横墙均为非承重轻质隔板墙，二层楼地板为木结构楼板，支承于一层横墙上，外墙门窗洞口均系砖拱过梁构造。

现场调查，该结构外墙厚为 370 厚墙体，一层内纵横墙厚均为 300 厚墙体，沿外墙地面以上 50~70cm 范围内发现多处墙体老化、损坏现象。窗洞上部砖拱过梁存在多处竖向裂缝，木窗框有腐朽老化现象。房屋二层东南角及南面纵墙有多条竖向、斜向裂缝，发现窗间墙移位、偏斜、窗框变形等现象。

甲方未能提供与该楼设计、施工、改造等相关的资料，检测以现场实际情况确定，并对结构主要尺寸和结构布置进行现场测量。

(2) 检测鉴定目的及工作内容　目的在于调查结构现状，对结构的安全性、耐久性及适用性进行评估鉴定，并提出加固维修建议和方案。

本次主要工作内容是：建筑物基本情况调查和资料搜集；承重墙体的外观质量及损伤检查；承重墙体裂缝及变形；砌筑用砖强度等级；砌筑用砂浆强度等级；主体结构布置；结构安全性及抗震性能鉴定。

① 建筑物基本情况调查结果　见表 7-48。

表 7-48　初步调查表

	名称	古建筑	原设计	不详
房屋概况	地址	北京某街道	原施工	不详
	用途	宿舍住宅	原监理	不详
	竣工日期	历史古建筑	抗震烈度/场地类别	8度(0.2g)第一组
建筑	建筑面积	约400m²	檐高	7.6m
	平面形式	矩形	女儿墙标高	无
	地上层数	2	底层标高　3.4m	层高3.4m
	地下层数	0	基本柱距/开间尺寸	3.0~3.5m
	总长×宽	27.0m×7.0m	屋面防水	坡顶瓦屋面
地基基础	地基土	天然土	基础形式	墙下砖基础
	地基处理	—	基础深度	0.85m
	冻胀类别	—	地下水	—

续表

		上部结构		墙体承重		屋盖	木屋架四坡屋面
上部 结构		附属结构		自承重钢楼梯，南北纵墙 外有住户自建房		墙体	烧结砖砌筑墙体
	构 件	梁板		无	连 接	梁-柱、屋架-柱	铰接连接
		桁架		无		梁-墙、屋架-墙	铰接连接
		柱墙		无		其他连接	铰接连接
	结构整体性构造		抗侧力系统	圈梁	抗震设防情况		未见设防构造措施
			纵横墙	无			
图纸 及 资料		建筑图		无	地质勘探		无
		结构图		无	施工记录		无
		水、暖、电图		无	设计变更		无
		标准规范指南		无	设计计算书		无
		已有调查资料		无			
环境		振动		无	设 施	屋顶水箱	无
		腐蚀介质		无		电梯	无
		其他		无		其他	无
历史		用途变更		无			
		改扩建		无	修缮		无
		使用条件改变		无	灾害		无

　　② 地基基础检测结果　该建筑物墙体为砖砌体结构，根据现场情况采用局部开挖的方法检查基础尺寸、埋深和放脚尺寸，从开挖情况来看，基底下垫层为天然土，未见混凝土垫层和混凝土地梁，基础砌筑用砖为青砖，砖体表观较潮湿，呈现老化腐蚀现象，砂浆潮湿且粉化较严重，强度较低，且未见墙体防潮处理。

　　依据《危险房屋鉴定标准》的要求，该房屋基础部分评定为危险点。

　　③ 砌筑用砖强度检测结果　采用回弹法检测砌体结构中普通砖的强度，根据《建筑结构检测技术标准》的有关规定，将该结构整体作为一个检测批，共取8个测区，每个测区选取 10 块砖，每块砖弹击 5 个点。通过对现场检测数据按批进行统计分析，得到该楼砌筑用砖强度检测结果（表 7-49）。

表 7-49　墙体砖强度检测结果

测区编号	回弹平均值	强度换算值/MPa	强度平均值/MPa
1	34.4	4.6	
2	33.3	3.4	3.5
3	33.1	3.2	

续表

测区编号	回弹平均值	强度换算值/MPa	强度平均值/MPa
4	32.8	3.0	
5	33.4	3.6	
6	33.8	4.0	3.5
7	33.0	3.1	
8	33.0	3.2	

从表 7-50 可知，该建筑物砌筑用砖抗压强度换算值推定为 MU3.5。

④ 砌筑用砂浆强度检测结果　根据现场条件，采用贯入法检测砌筑砂浆的强度。根据《砌体工程现场检测技术标准》和《贯入法检测砌筑砂浆抗压强度技术规程》的有关规定，将该结构整体作为一个检测单元，共取 8 个测区，每个测区测试 16 个点。通过对现场取得的检测数据按单元进行统计分析，得到砌筑用砂浆强度检测结果（表 7-50）。

表 7-50　墙体砂浆强度检测结果

测区编号	平均贯入深度/mm	强度换算值/MPa	强度平均值/MPa
1	14.10	0.4	
2	14.12	0.4	
3	12.46	0.7	
4	12.08	0.7	
5	15.57	.0.4	0.55
6	10.84	0.7	
7	12.83	0.6	
8	13.88	0.5	

根据表的检测结果和现场外观观测，砂浆强度等级推定为 M0.4。

⑤ 墙体裂缝及变形　现场调查，几乎所有窗洞口上部均存在竖向裂缝，且多分布在洞口宽度中间。从裂缝形式和分布位置来看，该类裂缝出现的主要原因是，洞口以砖拱形成的"过梁"承受洞口上部荷载，在长期上部荷载作用下砖拱竖向承载能力不足，导致从洞口处往上砌体受拉开裂，形成竖向裂缝，且该类裂缝均为内外墙贯通裂缝，随着裂缝的继续发展，洞口顶部墙体出现下垂挠度，将给木窗框施加竖向作用力，加速木窗变形破坏。

⑥ 结构形式和布置检查结果　该建筑物平面呈矩形，为横墙和纵墙共同承重，未见墙体圈梁和构造柱，一层内横墙均为承重墙体，一层木楼板支承于横墙上，二层仅一面内承重横墙，所有房间分割均为轻质隔墙，屋顶木屋架支承于外纵墙，墙体间未见水平拉结措施。由于二层横墙较少，导致结构整体质量和刚度

分布极不均匀，抗侧力构件不连续。

现场调查，该建筑物南北外纵墙开洞较多，部分窗间墙宽度仅 400mm，严重不满足现行规范要求。一层外纵墙多处建有住户自建房，存在部分窗洞移位、窗改成门洞、门窗洞口的大小改变等改变原结构布置的情况，不同程度地降低墙体承载力，影响结构安全。

综上检测检查可知，该建筑物结构布置不合理，结构整体性较差。

（3）结构安全抗震性评定　对该建筑物的安全性评定包括结构抗震验算鉴定、墙体轴压验算。计算中按《建筑抗震设计规范》和《砌体结构设计规范》的有关规定进行。结构材料强度取检测推定结果，材料自重及可变荷载按《建筑结构荷载规范》取值，结构几何尺寸取现场测量结果。

① 结构体系

a. 房屋高宽比及横墙最大间距。

房屋高宽比为 7.6/7.2＜2.2，满足抗震鉴定标准的要求；

对于装配式木楼盖，抗震鉴定标准要求抗震横墙的最大间距为 7m，该建筑一层抗震横墙最大间距为 4.0m，二层抗震横墙最大间距为 16.65m，不满足抗震鉴定标准的要求。

b. 房屋平、立面布置和墙体布置。

该建筑一层横墙为砖砌筑承重横墙，二层近一面承重横墙，质量和刚度沿高度分布不规则，不满足抗震鉴定标准的要求。

承重窗间墙最小宽度为 400mm，最小距离为 660mm，内墙阳角至门窗洞边的最小距离为 650mm，以上三项不满足抗震设计规范"8 度不小于 1.2m、1.2m、1.5m"的要求。

② 承重墙体的砖和砂浆实际达到的强度等级　由现场无损检测结果表明：

承重墙体砖的强度等级为 MU3.5，不满足抗震鉴定标准的要求（承重墙体砖的强度等级不宜低于 MU7.5）；

砂浆的强度均为 M0.4，而抗震鉴定标准要求：当抗震设防烈度为 8 度时不宜低于 M1。因此，墙体的砌筑砂浆强度不满足抗震鉴定标准的要求。

③ 整体性连接构造

a. 按抗震要求，墙体布置在平面内应闭合，纵横墙连接处，墙体内应无烟道、通风道等竖向孔道，基本满足该方面的抗震要求。

b. 楼、屋盖的连接。

该建筑的楼盖为木结构，搭接支承于横墙顶部，屋盖为有下弦的三角形木屋架，屋架支撑于外纵墙顶部，支承长度为外墙厚度，无可靠拉结锚固，不满足抗震鉴定标准要求。

④ 房屋中易引起局部倒塌的部位及其连接该建筑基本满足标准对这方面的要求。

从以上一级鉴定结果看，该建筑物最大横墙间距、局部尺寸限值、平立面刚度质量分布、墙体布置、材料强度、整体性连接等多项不满足现行抗震设防要求。

（4）结论与建议　经安全耐久性检测鉴定，依据国家相关标准和检测鉴定结果，得出鉴定结论如下：

① 结论

a. 承重墙体多处出现砖体风化、破损，基础出现老化、腐蚀现象；

b. 承重墙体多处出现影响结构安全的裂缝，缝宽最大值达到 14.66mm，窗间墙出现倾斜移位情况，山墙存在外倾现象，房间内部顶棚与墙体出现拉裂裂缝；

c. 墙体承载力验算部分：墙体承载力不满足。

综合上述鉴定结论，该建筑物结构安全性、抗震性存在多项不满足现行国家规范的要求，依据《危险房屋鉴定标准》的要求和《民用建筑可靠性鉴定标准》的相关等级评定要求，该建筑物危险性评定为 D 级或安全性评定为 Dsu 级，房屋安全性严重不符合国家规范要求，属于危房，鉴于当前北京为雨季，地基基础长期受雨水浸泡，可能导致基础不均匀沉降和上部结构裂缝的继续发展，甚至导致房屋的突然倒塌，房屋结构存在严重的安全隐患，建议立即采取相应措施！

② 建议

在结构现状情况下，要保证该结构的安全性和继续正常使用要求，以达到下一个后续使用年限要求，建议对该建筑物进行整体加固处理：

a. 基础墙体及外墙墙脚部位墙身进行修补或更换，以加强该部位墙体的承载能力和耐久性。

b. 该建筑物东面二层墙体的裂缝主要由基础不均匀沉降造成，建议对基础进行加固处理，并采用灌浆修补法对墙体裂缝进行灌浆处理。

c. 在二层增设抗震横墙，提高整体抗震性能。

d. 为使结构整体性提高墙体的承载能力、抗侧移刚度，建议对一、二层纵墙内外侧采用双面钢筋网水泥砂浆面层进行加固，沿外墙在一层楼层处和屋顶檐口处加设钢筋混凝土圈梁，并在房屋四角和纵墙外加设钢筋混凝土扶壁柱。

参 考 文 献

[1] 王东林，张剑. 基础设施腐蚀研究及防护技术. 北京：化学工业出版社，2009.
[2] GB/T 50344—2004 建筑结构检测技术标准.
[3] YB/T 4390—2013 工业建（构）筑物钢结构防腐蚀涂装质量检测、评定标准.
[4] 钢筋混凝土阻锈剂耐蚀应用技术规范，国家标准（送审稿），2015.
[5] GB 50144—2008 工业建筑可靠性鉴定标准.

［6］　GB 50205—2001 钢结构工程施工质量验收规范.

［7］　GB 50212—2002 建筑防腐蚀工程施工及验收规范.

［8］　GB 50212—2014 建筑防腐蚀工程施工规范.

［9］　GB 50046—2008 工业建筑防腐设计规范.

［10］　GB 50068—2001 建筑结构可靠度设计统一标准.

［11］　GBJ 117—88 工业构筑物抗震鉴定标准.

［12］　GB 50204—2002 混凝土结构工程施工质量验收规范.

［13］　GB 50009—2012 建筑结构荷载规范.

［14］　GB 50191—2012 构筑物抗震设计规范.

［15］　GB 50011—2010 建筑抗震设计规范.

［16］　GB 50010—2010 混凝土结构设计规范.

［17］　GB 50007—2011 建筑地基基础设计规范.

［18］　GBJ 301—88 建筑工程质量检验评定标准.

［19］　GB 50107—2010 混凝土强度检验评定标准.

［20］　GB/T 50344—2004 建筑结构检测技术标准.

［21］　GB/T 8923.1—2011 涂覆涂料前钢材表面处理表面清洁度的目视评定第一部分：未涂覆过的钢材表面和全面清除原有涂层后的钢材表面的锈蚀等级和处理等级.

［22］　GB/T 50082—2009 普通混凝土长期性能和耐久性能试验方法标准.

［23］　GB/T 15957—1995 大气环境腐蚀性分类.